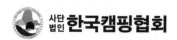

사단법인 **한국캠핑협회**

2025 대비 최신판

합격을 위한 필수 가이드

캠핑장
안전관리사

캠핑 레저 시설 운영과 안전 관리를 위한 지침서

생각나눔

캠핑장 안전관리사란?

캠핑장에서의 야외활동에 필요한 업무를 추진하는 전문가로, 자연환경을 보호하고, 각종 재난 안전사고 발생을 예방하기 위한 대응, 대비, 복구 업무 계획을 체계적으로 수행한다. 또한, 인명과 재난 피해를 최소화시키기 위한 역할을 하며, 야외활동 시 발생할 수 있는 각종 유해 사고를 예방하기 위한 지도 계몽활동과 캠핑장의 효율적인 운영과 캠핑 예절을 알려 올바른 캠핑문화가 정착되도록 하는 것을 직무로 한다.

캠핑장 안전관리사 검정 기준

캠핑장 안전관리사 자격 등급별 검정기준은 다음과 같다.
→ 협회가 정한 해당 자격 요건을 갖추고, 해당 자격 종목에 관한 전문적인 기술과 이론 지식을 가지고 캠핑장 고객들이 안전하게 일상생활을 할 수 있도록 한다. 안전과 성폭력에 대한 대처, 안전시설에 대한 점검 등의 관리 능력을 갖추고, 응급처치 및 위급 상황에 업무수행 능력 수준에 해당하는가를 평가한다.

자격시험 실시 및 공고

자격 검정시험 실시 4주 전에 검정 일시, 장소, 과목, 검정료, 응시원서 제출 기간 및 기타 시험의 실시에 관하여 필요한 사항을 협회 홈페이지 또는 관련 언론 매체를 통해 공고한다.

1. 캠핑장 안전관리사 응시 자격

자격 종목	응시 자격
캠핑장 안전관리사	– 학력: 고졸 이상 – 연령: 18세 이상 – 기타: 학력 미달 및 고령인 경우 별도 한국캠핑협회 산하기관 평생교육원에서 8시간의 캠핑장 안전 교육을 수료한 자

2. 캠핑장 안전관리사 응시지원서 및 제출 서류

1) 캠핑장 안전관리사 자격의 취득을 위하여 자격시험에 응시하고자 하는 자는 수험원 서와 응시 자격 관련 서류를 공고된 원서 접수 기간 내에 제출한다.

2) 원서 접수, 검정 수수료 수납 업무는 복무규정의 근무시간 내에 한하고, 업무는 정보 통신망을 이용하여 처리하는 것을 원칙으로 한다.

3) 원서 접수는 인터넷 정보통신망을 이용하는 것을 원칙으로 하고, 인터넷 사용이 미 숙한 수험자를 위하여 우편 접수나 검정부서를 방문하여 접수할 수 있으나, 접수 마 감일 18:00까지 도착분에 대하여 접수된 것으로 인정한다. 단, 단체접수자는 접수 종료 후 4시간 이내까지 교부, 접수할 수 있다.

3. 시설 캠핑장 안전관리사 검정 과목 및 검정 방법

자격명	검정(평가) 방법	검정(시험) 과목(분야 또는 영역)
시설 캠핑장 안전관리사	현장 수강	① 캠핑 레저 문화의 이해 ② 캠핑장 및 레저 시설 위험 요소와 안전사고 사례 ③ 캠핑장 안전 관리와 재난 대응 ④ 응급조치와 구조, 구급법 ⑤ 캠핑장 레저 시설 운영 관련 법규 ⑥ 캠핑 레저 시설의 운영 실무
	현장 시험	

4. 온라인 캠핑장 안전관리사 자격시험 기준

자격명	검정(평가) 방법	검정(시험) 과목(분야 또는 영역)
온라인 캠핑장 안전관리사	온라인 교육	① 캠핑 레저 문화의 이해 ② 캠핑장 및 레저 시설 위험 요소와 안전사고 사례 ③ 캠핑장 안전 관리와 재난 대응 ④ 응급조치와 구조, 구급법 ⑤ 캠핑장 레저 시설 운영 관련 법규 ⑥ 캠핑 레저 시설의 운영 실무
	온라인 시험	

5. 캠핑장 안전관리사 검정료

캠핑장 안전관리사 자격시험에 응시하고자 하는 자는 원격 온라인 강의료 55,000원, 교 육교재 문제집 55,000원 포함, 총 11만 원의 검정료를 납부하여야 한다.

6. 캠핑장 안전관리사 합격자 결정

시험은 과목당 100점 만점 기준 평균 점수가 60점 이상인 자를 합격자로 결정한다.

7. 캠핑장 안전관리사 자격증 발급 및 등록

협회 이사장은 캠핑장 안전관리사 자격 검정시험에 합격한 자에게 3만 원의 자격증 발급 비용을 받고 캠핑장 안전관리사 자격증을 발급하고, 자격증서 등록 원부에 그 자격에 관한 사항을 등록한다.

1) 자격의 발급, 등록번호 및 발급, 등록 연월일

2) 자격 취득자의 성명, 주민등록번호, 주소, 사진

3) 자격의 명칭, 등급

4) 자격 취득자의 보수 교육일 및 갱신 등록일

5) 자격 및 자격증의 유효 기간

6) 협회 및 협회 이사장의 날인

8. 캠핑장 안전관리사 자격증 재발급

협회 이사장은 캠핑장 안전관리사 자격증을 분실 또는 훼손한 자에게 그 신청에 의하여 3만 원의 발급 비용을 받고 캠핑장 안전관리사 자격증을 재교부하고, 캠핑장 안전관리사 자격증서 재교부 발급대장에 이에 관한 사항을 기록, 유지한다.

9. 캠핑장 안전관리사 자격증 대여 금지

캠핑장 안전관리사 자격증을 취득한 자는 「자격 기본법」 제24조의 규정에 따라 이를 대여하여서는 아니 된다. 부 발급대장에 이에 관한 사항을 기록, 유지한다.

10. 캠핑장 안전관리사 보수 교육

협회 이사장은 캠핑장 안전관리사의 자질 향상을 위하여 보수 교육을 연 1회 이상 실시하고, 자격증 유효 기간이 경과되는 캠핑장 안전관리사에게 보수 교육 계획을 알려 이수하도록 한다.

캠핑장 안전관리사는 자격을 취득한 후 자격증 유효 기간 내에 1회 이상 보수 교육을 이수하여야 한다.

11. 캠핑장 안전관리사 자격의 유효 기간 및 자격의 갱신

규정에 의하여 발급된 자격증의 유효 기간은 5년으로 하고, 유효 기간 만료 1년 이내에 보수 교육을 이수한 자는 자격증을 갱신하여야 한다.

12. 캠핑장 안전관리사 자격의 정지

규정을 위반하여 자격 증서를 타인에게 대여한 자는 「자격 기본법」 및 동법 시행령의 규정에 따라 그 자격을 정지한다.

보수 교육을 이수하지 않은 자는 자격증 유효 기간이 경과하는 날부터 자격이 중지되고, 자격이 중지된 날로부터 1년이 지나도 보수 교육을 이수하지 않을 경우 자격이 정지된다.

CONTENTS

들어가며

맑은 시냇물이 흐르는 언덕에 텐트를 치고 숲속에서 메뚜기와 잠자리를 잡고 뛰어논다. 계곡에서 물장구를 치며 놀다 해가 저물 무렵 모닥불 앞에 둘러앉아 도란도란 이야기를 나누며 가족의 따스함과 사랑을 재확인할 수 있는 활동, 바로 캠핑이다. 이처럼 가족 모두가 같이 즐기며 함께할 수 있는 캠핑은 국민소득 수준이 높아지고 여가에 관한 관심이 크게 늘면서 많은 이의 라이프 스타일이자, 우리 사회의 트렌드로 자리 잡고 있다.

통계청 자료에 따르면 2024년 현재 국내 캠핑 인구는 600만 명을 넘어섰다. 이는 10년 전보다 10배 이상 증가한 것으로, 영·유아를 둔 가족 단위 캠핑족과 싱글족 비율이 높았다. 그러나 모든 세대에서 캠핑족이 많이 증가해 이제는 남녀노소 할 것 없이 즐기는 범국민적 취미 활동으로 자리매김하고 있다. 캠핑 열기가 전국적으로 이어지면서 우리나라의 야영장 수도 2024년 현재 기준 4,000여 개를 넘어서며 사상 최대를 기록하기도 했다.

캠핑의 인기가 날로 높아지면서 획일화된 캠핑에서 벗어나 나만의 차별화한 캠핑을 즐기는 이도 크게 늘었다. 소풍을 떠나듯 가볍게 떠나는 워킹 캠핑부터 유럽 배낭여행을 연상케 하는 백 패킹, 오토 캠핑보다 한 단계 더 나아간 캐러밴 캠핑까지. 남들이 하는 캠핑을 답습하기보다는 자신의 스타일에 맞는 캠핑을 창조적으로 추구하는 캠핑족들이 점차 증가하는 추세이다.

캠핑은 쳇바퀴 돌듯 삭막한 일상을 버티느라 지친 마음과 식어버린 열정을 다시 타오르게 만들고, 청정한 대자연 속에서 조금 느리고 불편하지만 몸을 움직여 정직하게 얻는 것에 대한 가치를 느끼게 해주는 고마운 존재이기도 하다.

하지만 폭발적인 성장세를 보이는 캠핑 시장의 외적 규모에 정비례해 화재, 일산화탄소 중독 등 캠핑장 안전사고가 빈번히 일어나고 있으며, 지나친 음주, 고성방가 등 몰상식한 행태로 인해 눈살이 찌푸려지게 하는 경우가 없지 않은 현실이다. 이는 우리의 캠핑 문화를 한 단계 끌어올릴 수 있도록 계몽하는 동시에 안전하고 쾌적한 캠핑을 위해 캠핑장의 안전 관리를 책임질 전문가의 양성이 시급하다는 사실을 환기해 주는 사례이기도 하다.

이 책은 올바른 캠핑 문화 확립과 캠핑장 안전 관리를 위한 전문 인력을 육성하기 위한 입문자용 지침서로서 기획되었다. 캠핑의 정의와 역사에서부터 캠핑장 안전사고 사례, 안전 관리와 재난 대응, 응급조치와 구조 및 구급법, 캠핑장 운영 관련 법규와 제도, 캠핑 시설 운영 실무에 이르기까지 캠핑장 안전 관리 전문가는 물론, 캠핑장 경영자도 도움이 될 수 있는 내용으로 꾸며졌다.

캠핑장 안전 관리와 운영에 있어서 더 체계적이고 효율성 있는 정보를 제공하는 실전 지침서로 이 책이 많은 도움이 되기를 기대한다. 더불어 여러 가지로 부족하고 미약하지만, 부디 더 안전하고 쾌적한 캠핑 레저 문화를 만드는 데도 작으나마 이바지하기를 바라마지 않는다.

(사)한국캠핑협회 **총재 차병희**

CAMPSITE SAFETY MANAGER

01 캠핑의 정의와 역사

1. 캠핑이란 무엇인가?

복잡하고 다변화한 오늘날 사회에서 현대인들은 스트레스를 풀고 재충전하기 위해 다양한 레저 활동을 추구하고 있다. 문명의 이기로부터 일정한 거리를 두고 자연으로 되돌아가 자연과 더불어 호흡하는 여가 활동인 캠핑도 그 가운데 하나이다.

'천막, 텐트 따위를 치고 야외에서 먹고 자는 행위'를 뜻하는 '캠핑(camping)'은 camp에서 파생된 용어로, 라틴어 '캄푸스(campus)'와 그리스어 '케포스(kepos)'에서 유래했다. '캄푸스'는 전쟁 시 군대가 주둔하던 들을, '케포스'는 정원을 의미하는 단어로 사용됐다. 이는 일반적으로 텐트나 임시로 만든 초막, 자동차를 이용한 차박 등 일시적인 야외 생활을 통해 자연을 즐기는 의미로서, '캠핑'의 어원이 되었음을 어렵지 않게 짐작해 볼 수 있다.

미국 캠프협회(American Camp Association, ACA)에서는 캠핑에 대해 '자연의 풍족한 환경을 이용하여 인간의 신체적, 지적, 정서적, 영적 성장을 위하여 협동적인 공동생활을 창조하는 교육적 생활 경험'으로 정의하고 있다. 일상생활을 벗어나 자연에서 함께 생활하며 자아를 연마하고 지친 마음을 치유하는 교육적 활동인 셈이다.

이미 다양한 방식의 캠핑 형태와 캠핑 공간 등 캠핑 문화가 정착된 미국과 유럽 등 서구는 물론 소득 수준이 높아지고 경제적 여유가 생기면서 우리나라도 캠핑에 대한 저변 확대가 이뤄졌다. 소방청이 집계한 '2022 캠핑 이용자 실태조사'를 보면 우리나라 캠핑 이용자는 2020년 534만 명, 2021년 523만 명, 2022년 583만 명으로 한 해 평균 540만 명 이상이며, 해마다 증가하는 추세이다.

캠핑족 증가에 따라 전국의 캠핑장 수도 많이 증가했다. 한국관광협회중앙회가 발표한 자료에 따르면 2023년 9월 기준 일반 야영장과 오토 캠핑장 수를 합한 전국의 야영장 수는 1년 전인 2022년보다 386곳 증가한 3,591곳으로 사상 최대를 기록했다.

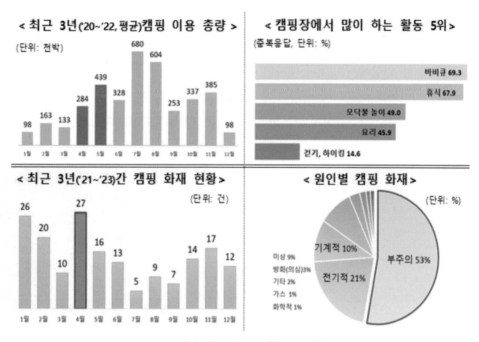

< 최근 3년('20~'22, 평균)캠핑 이용 총량 >
(단위: 천박)

< 캠핑장에서 많이 하는 활동 5위 >
(중복응답, 단위: %)

바비큐 69.3
휴식 67.9
모닥불 놀이 49.0
요리 45.9
걷기, 하이킹 14.6

< 최근 3년('21~'23)간 캠핑 화재 현황 >
(단위: 건)

< 원인별 캠핑 화재 >
(단위: %)

미상 9%
방화(의심)3%
기타 2%
가스 1%
화학적 1%
기계적 10%
전기적 21%
부주의 53%

2022 캠핑 이용자 실태조사(출처: 소방청)

캠핑은 이처럼 급속한 도시화가 진행되면서 쌓인 스트레스를 풀고 자연으로 돌아가 다양한 야외 활동을 즐기며 휴식하고 싶은 현대인들의 욕망을 충족시키는 훌륭한 레저 활동으로 자리를 잡아가고 있다. 특히, 여가 활동에 대한 요구가 더 커지는 미래 사회로 갈수록 캠핑의 가치는 높아갈 것으로 전망된다.

2. 캠핑을 하는 이유

복잡한 사회 속에서 일과 인간관계에서 발생하는 수많은 스트레스로 인해 현대인들은 고통을 당하고 있다. 이를 해소하기 위해 우리는 여가 활동을 추구하고 자연으로 들어가 위안과 치유를 얻게 된다. 단순한 휴식과 체험을 넘어 신체적, 정신적, 정서적 치유를 경험하면서 삶의 의미와 가치를 되돌아볼 수 있게 되는 것이다.

광활한 숲과 호수, 드넓은 하늘과 신선한 공기는 우리 신체와 정신에 큰 활력을 불어넣는다. 이런 쾌적한 환경 속에서 자연을 만끽하는 행위는 혈압을 낮추고 스트레스 호르몬을 감소시키며, 면역 체계를 강화함은 물론, 심리적, 정서적 안정감을 줌으로써 진정한 치유가 이뤄지게 한다. 이와 같은 이유로 인류는 오래전부터 캠핑 활동을 이어왔고, 앞으로도 그 영역을 넓혀갈 것으로 예견된다.

집과 도시 등 일상에서 벗어나 대자연 속에 마련한 임시 거처에서 머무르면서 가족 혹은 동료나 지인들과 어울리며 사랑과 우정을 돈독히 하고, 자연을 느끼며 배운다는 차원에서 캠핑은 미국 캠프협회가 주목한 교육의 중요한 목적도 내포하고 있다.

더불어 캠핑은 우리 사회의 가장 작은 공동체이자 세포와도 같은 존재인 '가족'을 위한 배려의 활동인 동시에 가족을 재발견하는 장이 되기도 한다. 많은 여가 활동 가운데 캠핑만큼 가족의 소중함과 존재감을 확인시켜 주는 활동은 거의 없다.

캠핑 전문가 김산환 칼럼니스트는 자신의 책 『캠핑 폐인』에서 "누군가 캠핑이 무엇이냐 묻는다면 나의 대답은 분명하다. '가족'이다. 이 땅에서 캠핑만큼 가족의 존재를 확인시켜 줄 수 있는 게 있을까? 없다. 그래서 캠핑은 가족이다. 지금은 완연한 봄날. 가족을 되찾기 좋은 계절이다. 행복을 위해 한 걸음 나아갈 시간이다. 만약 그대가 아빠의 자리를, 남편의 자리를 되찾고 싶다면 지금 당장 캠핑을 떠나라. 그곳에 가족이 있다."라고 강조했다.

이처럼 캠핑은 개인의 휴식과 정서적 안정과 치유뿐만 아니라 가족의 의미와 가치를 재확인하고, 아이들에게 가족의 사랑을 기반으로 사회성을 길러줄 수 있는 유익한 활동이기도 하다.

3. 캠핑의 역사와 발전

넓은 의미에서 캠핑은 인간의 생존 문제와 직결된 행위였다는 점에서 그 역사가 다른 레저 활동과 비교해 매우 길다. 비와 바람, 눈 등 자연적인 위협과 인간의 생명을 노리는 맹수들로부터 자신을 보호하기 위해 최적의 환경을 확보하고 안전을 도모하는 것이 관건이었다. 수렵과 채집 활동을 하던 원시 시대부터 캠핑은 인간의 생존을 위해 필수 불가결한 행위였다.

원시인들은 최초 동굴이나 바위틈 같은 자연적인 곳을 은신처로 삼아 생존을 유지했으나, 동물의 가죽으로 천막을 만들어 이용하기 시작했고, 정착 생활을 시작한 이후에도 식량을 찾아 이동식 숙소를 만들어 사용했다. 이것이 바로 캠핑의 유래가 되었다.

집을 짓고 사는 정착 생활이 일반화된 이후에도 여전히 캠핑은 인류의 진화와 함께 발전해 왔다. 특히 캠핑을 비약적으로 발전시킨 것은 전쟁이었다. 전쟁하기 위해서는 산과 들에서의 야영은 피할 수 없는 상황이었다. 텐트를 집으로 삼아 야전에서 생활하던 병사들에게 캠핑 기술은 선택이 아닌 필수였다. 지금도 군대에서 받는 훈련 가운데 캠핑은 매우 중요한 비중을 갖고 있기도 하다. 고대의 무역을 주도한 상인도 캠핑을 발전시키는 데 작지 않은 역할을 했다. 특히 유럽과 아시아를 잇는 실크로드를 오가던 대상들의 야영은 캠핑의 수준을 한 층 끌어올린 주체였다.

근대 이후 캠핑이 비약적으로 발전하게 된 것은 미국에서였다. 영국에서 아메리카 대륙으로 건너간 청교도들이 서부를 개척했던 시대와 골드러시 등을 겪으면서 캠핑은 일상 자체가 되었다고 해도 과언이 아닐 만큼 전성기를 맞았다.

생존이나 전쟁을 위한 목적이 아닌 자연과 더불어 쉼과 휴식을 얻는 레저의 목적으로 캠핑이 자리 잡게 된 것은 19세기 후반부터였다. 남북전쟁 무렵인 1861년 워싱턴 D.C.의 거너리 소년학교 학생들을 위해 교장인 프레더릭 윌리엄 건(Frederick. W. Gunn)과 그의 아내가 밀퍼드 언더사운드에 소년 캠핑장을 운영하면서 최초의 청소년 캠핑이 시작되었다.

실크로드를 오가던 대상들의 행렬

이후 1885년 미국 YMCA가 처음으로 청소년들에게 야외에서 공동체 생활을 배울 수 있는 프로그램을 만들어 시행했으며, 1901년 최초의 캠핑 클럽인 사이클 캠핑협회 (Association of Cycle Campers)가 창설되었다. 사이클 캠핑협회를 창설한 영국의 토머스 하이램 홀딩(Thomas Hiram Holding)은 현대적 여가 활동의 개념으로 캠핑을 정립한 이로, 그는 캠핑 관련 최초의 저서인 『캠핑의 길잡이(Campers Handbook, 1908)』를 출간하기도 했다. 1933년에는 국제 캠핑 회의가 소집되어 국제대회(International Rally)로 확대되어 해마다 개최되고 있다.

유럽의 경우 스웨덴, 노르웨이, 영국 등을 중심으로 캠핑이 활성화되었으며, 1901년 독일의 '반더포겔(Wandervogel)'이 전국적으로 인기를 끌면서 도보 여행이 겸비된 캠핑 문화가 급속도로 확산했다. '철새'를 의미하는 반더포겔은 '도보 여행을 통해 청년들의 조국애와 인문학적 식견을 넓히는 운동으로 잘 알려져 있다.

삼국시대 화랑도가 심신 수양과 체력 단련을 위해 높은 산과 큰 강을 찾아다니며 야영 생활을 하고 협동 정신을 배양한 것을 캠핑의 시원으로 볼 수 있는 우리나라는, 1970~80년대 들어 비로소 현대적인 캠핑 문화가 활성화하기 시작했다. 특히 1980년대부터 자동차를 이용한 오토 캠핑이 등장하면서 저변 인구가 증가했다.

미국 서부 개척기의 역마차

그러나 1990년대 콘도, 2000년대에는 펜션 문화가 급격하게 대중화하면서 캠핑은 마니층을 위주로 완만한 성장세를 보였다. 환경부의 국립공원 프로그램과 산림청의 자연 휴양림 운영으로 다량의 야영장이 설치되면서 2010년대 이후 다시 대중적 관심이 커지고 캠핑 수요가 급증하게 되었다. 특히 오토 캠핑 인구가 폭발적으로 늘었다.

앞에서 인용했듯이 소방청 자료를 참고하면 2020년대 들어 우리나라의 캠핑 인구는 평균 540만 명 이상으로 눈에 띄게 증가했다. 주 5일제로 인한 여가의 증가, 문화체육관광부 등 관계 기관의 캠핑 시설 조성 사업을 통한 캠핑 레저 활성화 노력으로 인한 결과이다. 이에 따라 캠핑에 대한 수요는 더욱 늘어날 전망이다.

1. 캠핑과 지형

(1) 우리나라 지형의 특징

우리나라는 전 국토의 약 70%가 산악 지역으로 구성되어 다른 나라와 비교해 비교적 험한 지형적 특징을 갖고 있다. 국토의 서쪽은 낮은 평지로 이뤄진 반면 동쪽은 상대적으로 높고 험준한 산지 지형이 분포한 비대칭적 사면의 '경동 지형'이다.

한국 지형의 중추는 '백두대간'으로 잘 알려진, 여러 개로 구성된 산맥이다. 동부 해안을 따라 뻗어있어 반도의 척추와도 비견되는 중추 산맥인 태백산맥을 중심으로 북으로부터 광주산맥, 차령산맥, 소백산맥, 노령산맥이 차례로 자리 잡고 있다.

산맥들은 가파른 경사면과 주로 화강암으로 이뤄진 바위 봉우리, 깊은 계곡 등으로 이뤄져 있다. 많은 지역에서 고도 1,000m가 넘는 산이 다수 분포해 있으며, 산맥 사이에는 고도와 지형이 다양한 언덕, 고원이 있다. 그러나 우리나라에 분포한 대부분 산은 평균 해발고도가 482m 수준으로, 유럽의 알프스산맥, 미국의 로키산맥 등 높고 험준한 산지와 비교해 상대적으로 낮고 완만한 노년기 지형이라고 할 수 있다.

삼면이 바다로 둘러싸인 우리나라는 해안선의 총연장이 약 2,413㎞로 들쭉날쭉한 해안선을 갖고 있다. 수많은 만(灣)이 편재하고 있어 항구가 발달했고, 해안선을 따라 기암절벽과 모래사장이 다양하게 펼쳐져 있다. 특히 해안선을 따라 3,382개(2021년 행정안전부 측정 기준)의 섬(유인도, 무인도)이 흩어져 있으며, 크고 작은 섬들은 크기와 지형이 다양하다.

한강, 낙동강, 금강 등 여러 개의 큰 하천이 우리나라를 관통하여 흐르고 있으며, 산악 지역에서 발원해 서해와 남해로 흘러간다. 우리나라의 대부분 하천은 식수를 비롯해 농업용수, 공업용수로 사용되고 있으며, 하천가는 여가 활동을 위한 많은 시설이 만들어져 있다.
우리나라는 온화한 봄과 무더운 여름, 선선한 가을, 추운 겨울 등 뚜렷하게 구분되는 사계절을 가진 나라이다. 이러한 계절적 변화는 일상생활은 물론, 국가의 문화적 전통과 양식, 의식주 문화와 야외 활동에 큰 영향을 미친다. 우리나라가 캠핑 문화에 적합한 이유는 이러한 기후적 특성과 지리적 특성에 비롯된다.

⑵ 우리 지형에 적합한 캠핑은?

산악이 70%가 넘고 삼면이 바다이며, 하천이 많은 우리의 지형은 캠핑하기에 매우 뛰어난 천혜의 자연환경을 갖고 있다고 볼 수 있다. 캠핑 레저 활동의 주요한 목적이 아름다운 자연과 함께하는 것으로, 우리나라는 캠핑 활동을 위한 가장 중요한 필수조건이 이미 갖춰져 있는 것이다.

특히 우리나라는 자연경관이 수려한 명산들은 물론, 아름다운 파도 소리와 일출, 일몰을 감상할 수 있는 바다, 아기자기한 숲과 계곡, 역사적 유적지가 어우러진 다양한 캠핑 장소가 산재해, 원하는 지역과 풍광, 테마에 맞는 캠핑을 즐길 수 있다.

캠핑장의 위치에 따라 크게 산악형, 해안형, 내륙형 등으로 구분할 수 있다. 산악형은 수려한 자연환경을 접할 수 있는 산악과 계곡에 존재하며 해안형은 바다를 접한 섬이나 해수욕장, 관련 관광지에 자리 잡고 있다. 내륙형은 강과 호수, 댐 등 비교적 내륙의 안전지대에 조성된 시설을 이른다.

캠핑의 유형은 크게 일반 야영과 오토 캠핑으로 구분할 수 있다. 일반 야영의 경우 정돈된 야영지에서 기존 시설을 손쉽게 이용할 수 있게 함으로써 편리성을 극대화했다. 우리나라에는 전국에 걸쳐 수백 개의 야영장이 세워져 운영되고 있어 언제, 어디서든 편리하게 이용할 수 있다. 오토 캠핑은 자동차를 이용한 캠핑으로, 오토 캠핑장은 접근성이 좋아 크게 활성화되고 있다. 대부분 야영장 시설이 자동차의 주차가 가능하기에 차량 중심의 동선이 쉬우므로 야영장과 오토 캠핑장 간 경계가 사라지는 추세다.

따라서 천혜의 자연환경과 이에 걸맞은 다양한 캠핑 시설이 풍부하게 존재하는 우리나라의 환경에서는 다양한 형태의 캠핑이 가능하며, 구미에 맞는 캠핑을 선택해 더욱 즐겁고 풍요로운 캠핑을 즐길 수 있다.
단, 최근 들어 기후변화의 영향으로 우리나라에도 열대지역에서나 볼 수 있는 국지성

호우가 자주 발생해 산지 돌발홍수를 빈번히 겪는 만큼 주로 경사가 급한 계곡과 계곡의 하류 지역에서의 캠핑은 자제해야 한다.

2. 캠핑과 기후

캠핑은 전적으로 야외에서 이뤄지는 활동이다. 그러므로 캠핑 활동을 영위할 때 가장 염두에 둬야 할 것이 바로 날씨, 즉 기후 조건이다. 캠핑 활동 시의 날씨는 안전하고 쾌적한 캠핑에 적지 않은 영향을 주게 되며, 그렇기에 기후에 대한 올바른 이해와 캠핑 전 날씨 체크는 성공적인 캠핑을 위해 필수적이다.

우리나라는 사계절이 뚜렷하고 계절마다 기후의 특성이 다르므로 안전한 캠핑을 즐기려면 우리나라 기후의 계절적 특성과 기상 변화를 예측할 수 있는 능력을 키워야 한다. 특히 캠핑이 이뤄지는 공간은 산악이나 바다, 계곡 등으로 도시나 거주지와는 다른 기후 환경과 조건이기 때문에, 안전한 캠핑을 위해 기상 일반에 대한 지식을 갖춘 후 산과 바다, 계곡 등 지형의 특성과 특이 사항, 이러한 지형에 자주 발생하는 기상 변화를 숙지해야 한다.

더불어 캠핑 시 기상청 예보에 늘 촉각을 세우고 인터넷, 온라인 등을 통해 일기도를 포함한 각종 기상 정보를 확보하는 능력을 배양하도록 한다.

⑴ 기상 변화에 대한 이해와 대비

야외의 날씨는 언제나 변화가 심하다. 햇볕이 쨍쨍 내리쬐다가도 금방 먹구름이 밀려와 장대비가 쏟아지기도 하고, 거센 바람이 불기도 한다. 갑작스레 안개가 끼기도 하고 금세 맑은 날씨가 되기도 한다.

이렇듯 변덕스러운 날씨는 대기의 상태와 안정도와 깊은 관련이 있다. 대기는 자체의 열과 제 안에 포함된 수증기가 갖는 숨은열을 갖고 있다. 물이 대기 속의 수증기가 되려면 일정량의 열이 가해져야 하는데, 이때 가해지는 열은 수증기에 축적되며 이를 잠열이라 한다.

그런데 이 잠열이 여러 조건으로 인해 대기 속에서 응결되면 잠열이 수증기에서 빠져나와 주위의 온도를 높이고 수증기는 물이 되어 땅으로 떨어진다. 이는 비가 내리게 되는 중요한 과정이다.

대기는 비뿐만 아니라 바람을 일으키기도 한다. 바람은 기압에 의해 발생하는 자연현상인데, 대기를 누르는 힘을 뜻하는 기압의 변화에 따라 에너지 균형을 이루기 위해 공기가 이동하게 된다. 이를 바람이라고 한다. 바람은 기압이 높은 곳에서 낮은 곳으로 분다. 일정한 두 지점에서 기압이 같으면 바람이 불지 않는다. 바람의 세기는 기압 차의 세기에 정비례해 세지게 된다.

비와 바람은 캠핑에서 가장 중요한 기후적 환경이다. 비와 바람이 어떻게 일어나는지에 대한 과학적 이해를 하게 되면 기상 변화에 적절한 대처를 할 수 있게 되며 더 쾌적한 캠핑을 즐길 수 있게 된다.

⑵ 산악 기후의 특성과 이해

비나 바람 등 같은 기상 변화라 할지라도 어떤 지형에서 기상 변화가 일어나느냐에 따라 세기와 피해 양상은 달라질 수 있다. 특히 산악 지역의 경우 바람의 장애물 역할을 해 상승기류 및 하강기류가 생기거나 비와 바람이 상승작용을 일으켜 악천후를 동반할 수 있다.

비바람에 피해를 본 텐트

캠핑 중 산악에서 만날 수 있는 대표적인 기후 현상에는 강풍, 안개, 폭우 및 폭설, 천둥·번개 등이 있다.

▶ **강풍**

산악에서 맞는 바람은 체감온도를 떨어뜨리고 세기가 큰 강풍을 맞으면 크면 중심을 잃고 쓰러질 수도 있다. 캠핑 장비와 바람막이 등 장비가 좋아져 체감온도 하강은 막을 수 있으나 산악 지역의 강풍은 캠핑에서 큰 위협 요인이 된다. 기압 차이가 클수록 바람은 강하게 불지만, 지형에 따라 바람의 방향과 세기는 달라진다. 일반적으로 산바람은 계곡보다 능선에서 더 위험하다.

▶ **안개**

안개는 도로에서만 위험한 것이 아니다. 캠핑 중 시야를 가림으로써 위치를 파악하기 어렵게 만들고, 산행 시에는 길을 잃을 수도 있다. 산에서 생기는 안개로는, 맑고 추운 새벽에 얕은 계곡에 생기는 골안개와 바람이 부는 방향의 경사면을 오르는 공기가 냉각되어 발생하는 산안개가 있다. 골안개는 산 아래 계곡 부근에 일정한 높이로 끼는 데 반해 산안개는 산과 거의 비슷한 높이로 정상 부근에 안개가 끼는 특징이 있다. 산안개의 경우 불안정한 대기 상태가 지속되면 비나 눈이 내리기도 한다.

▶ **폭우 및 폭설**

캠핑 중 폭우와 폭설은 가장 위험하고 시급히 대피를 요하는 기상 조건이다. 산악 지형에서 비나 눈이 오는 원인은 여러 가지인데 지상에서의 기후 조건과 비교할 수 없을 만큼 변수가 많다. 특히 장마철 호우나 한겨울 폭설이 잦은 시기에는 산악 지역에서 캠핑할 경우 생명의 위협도 될 수 있으니 이 시기를 피하거나 주의해야 한다. 갑작스러운 폭우로 주변 산지에서 토사가 유출될 수도 있으며, 계곡의 불어난 물로 고립될 수도 있다. 폭설의 경우 텐트 위에 눈이 쌓여 텐트를 무너뜨릴 수 있으며, 이동로가 가려져 길을 잃을 수도 있다.

▶ **천둥·번개**

번개는 여름철 대기층의 기온 차이가 크고 햇볕이 강한 날 하층 공기가 가열되어 대기가 불안정할 때 소나기구름이 형성되면서 주로 발생한다. 번개와 함께 생기는 천둥은 번개의 모든 경로에 걸쳐 높은 온도에 의해 공기가 급속히 가열됨으로써 발생하는 현상이다. 산악 지역에서 번개를 만나면 매우 위험하다. 가능하면 높은 곳을 피해 계곡 쪽으로 피신하는 것이 바람직하다. 큰 바위는 번개의 주요 표적이 되므로 가까이 가지 말아야 하고, 철 구조물이나 텐트의 폴대 등도 번개 칠 때 감전의 위험이 있으니 주의해야 한다.

▶ **그 외 산악 기후 현상**

산악 지역은 여름철에도 산 아래보다 평균 기온이 낮아 건강에 유의해야 한다. 특히 야간에 산바람과 골바람 등 산곡풍으로 낮에 가열된 열기가 빠른 속도로 식는 특징이 있어 산악 지역에서는 항상 체온 유지에 신경을 써야 한다. 또한 산악 지역에서는 상승기류와 하강기류로 인해 변덕스러운 날씨를 만들기 때문에 예상되는 모든 악천후에 늘 대비해야 한다.

⑶ 바다, 강, 계곡 등 기타 지역의 기후 특성

캠핑 시설이 가장 많이 분포한 산악 지역보다는 기후적 위험 요소가 상대적으로 덜한 지역인 바다 등 해안 지역과 강, 계곡, 야영 시설 등의 지역에서도 기후 특성에 대한 이해와 악천후 시 대처 방법 등에 대해 대비해야 한다.

바다나 강 등 해안이나 물가에서는 무엇보다 물로 인한 피해를 늘 염두에 두고 대비해야 한다. 우리나라 바다의 경우 미국이나 동남아처럼 해일, 풍랑 등의 위험 요인이 작기는 하지만 갯벌이 많아 해변에서 캠핑할 때는 조수간만에 의해 바닷물이 꽉 들어찰 때의 밀물인 만조(滿潮) 시간을 늘 점검해 피해당하지 않도록 해야 한다.

계곡에서의 야영 시에는 비가 큰 위험 요소이다. 비가 세차게 내리면 빗물이 빠른 속도로 불어나 급류에 휩쓸릴 수 있다. 계곡 캠핑 시에는 계곡에서 떨어진 곳에 텐트를 설치해야 하며, 늘 기상 정보를 확인하도록 한다.

그 외에도 캠핑이 야외 활동이기 때문에 평소보다 주의를 기울여 기상 정보를 확인하고 악천후에 대비하는 습관을 길러야 한다.

3. 캠핑 장소의 선택

(1) 캠핑 장소의 중요성

20204년 현재 우리나라에는 다양한 캠핑 장소가 전국에 걸쳐 고루 설치되어 있다. 캠핑 장소를 선택할 때는 캠핑의 목적과 방향, 자신의 취향에 알맞은 장소를 선택하는 것이 매우 중요하다.

그러나 캠핑 시설이 다양하고 현대화한 만큼 여러 캠핑 시설을 체험해 보는 것도 나쁘지 않다. 그렇다고 우수한 캠핑 시설이 반드시 양질의 캠핑을 하는 데 필수조건은 아닐 것이다. 캠핑 본래의 취지처럼 자연을 즐기고 그 안에서 쉼과 휴식을 얻는 데 시설이 중요한 것이 아니기 때문이다.

그렇기에 가보고 싶은 지역이 편의 시설이 전혀 갖춰지지 않은 오지라 할지라도 훌륭한 캠핑지로 삼을 수 있다. 많은 이가 불편함에도 불구하고 사람의 손길이 닿지 않은 오지를 캠핑 장소로 선택하는 것이 현실이기 때문이다. 중요한 것은, 자신이 추구하는 캠핑의 목적과 이유, 취향과 기후 상황 등에 맞춰 캠핑 장소를 선정하는 일이라 할 수 있다.

(2) 다양한 캠핑 시설

행정안전부가 운영하는 공공자원 개방공유 사이트인 '공유누리(www.eshare.go.kr)' 자료에 따르면 전국의 국·공립 캠핑장과 휴양림, 오토 캠핑장, 카라반, 글램핑장 등 캠핑 시설은 2021년 기준 모두 560곳에 달한다. 이 가운데 일반 야영장과 오토 캠핑장, 카라반, 글램핑장 등 일반 캠핑 시설이 364곳, 캠핑 시설이 갖춰진 휴양림 시설이 196곳이 마련되어 있다.

〈전국 국·공립 캠핑장·휴양림 정보 안내 시설 현황〉

구 분	개소	기타 시설(야영장·오토캠핑장·카라반·글램핑장 등)
전 체	560	※1개소당, 일반야영장, 카라반, 글램핑 등 여러 시설 동시 운영
캠핑장	364	일반야영장[209], 오토캠핑장[153], 카라반[43], 글램핑[26]
휴양림	196	휴양림[164], 일반야영장[84], 숙박시설[32], 오토캠핑장[21], 카라반[11], 글램핑[2]

〈공유누리 캠핑장 · 휴양림 정보 안내 서비스〉

| 홈페이지 배너를 통해 공유지도로 이동 | 카카오맵 길찾기 및 안내 |

전국 국·공립 캠핑장 및 휴양림 정보 안내 시설 현황과 공유누리 정보 안내 서비스

국립 혹은 공립 등 국가와 지방정부가 운영하는 캠핑 시설은 시설뿐만 아니라 예약 시스템, 사후 서비스 등 수준 높은 서비스를 제공해 많은 캠핑족에게 주목을 받고 있다. 초보자들은 물론 모든 캠핑족이 불편하지 않도록 전기시설 등 부대시설이 훌륭하게 갖춰져 있다. 특히 많은 국·공립 캠핑 시설은 전국의 주요 사찰, 명승지 등 관광시설과 유적지와 연계해 있는 경우가 많아 캠핑 후 관광도 할 수 있는 장점이 있다.

국·공립 캠핑 시설 외에도 개인이나 단체가 운영하는 사설 캠핑 시설도 적지 않다. 캠핑족들에게 유명한 사설 캠핑장은 미리 몇 달 전에 예약하지 않으면 자리가 없는 곳도 부지기수이다.

그러나 사설 캠핑장은 국·공립 캠핑 시설과 비교해 부대시설이 열악한 경우가 많다. 이윤을 목적으로 운영하기 때문에 공익성이 큰 국·공립 시설과 차이가 있을 수 있기 때문이다. 특히 미등록 야영장도 적지 않기 때문에 야영장 등록 여부는 물론 사전에 시설을 확인하는 것이 필수이다.

⑶ 캠핑 장소 선정 시 고려 사항

캠핑의 성패를 가름하는 요소 가운데 가장 중요하다고 할 수 있는 것이 바로 장소 선정이다. 캠핑 경력과 취향, 목적 등에 따라 캠핑 장소가 달라지며 시설과 위치, 계절 등 외적 상황과 환경도 중요한 고려 요소가 될 수 있다.

캠핑 시설 선택의 가장 중요한 고려 점은 바로 안전이다. 안전하지 않은 시설은 자칫 불의의 사고로 이어질 수 있으므로 캠핑 시설 선택 시 안전 여부는 반드시 확인해야 한다. 더불어 캠핑장의 특징과 안전 사항을 숙지해야 하고 초보자의 경우 캠핑 장비 다루는 법, 캠핑 시설 이용 방법을 사전에 익히는 것이 중요하다.

▶ **캠핑 목적과 장소**

쉼과 휴식을 위한 캠핑, 가족 간 사랑과 유대감을 키우기 위한 캠핑, 친구들과의 우정을 위한 캠핑, 역동적인 스포츠를 즐기거나 관광을 위한 캠핑 등 캠핑을 하는 목적은 매우 다양하다. 더불어 산악 지역, 바다, 계곡 등 선호도에 따라 캠핑 장소가 달라진다. 그 때문에 목적과 장소에 따라 적절한 장소가 결정되는 것은 당연하다.

▶ **안전**

안전은 캠핑은 물론 모든 여가 활동에서 필수적으로 갖춰져야 할 사안이다. 쉼과 재충전을 위한 활동에서 다치거나 사고를 당하면 그야말로 낭패이기 때문이다. 안전한 캠핑을 위해서는 우선 캠핑장 내 안전이 보장되는지, 캠핑장 내 안전요원이 상주해 있는지, 야간에 야생동물 등 위협 요소가 있는지 등을 확인해야 한다.

▶ **시설 상태와 위치, 가격 등**

그 외에도 캠핑장 시설의 적정 여부와 집에서 얼마나 떨어져 있는지, 캠핑 활동과 연계해 다른 활동을 할 수 있는지, 입장료, 시설 이용료 등 적절한 가격인지 등 캠핑 시설 선택 시에 다양한 사항을 고려하면 더 유익한 캠핑 활동을 할 수 있을 것이다.

캠핑 유형과 장비

1. 캠핑의 분류와 유형

우리나라를 비롯해 대다수 국가가 캠핑할 수 있는 야영장을 따로 설치해 직접 운영하거나 개인에 운영하도록 하고 캠핑장이 아닌 곳의 캠핑을 제한하는 이유는 화재 등 사고 위험을 낮추고 환경오염을 최소화하기 위한 목적에 있다.

캠핑 활동에서 필수적인 조리나 난방 과정에서 사용되는 화기로 화재가 발생하기 쉽고, 인명 피해는 물론 자연의 생태 파괴와 그로 인한 손실이 크다. 캠핑장을 따로 설치해 운영하면 상대적으로 화재 위험을 줄이고 사고를 방지·관리할 수 있으며, 재난 발생 시 매뉴얼에 따라 보유한 소화 장비로 조기에 대처할 수 있다.

더불어 캠핑 활동 과정에서 필연적으로 생기는 쓰레기로 인한 환경오염 문제를 최소화하고 이용자의 편의 증대를 위해 캠핑장을 따로 설치해 운영하는 것이다.

캠핑장은 이용 형태와 목적별로 구분해 볼 수 있으며, 캠핑장의 종류와 특징에 따라 다양한 형태의 캠핑 유형을 구분해 볼 수 있다.

⑴ 캠핑장의 분류

캠핑장은 캠핑을 할 수 있도록 부대시설을 갖춘 곳으로 산과 계곡, 바다 등 자연과 인접한 위치에 자리 잡은 공간을 의미한다. 캠핑 시설을 크게 두 가지로 구분하면 일반 야영장과 오토 캠핑장으로 나눠볼 수 있다. 전에는 일반 캠핑장이 대부분이었으나 자가용이 일반화된 지금은 오토 캠핑장이 주류가 되었다.

그 외에 캠핑장을 기능적인 차원에서 구분해 보면 '이용 형태'와 '이용 목적', '세력권'별로 나눠볼 수 있다.

▶ 이용 형태별 캠핑장의 분류

방문객의 이용 형태에 따라 캠핑장을 구분하면 임시 캠핑장, 정규 캠핑장, 농원 캠핑장, 수련원 캠핑장, 자연 캠핑장, 저시설형 캠핑장, 수목원 캠핑장, 단기 체류 캠핑장, 장기 체류 캠핑장 등으로 나눠볼 수 있다.

정규 캠핑장은 야영객에게 최대한의 서비스를 제공할 수 있는 야영장이며, 임시 캠핑장은 임시 이용객을 위한 간이 시설이다.

자연 캠핑장은 최소한의 서비스만 제공하고 자연 보호를 위해 인공적 개발을 자제한 캠핑 시설이며, 저시설형 캠핑장 역시 환경 보호를 위해 최소한의 시설을 배치한 캠핑장이다. 수목원 캠핑장은 개발 자체를 하지 않은 자연 그대로의 캠핑장을 이른다. 이 세 개념은 자연 파괴를 최소화한 친환경 개념의 캠핑 시설이라 할 수 있다.

단기 체류 캠핑장과 장기 체류 캠핑장은 탐방객의 체류 시간에 따른 분류로 단기 체류 캠핑장은 다음 여행을 위한 경유지로, 장기 체류 캠핑장은 시설 인근에 레저 스포츠 시설이 연계해 설치되어 있는 점이 특징이다.

▶ **이용 목적별 캠핑장의 분류**

이용 목적별 캠핑장 분류는, 전국이 일일 생활권인 우리나라에서는 큰 의미가 있지는 않으며 국토가 넓고 광활한 다른 국가들에 적용될 수 있는 분류이다. 오토 캠핑자의 기준에서 숙박 목적에 따라 경유형(임시 체류)과 체류형(장기 숙박)으로 구분해 볼 수 있다.

경유형 캠핑장은 고속도로에서 접근성이 큰 곳에 위치하며 편의품 구매와 자동차의 수리, 여행 정보 취득의 용이점이 큰 특징이 있다. 체류형 캠핑장은 대도시에서 1~2시간 이내에 도착할 수 있는 거리로 양호한 접근성과 쾌적한 시설을 갖춰야 하며 낚시, 스키장, 골프장 등 여가 시설에 인접한 경우가 많다.

▶ **세력권별 캠핑장의 분류**

대도시 인접 정도, 캠핑장 영향 반경, 주변 캠핑장 연계 정도 등에 따라 도시 인저병, 기점 활동형, 연계형 분류도 있다. 그러나 이 분류 역시 서울과 수도권 인접 여부에 따라 세력권이 결정되는 우리나라의 상황에서는 적용이 적절치 않은 분류 기준이다.

(2) 캠핑의 유형과 특징

캠핑은 다양한 유형이 존재하지만 크게 여섯 가지의 형태로 이뤄지고 있다. 우리나라에서 가족 단위로 가장 대중화되어 있는 오토 캠핑(Auto Camping)을 비롯해 고급스러운 캠핑인 글램핑(Glamping), 등산하는 등반자들이 즐겨 하는 캠핑인 백패킹(Backpacking), 노지 캠핑, 차박 캠핑, 비바크(Biwak) 등이 그것이다.

▶ **오토 캠핑(Auto Camping)**

'오토모빌(Automobile)'과 '캠핑(Camping)'을 붙여 만든 오토 캠핑은 우리나라에서 가장 흔한 형태의 캠핑으로 캠핑 장비를 개인 자가용에 싣고 정해진 야영 장소로 이동해 즐기는 캠핑이다. 현재 우리나라에는 캠핑 초보자들도 쉽게 접근할 수 있는 오토 캠핑장이 전국적으로 산재해 있다.

본래 오토 캠핑이란 숙박지를 정하지 않고 자유롭게 이동하며 하는 캠핑을 의미했으나 최근에는 오토 캠핑족이 증가하면서 일정한 지역마다 전용 오토 캠핑장이 만들어지고 이곳에 예약해 사용하는 형태로 변화했다.

오토 캠핑은 미국에서 개발된 RV(Recreational Vehicle, 레저 차량)를 이용한 캠핑 유형이었는데 최근에는 차종과 관계없이 사용할 수 있는 캠핑 트레일러가 생산되어 사용되고 있기도 하다.

오토 캠핑 모습

▶ **글램핑**(Glamping)

다양한 편의 시설과 서비스를 갖춘 고급스러운 캠핑을 의미하는 글램핑은 '매혹적인'이라는 의미를 지닌 'glamorous'와 'camping'이 조합된 용어이다. 매혹적인 자연경관과 편리하게 갖춰진 장비들을 이용할 수 있게 해 야외에서 즐기는 작은 호텔이라고 할 수 있다. 텐트 안에서 TV와 침대, 소파, 냉장고 등 캠핑에 필요한 장비와 도구들이 이미 갖춰져 있어 캠퍼들이 따로 준비할 필요가 없어 편리한 캠핑 형태이다.

글램핑은 1900년대 초 아프리카 사파리에서 생활했던 유럽인과 미국인의 생활양식에서 유래했다. 화려한 생활에 익숙했던 여행자들이 자신의 스타일을 아프리카에서의 캠핑 생활에 반영하면서, 화려하고 편리한 형태의 캠핑으로 자리 잡았다.

글램핑 모습

▶ 백 패킹(Backpacking)

캠핑에 필요한 장비를 배낭에 짊어지고 자유롭게 다니며 하는 캠핑을 의미한다. 북미지역에서는 트램핑(Tramping), 부시워킹(bushwalking)이라고도 불린다. 특히 우리나라는 사계절 모두 아름다운 자연경관을 보이기 때문에 백패킹을 즐기는 캠퍼가 많다. 두 다리가 이동 수단이 되는 백패킹은 일반 캠핑보다 힘들고 불편한 점이 단점이지만, 일부러 그러한 불편을 감수하고 목적을 달성하고 난 후의 성취감을 즐기는 캠퍼도 많다.

백패킹의 성패는 장비를 준비하고 배낭을 꾸리는 일에 달려있다. 계절과 이동 거리, 백패킹의 목적에 따라 배낭 꾸리기는 달라지지만, 필수적인 짐을 고르고 최대한 짐을 줄여 경량화시키는 것이 관건이다.

▶ **노지 캠핑**

'노지(露地)'는 '사방과 하늘을 지붕이나 벽 따위로 가리지 않은 자리'라는 의미로 보호되지 않는 황야에서 별을 보며 하는 캠핑이다. 노지 캠핑은 땅이 드넓은 미국이나 캐나다 같은 나라에서 가능한 캠핑으로 우리나라에서는 하기 힘들다.

뛰어난 자연을 찾아 떠나며 날 것 그대로의 대자연과 자유를 만끽할 수 있지만, 화장실 등 제약이 따르는 캠핑이며 텐트와 이동식 화장실 등 장비를 갖춰야 할 수 있다.

▶ **차박 캠핑**

자동차를 이용해 숙식하는 캠핑이다. 주차만 할 수 있다면 언제 어디서든 가능하고, 텐트를 치지 않아도 되기 때문에 간편하게 캠핑을 즐길 수 있다. 오토 캠핑보다 간편하고, 백 패킹보다 편안함을 추구하는 캠퍼들 사이에서 인기 있는 캠핑이다.

차박 캠핑은 자동차만 있으면 장비에 대한 걱정이 크게 없기 때문에 입문자도 편하게 도전할 수 있는 캠핑이다. 원래 2021년 초까지만 해도 차량을 개조해 캠핑하는 것이 불법이었으나 이후 국토교통부에서 캠핑용 자동차 활성화를 위해 캠핑카 개조 대상을 승합차에서 승용차, 화물차, 특수차량 등 모든 차종으로 확대해 누구나 차를 개조해 차박 캠핑을 즐길 수 있게 되었다.

▶ **비바크(Biwak)**

'비바크(Biwak)'는 '등산 등 예기치 못한 일로 야외에서 잠을 자는 일'을 의미하는 독일어이다. 프랑스어로는 'Bivouac'이다. 비바크를 할 때는 최대한 자연의 지형지물을 이용해 잠을 자야 하고 날씨 조건과 야생동물의 습격 등에 대비해 신체를 보호하는 방법을 마련해야 한다.

말 그대로 노숙(露宿)을 뜻하는 비바크 시에는 노출에 의한 체온 저하를 방지하는 게 관건이다. 잠을 자는 동안 에너지 생산이 현저히 줄기 때문에 비바크 전에는 마른 옷으로 갈아입고 모닥불을 피우는 등 체온 유지에 힘써야 한다.

비바크

▶ **그 외의 캠핑**

위의 대표적인 여섯 가지 캠핑 유형 외에 혼자 떠나는 '솔로 캠핑', 작은 텐트와 타프를 쓰는 등 장비를 최소화한 '미니멀 캠핑' 등이 있다.

2. 캠핑 장비

성공적인 캠핑 활동을 위해 필요한 조건들이 많겠지만, 그 가운데 가장 중요한 것이 바로 캠핑 장비이다. 쾌적한 삶을 영위하기 위해 모든 것이 갖춰져 있는 일상에서와는 달리 캠핑 활동이 이뤄지는 야외에서는 최소한의 생활이 이뤄질 수 있도록 필수적으로 장비가 갖춰져야 한다.

숙박 시설이 없는 외지에서의 캠핑은 기후의 영향을 많이 받기 때문에 계절마다 갖춰야 할 장비가 달라질 수 있으며, 필수적인 장비 외에도 더 쾌적한 캠핑을 위해 다양한 장비를 갖춰야 할 필요가 있다.

(1) 취침용 장비

캠핑 활동에서 가장 필수적인 장비는 취침용 장비이다. 예기치 못한 상황으로 어쩔 수 없이 노숙하는 경우를 제외하고는 침낭 등 최소한의 장비를 갖춰야 캠핑 활동을 이어갈 수 있다. 취침용 장비는 무게를 최대한 줄인 경량에 견고한 제품이 제일 좋다. 취침용 캠핑 장비로는 텐트, 타프, 침낭, 매트리스 등이 있다.

▶ **텐트**

텐트는 가벼우면서도 견고해야 한다. 또한 설치하기에 쉬워야 하고, 접었을 때 부피가 최대한 작은 것이 좋다. 텐트는 1인용 텐트부터 4인용 이상 등 다양한 종류가 많은데 자주 사용하는 인원에 맞춰 구매하는 것이 바람직하다.

종류별로 텐트를 살펴보면 일반적으로 자주 볼 수 있는 반구형의 돔 텐트를 비롯해 던지면 바로 펴지는 원터치 텐트인 팝업 텐트, 삼각형 모양의 티피 텐트, 투룸형 텐트, 직사각형에 가까운 대형 텐트인 캐빈 텐트, 자동차나 트레일러 위에 설치해 사용하는 루프탑 텐트, 바닥이 없는 쉘터 등이 있다.

다양한 텐트의 종류

▶ **타프**

타프(Tarp)는 방수포를 의미하는 '타폴린(Tarpaulin)'의 약자로, 방수 처리된 그늘막을 말한다. 텐트가 취침용이라면 타프는 거실용 공간을 구성하는 장비이다. 우천 시 타프를 설치함으로써 텐트에 물기가 스며들지 않게 하고 땡볕과 벌레, 수액 등을 차단하는 데 효과적으로 이용된다.

여섯 개의 폴대를 사용하는 렉타 타프를 비롯해 헥사 타프, 타프쉘, 렉타 타프 측면에 설치하는 사이드월, 프론트월 등이 있다.

타프

▶ **침낭**

캠핑 활동에서 쾌적한 수면을 위해서라면 텐트와 타프만큼 중요한 것이 침낭이다. 솜이나 깃털 같은 보온 소재를 넣은 자루 형태의 이불로 겨울과 봄, 가을은 물론 여름철에도 야간에는 온도가 현격히 떨어지므로 침낭을 사용하는 것이 좋다.

얼굴을 제외한 신체 모든 부분이 들어가 고대 이집트의 미라를 연상케 하는 머미형 침낭과 펼치면 사각형이 되어 이불처럼 여럿을 함께 사용할 수 있는 사각형 침낭 등이 있다.

▶ **매트리스**

매트리스는 땅에서 올라오는 냉기와 습기를 차단해 주는 장비로 텐트나 침낭 못지
않게 필수적인 숙영 장비이다. 크게 발포 스펀지형과 공기주입형으로 나뉘는데, 단
열성이나 부피 등을 고려할 때 공기주입형이 더 편리하다.

매트리스

▶ **야전침대**

야외에서 간편하게 사용할 수 있는 잠자리로 대부분 접이식이어서 휴대가 간편한
장비이다. 캠핑에서 꼭 필요한 장비는 아니지만 다양하게 활용할 수 있는 용품이어
서 갖춰놓는 것도 나쁘지 않다.

(2) **취사용 장비**

캠핑에서 취침과 함께 중요한 것이 바로 취사이다. '끼니로 먹을 음식 따위를 마련하는
것'을 의미하는 취사(炊事)는 캠핑의 주요한 목적 활동이기 때문이다. 그래서 취침용 장
비만큼 취사용 장비를 갖추는 일은 캠핑 활동에서 필수적이다.

▶ **코펠**

음식을 조리하고 담을 냄비, 프라이팬, 접시, 밥그릇 등을 겹겹이 포개 한 번에 수
납하는 휴대용 식기이다. 캠핑 시 필수적으로 갖춰야 할 장비이다.

코펠

▶ **버너**

가스나 석유, 알코올 따위의 연료를 고속으로 내뿜어 공기와 섞어 연소시키는 도구
로서 음식물을 데우고 조리할 수 있는 필수 장비이다. 화구가 두 개인 트윈 버너,
고형 알코올 사용하는 경량 버너인 핸디 버너, 일체형 버너 등이 있다.

▶ **이소 가스**

가정용 부탄가스와 달리 캠핑용 연료로 사용되는 가스이다. 부탄가스보다 비교적
낮은 온도에서도 사용할 수 있어 효용성이 크다.

이소 가스

▶ **그릴**

숯이나 가스 등 연료를 사용해 불을 피워 석쇠나 불판에서 고기를 구울 수 있도록 한 장비로 바비큐를 할 때 필수적이다.

그릴

▶ **키친**

음식 재료를 다듬고 손질할 수 있는 조리대, 캠핑 스토브를 설치해 조리를 돕는 장비이다. 양념과 조리 도구, 식기를 보관할 수 있는 수납공간 등 보조 장비를 연결해 편리하게 사용할 수 있다.

캠핑용 키친

▶ **쿨러(아이스박스)**

얼음을 넣을 수 있게 해서 그 냉기를 토대로 음식물과 재료를 차갑게 보관할 수 있는 장비이다. 여름 캠핑 시에 꼭 필요한 장비이다.

▶ **기타 취사용 장비**

그 외에도 요리를 할 수 있도록 한 난로인 스토브, 다용도로 사용할 수 있는 나이프나 수저, 숯불을 담아두는 화로대 등이 있다.

⑶ 그 외의 기타 장비

캠핑 활동을 하는 데 필수적인 취침용 장비, 취사용 장비 외에도 더 쾌적한 캠핑이 될 수 있도록 반드시 갖춰야 할 장비들로는 야간 활동에 필요한 랜턴과 이동용 랜턴, 방수·방풍을 위한 여벌의 기능성 의류, 만약의 사태에 대비한 구급약, 캠핑용 의자, 식기용 탁자, 화로대 거치 등에 사용될 테이블과 각종 시트, 담요, 해먹 등이 있다.

캠핑 활동은 광활한 대자연 속에서 심신의 휴식을 취하고 다시 일상으로 돌아가 생활을 영위할 수 있도록 하는 재충전의 활동이다. 그러나 캠핑장에서 타인으로 인해 불쾌한 일을 겪거나 기분이 상한다면 캠핑의 의미가 퇴색될 것이다.

그러므로 즐거운 캠핑이 되기 위해서는 캠핑장에서 남을 배려하고, 타인과 자연에 대한 기본적인 예의를 갖추는 것이 무엇보다 중요하다. 더불어 캠핑장에서 지켜야 할 기본 수칙과 함께 예절을 지킨다면 캠핑족끼리 얼굴을 붉히는 나쁜 상황을 미리 방지할 수 있을 것이다.

1. 입·퇴실 시간 및 캠핑장 기본 수칙 지키기

우선 입실 및 퇴실 시간을 잘 지켜야 한다. 펜션이나 호텔 등 숙박 시설과 마찬가지로 캠핑장 역시 입·퇴실 시간이 정해져 있다. 입·퇴실 시간은 캠핑장 운영자와의 약속이기 때문에 그리고 다음 차례를 기다리는 캠퍼들을 위해 반드시 지켜야 한다.

입실 전에 미리 텐트 설치 장소에 도착해 기다리면 앞의 이용자에게 부담을 주게 된다. 또 퇴실 시간이 다 되었는데도 짐 정리가 되지 않으면 다음 이용객에게 불편을 주게 된다.

따라서 입실 시간은 5분 전까지 캠핑 장소에 도착하고, 퇴실 시에는 미리 짐을 정리해 퇴실 시간을 넘기지 않도록 한다.

2. 고성방가 금지 등 음주 예절

(1) 음주 예절

캠핑장에서 빠질 수 없는 것이 바비큐이다. 구워진 고기를 안주 삼아 술을 마시는 캠퍼가 많다. 그런데 과도한 음주로 인해 큰 소리로 소란을 피우거나 싸우는 경우가 종종 있다.

캠핑장은 가족 단위 이용객이 많고, 공공장소이므로 음주는 적당히 즐기는 것이 좋다. 자칫 과도한 음주로 늦은 밤까지 고성방가를 일삼거나 취중에 싸움을 벌이는 등 볼썽사나운 추태를 부리지 않도록 함으로써 수준 높은 캠핑 문화를 만들어야 할 것이다.

(2) 소음 피해

음악을 크게 틀거나 큰 소리로 대화하지 않는 것도 꼭 지켜야 할 중요한 캠핑 예절 가운데 하나이다. 특히 12시가 넘은 심야나 이른 새벽에는 다른 야영객에게 방해되지 않도록 소음을 최소화해야 한다.

캠핑 특성상 방음이 잘된 숙소가 아니라 천으로 만든 텐트에서 잠을 자기 때문에 야간에는 작은 소리도 또렷이 들릴 수밖에 없다. 이웃 야영객의 소음 때문에 잠을 설친다면 휴식을 위해 찾은 캠핑장에서 오히려 스트레스를 받을 수도 있다.

그러므로 캠핑장마다 기준은 다르겠지만, 적어도 밤 10시 이후부터 다음 날 아침 7시 정도까지는 최대한 소음을 내지 않는 것이 기본 예의이다.

3. 성 관련 예절

캠핑장에서는 숙식이 모두 이뤄지는 집과 같은 장소이며, 일상생활이 영위되는 곳이기도 하다. 그러므로 일상에서 벌어지는 각종 범죄나 사건 사고도 동반해 발생한다. 그 가운데 성추행이나 성희롱 등 성 관련 범죄 사건이 빈번히 일어나고 있어 특히 주의가 필요하다.

캠핑장은 잠을 자는 텐트를 비롯해 샤워장과 화장실 등의 시설이 모든 이에게 개방된 임시 시설이므로 각종 성범죄의 온상이 될 수도 있다. 실제로 지난 2023년 8월 경기도

가평군의 한 캠핑장에서 30대 캠핑장 관리인이 샤워 중인 여성을 불법 촬영해 입건되는 사건이 있었으며, 2024년 5월에는 강원도 양구에서 술에 취한 현역 군인이 텐트 안에서 6세 여아를 성추행한 사건이 발생하기도 했다.

캠핑장에서의 성범죄를 원천적으로 차단할 방법은 없으나 최대한 범죄를 줄이기 위해 다음과 같은 사전 예방책이 필요하다.

▶ **캠핑장 성범죄 예방 대책**
- 밤늦게까지 술을 마시거나 혼숙을 하지 않는다.
- 혼자 으슥한 곳이나 숲이 우거진 지역, 깊은 산에 다니지 않는다.
- 상대의 동의가 없는 성적 언행은 성희롱 성폭력임을 분명히 인식하고, 이런 상황을 목격하면 행위자에게 행위 중지를 요청한다.
- 성적인 불쾌한 상황에 직면했을 때는 거부 의사를 분명하게 표시한다.
- 캠핑장 관리인 등 직원에게 성범죄 예방 교육을 시행한다.

입실 및 퇴실 시간과 캠핑장 기본 수칙 지키기, 음주 예절 및 성 관련 예절 지키기 외에 타인이 사용하는 사이트를 침범하지 않고 타인 사이트 가로질러 다니지 않는 등 야영지 내 경계 지키기, 쓰레기 함부로 버리지 않기, 캠프파이어 시 안전 수칙 지키기 등의 캠핑 예절을 반드시 준수해야 쾌적하고 즐거운 캠핑 활동이 이뤄질 수 있다.

NOTE

캠핑 레저 시설의 위험 요소와

야영장 안전사고 주요 사례

01 안전사고 **인식**

1. 안전사고란 무엇인가?

'안전사고'란 공장이나 공사장과 같은 산업 시설, 야영장·운동장 등 체육 레저 시설, 각종 공공시설과 가정 등의 공간에서 주의 소홀이나 안전 교육의 미비로 일어나는 모든 물적·신체적 사고를 통칭한다.

안전사고는 인간이 있는 곳, 기거하고 활동하는 모든 곳에서 수시로 일어나고 일어날 수 있는 사고로, 특히 낯선 환경의 야외에서 숙식을 해결하는 캠핑의 특성상 다른 곳보다 더 많이 발생할 수 있는 사고이다.

그 때문에 캠핑장을 운영하는 경영자의 관점에서나 이용하는 소비자의 처지에서나 캠핑장에서의 안전 교육은 반드시 이뤄져야 하며, 안전사고에 대한 대비는 필수적이다.

전국에 캠핑장 숫자가 폭발적으로 증가하면서 2013년부터 안전한 캠핑장 이용을 위한 다양한 입법 논의가 시작됐으나 여러 가지 문제로 법·제도적 장치가 지연되면서 캠핑장 안전사고가 꾸준히 증가했다.

행정안전부와 한국소비자원이 지난 2020년 조사한 국민 여가 활동 조사에 따르면 휴가 기간에 가장 즐겨 하는 여가 활동 중 캠핑이 4위에 선정되었고, 2015년부터 2019년까지 5년간 한국소비자원 소비자위해감시시스템에 접수된 캠핑장 관련 안전사고는 총 195건이었다. 특히 2019년에는 51건이 접수되어 전년도 34건 대비 1.5배 증가했다.

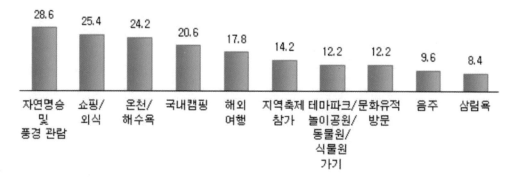

문화체육관광부 주관 국민 여가 활동 조사 휴가 중 여가 활동 상위 Top 10

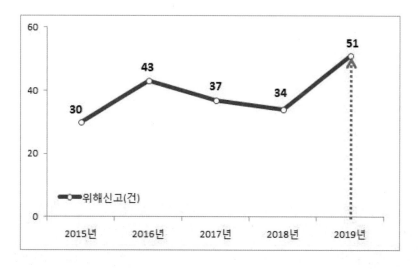

한국소비자원 소비자위해감시시스템에서 조사한 2015~2019 캠핑장 안전사고 현황

현재 문화체육관광부가 전국의 야영장에 대해 안전 관리를 비롯해 캠핑 활성화를 지원하는 등 공공 차원에서 안전사고 예방을 위해 노력하고 있다. 특히 여름 성수기 안전사고에 대비해 763개소의 캠핑장에 대해, 겨울철 화재 안전사고 예방을 위해 155개소 캠핑장에 대해 안전 관리 실태 점검을 상·하반기를 나눠 상시로 실시하는 등 사고에 대비하고 있다.

2. 캠핑 레저 시설 안전사고에 대한 인식과 대비

(1) 캠핑 레저 시설 안전사고 유형

캠핑장에서 발생할 수 있는 안전사고는 다양한 분야의 사고가 있다. 급격한 기후변화로 인한 자연 재난 안전사고를 비롯해 시설물과 장애물에 의한 안전사고, 화재 및 화상 사고, 야생동물과 곤충에 의해 발생하는 사고, 보온용 장비에 의한 가스 질식 사고, 과도한 음주로 인해 야기되는 호흡 곤란 사고, 어린이 관련 사고 등의 안전사고가 그것이다.

캠핑장에서 발생하는 사고 대부분은 캠퍼들의 안전 의식 불감증으로 인한 사고와 야영 경험이 많지 않은 초보자들이 안전사고에 대한 지식과 정보가 부족해 발생하는 사고이다. 이는 캠핑 문화의 미성숙한 우리 사회 현실과 맞닿아 있으며, 야영객들의 안전 의식을 강화하는 제도적 장치가 필요함을 방증하는 사례이다.

이에 따라 야영객들은 캠핑을 즐기기 전 안전사고에 대한 인식 강화와 함께 예방법을 충분히 숙지하고, 사고 발생 시 적절한 대처 방안을 마련하는 등 안전한 캠핑을 이룰 수 있도록 철저한 준비가 필요하다고 하겠다.

폭우로 침수된 캠핑카

⑵ 안전사고 극소화를 위한 인식 변화

캠핑장 안전사고는 결코 우연히 발생하거나 누군가의 잘못으로 일어날 수 있으나 어쩔 수 없는 자연재해에 따라 발생하는 때도 드물지 않기 때문에 철저히 대비하는 것이 중요하다. 더욱이 연속적으로 발생하는 안전사고는 개선되어야 하지만, 적절한 개선이 이뤄지지 않은 사고 원인에 의해 반복적으로 되풀이되는 것이기에 조속히 사고 원인을 해결해야 한다.

'큰 사고 발생 전에는 항상 전조 증상의 작은 사고가 있다.'라는 '하인리히 법칙'이 존재한다. 큰 재해와 작은 재해, 사소한 사고 발생 비율이 1:29:300이라는 점에서 '1:29:300 법칙'으로 부르기도 한다.

'하인리히 법칙'은 1931년 미국 산업안전 전문가인 허버트 윌리엄 하인리히(Herbert William Heinrich)가 쓴 『산업 재해 예방: 과학적 접근(Industrial Accident Prevention: A Scientific Approach)』을 통해 처음 알려진 '하인리히 법칙'은 사소한 문제를 내버려 둘 경우, 대형 사고로 이어질 수 있다는 점을 밝혀낸 것으로 산업 재해 예방을 위해 중요하게 여겨지는 개념이다.

하인리히의 법칙 '1:29:300'

미국의 국제특송 업체인 '페덱스'사의 '1:10:100 법칙(재해 비용의 법칙)'도 같은 맥락의 법칙이다. 불량이 생길 때 즉각적으로 대처하면 1원 원가가 들어가지만, 책임 소재나 문책이 두려워 이를 숨기면 10의 원가가 소요되며, 이것이 고객의 손에 들어가 클레임으로 이어지면 100의 원가가 든다는 법칙이다.

문제 발생 시 초기에 대처하면 손실이 아주 작지만 이를 방치하고 무시할 때는 이를 바로잡는 데 드는 비용이 눈덩이처럼 불어나 엄청난 손실을 보게 되어있다는 것이다. "호미로 막을 일을 가래로 막는다."라는 우리 속담과 일맥상통하는 개념이다.

이렇듯 캠핑장 안전사고는 사소한 징후가 나타났을 때부터 미리 사고 예방을 위한 조처를 해야 하며, 캠핑장 운영 주체와 캠퍼는 물론 정부, 지자체, 캠핑 장비업체 등 관련 기업과 조직, 단체 등 모든 관계자가 합심해 캠핑장 내 안전사고 예방을 위해 최선의 노력을 해야 할 것이다.

캠핑 활동의 위험 요소 인식

　기후 환경을 비롯해 캠핑장 내 각종 시설과 장비 등 위험 요소들은 여러 가지가 존재하고 있다. 자칫하면 소중한 목숨을 잃을 정도로 심각한 위험이 상존하는 곳이 바로 캠핑장이기 때문에 이러한 위험 요소들을 하나하나 꼼꼼히 점검해야 한다.

　텐트를 설치하기 전부터 텐트 설치와 취사, 야간 취침 과정 및 야영징을 떠날 내까지 캠핑의 전 과정에서 캠핑 위험 요소를 살펴야 한다. 특히 난방 기구를 비롯한 전열 기구로 인한 일산화탄소 중독, 부탄가스 등 가스 폭발 등은 캠핑장에서 빈번히 일어나는 안전사고이기 때문에 철저한 체크가 필요하다.

(1) 캠핑 위험 요소 유형과 대비

▶ 캠핑 장비 사용에 따른 위험

　캠핑 활동에서 장비의 중요성은 막대하다. 일상 주거 공간에서 벗어나 야외에서 생활하는 만큼 거주 공간에서 사용하는 장비들에 최대한 가까운 캠핑 장비를 갖춰야 하기 때문이다. 그래서 캠핑을 계획할 때 장비의 여부와 청소 상태, 파손 여부, 고장 여부, 여분의 장비가 있는지 등을 철저하게 살펴야 한다.

　캠핑 장비가 중요한 이유는 장비의 체크 상황에 따라 안전사고는 물론 자칫 생명을 잃는 최악의 상황까지 맞을 수 있기 때문이다. 일례로 매스컴에서 종종 접하게 되는 캠핑장에서의 일산화탄소 중독 사고는 캠핑 필수 장비인 일산화탄소 측정기를 갖추지 않고 전열 기구나 난방 장비를 사용할 때 발생하는 대표적인 캠핑장 안전사고이다.

　따라서 계절별로 상황에 맞는 적절한 캠핑 장비의 구비는 물론 이를 안전하게 사용할 수 있도록 사용법을 익히고 항상 장비의 상태를 점검하는 습관을 들여야 한다.

2015년 3월 22일 발생한 강화 글램핑장 화재 사고(출처: 경향 DB)

▶ **기상 상황**

캠핑은 전적으로 야외 활동이므로 기상 상황을 점검하는 것은 필수다. 대부분 캠핑지가 깊은 산악 지역이나 계곡, 바닷가 근처에 자리 잡고 있어서 기상으로 인한 변수가 많이 생길 수밖에 없다.

그 때문에 캠핑을 계획하고 있다면 먼저 기상 조건을 살펴야 하며 갑작스러운 폭우와 폭설, 강풍과 해일 등 악천후에 대비해야 하고, 조난할 경우를 예상해 고립을 피하는 방법을 마련해야 한다.

폭우로 인한 캠핑장 침수 피해

▶ **주변 환경**

야외 활동인 캠핑에서 캠핑장의 주변 환경은 어쩔 수 없이 위험 요소가 될 수밖에 없다. 암석으로 이뤄진 산악 지역에서는 추락이나 낙석에 따른 위험이 상존하며 숲속의 야생동물이나 말벌 등의 위협도 위험 요소이다.

캠핑 시 늘 주변의 환경과 안전을 점검하고 필요하면 위험 요소를 없애거나 회피하는 것도 안전한 캠핑을 위해 바람직한 행동이다.

▶ **개인의 건강 상태**

캠퍼 자신의 건강 상태 역시 반드시 점검해야 할 중요한 위험 요소이다. 몸이 좋지 않은 상태에서의 캠핑이 유익하지도 않을 뿐만 아니라, 스스로 건강 상태를 신경 쓰지 못하고 캠핑하다가 심각한 질병을 얻을 수도 있기 때문이다.

정상적이지 않은 건강 상태로 캠핑 활동을 할 경우, 캠핑지에서 공동으로 사용하는 화장실이나 공동 샤워장, 주방 공간 등 공용 공간에서의 감염으로 위험한 상황에 놓일 수도 있기에 사전 건강 체크는 필수적이다.

캠핑장 119 출동

▶ **방심**

되풀이되는 일상을 탈출해 대자연으로 나가면 누구나 마음이 들뜨게 마련이다. 그래서 부주의하게 행동하다 다치거나 과도한 음주로 따른 호흡 곤란, 낙상 사고를 당하기 쉽다. 더불어 불량 폭죽으로 인한 화상, 어린이의 경우 트램펄린 놀이 중 골절과 타박상 등 방심으로 인한 위험이 있으므로 늘 조심하면서 캠핑 활동에 임해야 한다.

(2) 철저한 캠핑 안전 수칙의 준수

즐거운 마음으로 떠난 캠핑 활동 과정에서 안전사고로 다치거나 몸이 아프면 오히려 스트레스가 쌓이고 실망감이 커질 수밖에 없다. 따라서 철저한 안전 수칙을 준수함으로써 안전하고 쾌적한 캠핑이 되도록 해야 할 것이다.

다음은 캠핑 활동에서 빈번히 발생하는 안전사고 유형과 유형별로 지켜야 할 주의 사항과 안전 수칙을 소개해 본다.

▶ **텐트 등 설치 장비 관련 안전사고와 안전 수칙**

텐트를 설치하기 전 날씨 상황과 바닥의 상태, 주위 환경 등을 고려해 안전한 곳에 텐트를 편다. 낙석, 붕괴 등 위험 요소를 파악하고 텐트 간 거리를 확보해 사고를 미연에 방지해야 한다. 바람이 심하게 불 때는 팩다운을 이용해 텐트가 날아가지 않게 설치한다.

캠핑장 내에서 이동 시 텐트 등을 고정한 줄에 걸리지 않도록 조심한다. 특히 야간에는 고정하는 줄이 보이지 않아 안전사고가 쉽게 일어날 수 있으니 야광 줄이나 끝막이(스토퍼)를 사용하는 것이 바람직하다.

▶ **전기·가스 등 전열 및 난방 장비 관련 화재/질식 사고와 안전 수칙**

밀폐된 텐트 내부에서의 지나친 온열 장비, 난방 장비 사용은 지양한다. 일산화탄소 질식 사고, 화재 위험 등 안전사고를 당할 수 있기 때문이다. 침낭, 핫팩 사용 등을 활용해 체온을 유지한다.

화로에 불을 피울 때는 주변에 방화수를 갖추고, 끌 때는 잔불 정리를 철저히 한다. 화기 근처나 여름철 뜨거운 차량 내에 부탄가스를 방치하지 말아야 한다. 휴대용 버너 두 개 이상 연결해 사용하거나 버너보다 큰 불판을 사용할 때는 부탄가스 과열에 주의해야 한다.

▶ **자연재해로 인한 안전사고와 안전 수칙**

야외에는 기후변화를 비롯해 강우, 폭설, 강풍 등 다양한 자연재해가 예상되는바 사전에 갑작스러운 악천후로 인한 안전사고 대비해야 한다. 캠핑 시에는 두꺼운 옷보다는 여러 벌의 얇은 옷을 겹쳐 입어 온도 변화가 심한 야외에서 보온성을 높이고 눈, 비에 젖을 경우를 대비해 여벌의 옷과 양말을 챙기는 것이 좋다.

▶ **기타 안전사고와 안전 수칙**

대부분 캠핑장은 산악 지역이나 외진 곳에 있으므로 가벼운 찰과상과 진드기, 벌레, 말벌 등 해충들의 위험이 예상되기 때문에 이들로부터의 대비가 필요하다. 더불어 해충에 물렸을 때 바를 약과 해열제, 소화제 등이 갖춰진 상비약과 구급 키트를 준비해야 한다.

1. 캠핑장 내 각종 화재 사고의 원인과 방지 대책

캠핑장에서 가장 빈번하게 발생하는 안전사고는 바로 화재 사고이다. 국가화재정보시스템에 따르면 지난 2020년부터 2022년까지 3년간 전국 캠핑장에서 일어난 화재 사고는 총 173건으로 나타나 전체 캠핑장 주요 사고의 절반 이상을 차지한 것으로 조사됐다. 캠핑장은 텐트를 비롯해 침구류, 부탄가스 등 가연성 소재의 장비가 많고, 일상생활이 영위되는 주거 지역보다 바람이 많이 불어 연소 확대가 쉽다.

(1) 캠핑장 화재 사고 원인

▶ **전기로 인한 화재 사고 원인**

전기로 인한 사고는 전선의 합선 또는 단락에 의해 발화하거나 오래된 전선과 전기기구의 누전으로 인한 화재, 전선의 허용 전류를 초과한 과부하에 의한 화재, 전선과 전기기구의 과열과 절연 불량으로 인한 화재 등 다양한 원인에 의해 발생한다.

▶ **취사용 가스 폭발 및 유류 관련 사고**

화구보다 큰 조리 기구를 사용하거나 스토브 두 개를 이어 사용 중 폭발, 점화 미숙 및 사용 중 부주의로 휴대용 부탄가스의 폭발, 이동식 가스레인지 및 스토브의 과열로 인한 폭발 등 주로 부탄가스 사용 중 용기가 가열되어 그 열로 인해 내부 압력이 높아지는 것이 주요 원인이다.

유류 관련 화재 사고는 야간에 기온이 하강할 때 텐트 내에서 보온을 위해 사용하는 석유 난로의 과열로 인한 사고가 주종을 이룬다. 석유 난로의 불을 끄지 않고 기름을 넣을 때, 유증기로 인해 유류 기구를 사용하면서 이동할 때 등도 사고가 발생하는 원인이 된다.

캠핑장 가스 폭발 사고 및 유류 사고(출처: 브릿지경제)

▶ **화로·캠프파이어 화재 사고**

캠핑에서 빠질 수 없는 캠프파이어나 바비큐 중 실수로 일어나는 사고도 적지 않다. 화로가 따로 없는 캠핑장에서 땅이나 풀숲에 안전조치 없이 불을 피워 큰 화재로 이어지는 사례도 있다.

(2) **캠핑 화재 사고 방지 대책**

캠핑장 화재 사고를 방지하기 위해 우선 캠핑장 안전 수칙을 숙지해야 한다.

▶ **전기 화재 방지책**

- 전기기구를 사용하지 않을 때는 반드시 플러그를 뽑아둔다.
- 개폐기에 과전류 차단 장치를 설치한다.
- 누전차단기를 설치하고 매달 정기적으로 작동 여부를 확인한다.
- 한 개의 콘센트에 여러 전기기구를 꽂는 문어발 사용을 금한다.
- 전기기구 구입 시 정품을 사용하고 사용설명서를 꼭 읽어보고 사용한다.

▶ **취사용 가스 폭발 및 유류 관련 사고 방지책**

- 무겁거나 넓은 불판 등 과도한 불판 사용을 금한다.
- 부탄가스 사용 시 다른 화기를 옆에서 사용하지 않는다.
- 더운 여름철에 부탄가스를 차 내부에 두면 폭발 위험이 있으므로 서늘한 곳에 보관한다.
- 사용한 부탄가스는 구멍을 내고 불이 없는 곳에 안전하게 폐기한다.
- 화기 사용 시 노즐이 막히지 않도록 관리한다.
- 유류는 다른 물질과 함께 저장하지 않고 환기가 잘되는 곳에 보관한다.
- 석유 난로, 버너 등은 사용 도중 넘어지지 않게 조심한다.
- 휘발유, 신나 등 휘발성이 강한 유류를 취급할 때 담뱃불 등 불씨와 접촉하지 않도록 조심한다.

▶ **화로·캠프파이어 화재 사고 방지책**

- 캠프파이어 시 땅바닥이 아닌 화로에 불을 피운다.
- 화로대는 텐트 등 인화성 물질이 있는 곳에서 멀리 떨어진 곳에 설치한다.
- 아이들이 있을 때는 화로 전용 테이블을 설치해 아이들의 안전을 확보한다.
- 불이 붙은 기름은 물로 끌 수 없으므로 모래 등 산소 공급을 중단하는 방식으로 소화한다.
- 불을 피우고 남은 재는 불씨가 살아있을 수 있으므로 아무 곳에 버리지 않고 반드시 전용 폐기물 함에 따로 거둔다.

캠핑장 캠프파이어

2. 각종 화재 사고 사례와 시사점

(1) 전기 화재 사고

▶ **사고 사례**

- 2015년 인천시 강화군 동막해수욕장 인근 글램핑장에서 발생한 전기 화재 사고로 어린이 3명을 포함해 5명이 숨지는 안타까운 화재 사고가 발생했다.

- 국립과학수사연구원의 감식 결과 온돌 전기 패널 리드선과 발열체에서 발화했을 것으로 추정되었으며, 동 제품은 안전 인증을 받지 않은 제품이었다.

- 이른 새벽 시간에 화재가 발생해 피해가 컸으며, 발화 후 화염이 솟구친 지 불과 2~3분 만에 텐트가 전소될 정도로 불길이 강했다.

- 피해가 컸던 이유 중 하나는 충분한 대비 시설이 없었다는 점이었다. 현장에 비치된 소화기 5대 중 2대만 사용할 수 있었고, 3대는 고장 난 상태였다.

관련 기사 **3분 만에 불탄 텐트…두 가족 앗아간 캠핑장 화재(뉴스 속 오늘)**

8년 전 2015년 3월 22일. 새벽 1시 20분쯤 인천시 강화군 동막해수욕장 인근 글램핑장 내 텐트에서 불이 나 어린이 3명을 포함해 5명이 숨지고 2명이 중상을 입는 사고가 발생했다.

이 화재로 이 모(37) 씨와 각각 11살, 6살 된 이 씨의 두 아들이 숨졌다. 이 씨와 절친한 사이였던 중학교 동창 천 모(36) 씨와 그의 7살 난 아들도 숨졌다.

옆 텐트에 있던 박 모(43) 씨는 아이 울음소리에 잠에서 깨 달려 나온 뒤 불길에 휩싸인 텐트 틈 사이로 어린아이의 모습이 보이자 불붙은 텐트 입구 일부를 손으로 뜯어내고 구조했다. 숨진 이 씨의 둘째 아들(8)이었다.

박 씨는 "새벽 옆 텐트에 불이 확 번져 뛰어갔는데 나머지는 쓰러져 있었고 어린애 한 명만 서 있어 구조했다"고 진술한 것으로 전해졌다. 박 씨는 이 씨의 둘째 아들을 구조하는 과정에서 연기를 마셨고, 이 군은 2도 화상을 입어 병원에서 치료받았다.

가연성 텐트 안전 인증받지 않은 전기 패널… 참변 불렀다

경찰이 확보한 CC(폐쇄회로)TV 판독 결과 이날 불은 오전 2시 9분쯤 시작됐다. 화염이 솟구친 지 불과 2~3분 만에 텐트가 전소됐다. 이날 소방 당국에 최초 신고가 접수된 시각은 이날 오전 2시 13분쯤이었다.

불꽃놀이를 보러 나왔다가 화재 현장을 발견한 대학생이 119에 신고했고, 13분 뒤 소방차가 현장에 도착했지만 이미 해당 텐트는 전소된 상태였다. 2m 떨어진 옆 텐트에도 불이 옮겨붙어 일부를 태웠을 정도로 불길이 강해 자칫 더 큰 피해로 이어질 뻔했다.

이날 사고는 새벽 시간 때 이들이 텐트에서 함께 잠을 자던 중 화재가 발생해 인명 피해가 컸다. 관리자의 진술에 따르면 어린이들은 일찍 텐트로 들어갔고, 이 씨와 천 씨는 새벽 1시까지 술을 마셨다. 이어 잠이 든 상태에서 화재에 노출된 만큼 빠르게 대처하기에는 어려움이 있었던 것으로 보인다. 또한 연소가 잘되는 소재로 제작된 텐트도 인명 피해를 키웠다. 불이 잘 붙지 않거나, 잘 타지 않도록 방염 처리를 하지 않은 인디언 텐트에 불이 붙었기 때문이다.

이 텐트의 출입문이 1m 남짓한 높이의 문 하나뿐인 데다 아래에서 위로 말아 올려야 하는 구조인 텐트가 탈출을 어렵게 한 것 아니냐는 추측도 나왔다. 경찰이 확보한 캠핑장 내 CC(폐쇄회로)TV를 보면, 텐트 안에서 불꽃이 번쩍한 직후 불과 3분여 만에 텐트 전체가 화염에 휩싸였다.

불이 난 텐트는 높이 6m, 4평(16㎡) 크기의 '글램핑' 텐트다. 텐트와 취사도구만 가지고 즐기는 야영과 달리 냉장고, TV, 침대, 전기장판, 조명 등 가구와 편의 시설이 갖춰진 곳으로, 사고 당시 이 주변에는 텐트 시설 2동이 더 있었다.

경찰은 국립과학수사연구원의 현장 감식 결과 텐트 왼쪽 부분의 온돌 전기 패널 리드선과 발열체 부분에서 전기적인 요인으로 발화했을 가능성을 배제할 수 없다고 밝혔다.

최초 발화점으로 지목된 텐트 바닥에 깐 난방용 전기 패널(장판)은 안전 인증을 받지 않은 제품인 것으로 드러났다. 충분한 화재 대비 시설이 없었던 것도 문제였다. 화재 현장에서는 소화기 5대 중 2대만 작동했고, 3대는 고장 나 무용지물이었다. 이 때문에 예견된 인재가 아니냐는 지적도 나왔다.

(출처: 『머니투데이』, 2023년 3월 22일 자, 이은 기자)

▶ **시사점**

– 안전 인증을 받지 않은 규격 미달의 전기기구 사용이 주된 화재의 요인으로 캠핑장 운영자는 반드시 정품 전기기구를 사용해야 한다.

– 소화기 등 화재 대비 시설을 정기적으로 점검해 유사시 사용이 가능하도록 완비해야 한다.

– 취침 전 피해자들이 술을 마시고 잠들어 대처가 어려웠다. 이 때문에 특히 어린 자녀들을 구조하는 데 한계가 있었다. 술에 취해 잠이 든 상태에서 화재에 노출됨으로써 빠른 대처가 어려웠다. 캠핑장에서는 늘 유사시 적절한 대처를 할 수 있도록 경각심을 가져야 한다.

– 인천시 강화군 동막해수욕장 인근 글램핑장 사고 후 국민안전처가 정부 합동으로 야영장 안전 관리 강화대책을 세웠으며, 야영객이 설치하는 천막 안에서 전기·가스·화기 사용과 폭발 위험이 큰 액화석유가스(LPG) 가스통의 반입·사용 금지, 바닥 면적 100㎡마다 소화기를 비치하고 숯·잔불 처리 시설 별도 공간 구비, 비상시 신속한 상황 전파를 돕는 방송시설 의무화 등 안전 기준을 마련했다.

⑵ 가스 폭발/유류 화재 사고

▶ 사고 사례

– 2020년 5월 16일 경북 울진군 근남면 인근 캠핑장에서 휴대용 가스버너 폭발로 4명의 캠퍼가 다치는 사고가 발생했다.

– 가스버너를 이용해 조리하던 중 알 수 없는 이유로 버너가 폭발했으며, 관계 당국은 과열로 인한 폭발로 추정했다. 가스버너보다 큰 조리 용기나 불판을 사용했을 것으로 보인다.

관련 기사 **울진 염전해변 캠핑장 텐트 안에서 버너 폭발… 4명 부상**

16일 오후 7시 50분쯤 경북 울진군 근남면 염전해변에 있는 캠핑장에서 휴대용 가스버너가 폭발해 50대 A 씨 등 남녀 4명이 다쳐 삼척의료원 등에 이송됐다.

17일 소방 당국에 따르면 A 씨 등이 야영장 내에 있던 텐트 안에서 휴대용 가스버너를 이용해 조리하던 중 원인을 알 수 없는 폭발 사고가 발생했다.

신고를 받고 출동한 울진 119구조대는 울진의료원과 삼척의료원으로 부상자들을 이송했다. 병원으로 이송된 사람들은 생명에는 지장이 없는 것으로 알려졌다.

경찰과 소방 당국은 휴대용 가스버너 과열로 폭발 사고가 발생한 것으로 보고 정확한 사고 경위를 조사하고 있다.

(출처: 『뉴스1』, 2020년 5월 17일, 최창호 기자)

▶ 시사점

– 밀폐된 텐트 내부에서 가스버너를 사용한 것으로, 반드시 환기되는 개방된 곳에서 가스버너를 사용해야 한다.

– 가스버너 등 조리 기구를 사용할 때는 가스가 새지 않는지, 불이 제대로 올라오는지를 확인해야 한다. 더불어 화기를 사용할 때는 안전 수칙을 정확히 숙지하고 자리를 비우지 않도록 한다.

(3) 화로 및 캠프파이어 화재 사고

▶ **사고 사례**

- 2021년 10월, 경남 지역 한 캠핑장 내부에서 화로를 사용하다 불이 옮겨붙어 발생한 사고이다. 양주시의 한 캠핑장에서는 모닥불을 피운 뒤 남은 숯에서 불이 번져 화재가 발생, 119소방대 출동하기도 했다.

- 화재가 발생하자 캠퍼들과 119가 즉각적으로 대처해 큰 피해로 이어지지는 않았으나 텐트 내에서 화로를 피우고 캠프파이어 후 잔불을 제대로 정리하지 않아 화재로 이어진 것이다.

관련 기사 "텐트에 불났어요." 여전한 아웃도어 안전 불감증

"지금 캠핑장에 불이 났어요. 텐트에 불이 붙었어요."
최근 경남 지역 한 캠핑장에서 캠핑하던 김 모 씨는 바로 옆 텐트에서 불이 치솟는 걸 보고 119에 신고했다. 불은 순식간에 텐트 한쪽을 태우며 맹렬한 기세로 타올랐다. 다행히 주변 사람들이 소화기 등으로 불을 진압했다. 텐트 내부에 화로가 타고 있었던 것으로 봐서 아마 화로에서 불이 붙은 것으로 보였다.

이를 목격한 한 캠퍼는 "내 텐트에서 15m 떨어진 곳에 화재가 발생해 깜짝 놀랐다"면서 "절대 텐트 안에서는 화로 사용을 하지 않아야 한다"고 말했다. 소셜미디어에 올라온 사진을 본 한 시민은 "어떻게 텐트 내에 화로를 들일 생각을 했는지 말이 안 나온다"면서 "어쩌면 불이 났기 때문에 오히려 목숨을 건졌을지도 모른다"고 말했다.

이런 화재는 날씨가 쌀쌀해지면서 최근 많이 발생하고 있다. 최근에는 경기도 양주시의 한 캠핑장에서도 타다 남은 숯에서 불이 번져 119가 출동해 진화했다.

아웃도어 전문가들은 최근 팬데믹 상황에서 아웃도어 인구가 급증했지만, 안전에 대한 경각심을 가지지 못한 초심자들도 많이 필드로 나오면서 이러한 사고가 자주 발생하는 것으로 파악하고 있다.

화재로 인한 사고 우려가 커지자 국립공원공단은 전국 21개 국립공원의 캠핑장에서 인화성 난방기기 사용을 금지했다. 석유 난로 등 유류를 사용한 난로를 사용하지 못하게 된 것이다. 전기 난방기기도 600W 미만만 사용할 수 있다. 고용량 전기 난방기기를 사용할 경우 화재가 발생할 수 있기 때문이다. 국립공원 안전대책부 관계자는 "사설 야영장 등에서 화재가 잦아 불가피하게 인화성 난방기기 사용을 금지했다"고 말했다.

(출처: 『연합뉴스』, 2021년 10월 30일 자, 성연재 기자)

▶ **시사점**

    – 화로는 텐트 내부에서 절대로 사용하지 않아야 하며, 보온을 위해서는 침낭이나 담요를 사용해야 한다.

    – 화로대나 캠프파이어는 텐트와 같은 인화성 장비와 거리를 두고 설치해야 한다.

    – 캠프파이어 후에는 반드시 잔불을 정리하고, 숯이나 재는 불씨가 남아있을 수 있으므로 반드시 전용 폐기물 함에 분리해 수거해야 한다.

가스중독 등 질식 사고

1. 가스중독 질식 사고의 원인과 방지 대책

캠핑장 안전사고 가운데 화재 사고와 함께 빈번히 발생하는 안타까운 사고가 바로 텐트, 카라반 등 밀폐 공간에서의 가스중독 혹은 가스중독으로 인한 질식 사고이다. 가스중독 및 이로 인한 질식 사고는 안전 불감증으로 인한 안이한 마음과 잘못된 행동의 결과이기 때문에 다른 안전사고보다 더 안타깝고 경각심을 요구하는 사고이기도 하다.

(1) 캠핑장 화재 사고 원인

▶ 가스중독 사고 원인

가스중독의 최대 요인은 밀폐 공간에서의 불완전 연소, 환기 부족 상태이다. 좁은 공간에서 밀폐 상태에 놓이면 일산화탄소와 이산화탄소의 농도가 급격히 오른다. 버너, 난로 등 기구나 냄비 등에 검댕이 붙는 경우는 정상적인 연소 상태가 아닌 비정상적이라 할 수 있는 불완전 연소 상태로, 대량의 일산화탄소가 발생한다.

특히 밀폐 상태로 연소 기구를 사용하게 되면 공간 내 산소가 부족해지면서 불완전 연소를 일으키게 되면 이는 치명적인 가스 농도를 상승시키면서 부지불식간에 두통과 현기증, 구토 등의 증상을 나타내고 심하면 사망에 이를 수도 있다.

▶ 가장 위험한 일산화탄소 중독

산소와 탄소의 화합물인 일산화탄소는 유기·무기 화학약품을 제조하기 위해 생산되는 기체로, 내연기관과 용광로의 배기가스에서 탄소 또는 탄소를 포함한 연료가 불완전 연소해 생긴다.

일산화탄소 중독은 적혈구 세포에 일산화탄소가 산소보다 먼저 흡수되어 폐에서 조직으로의 산소 운반을 방해하기 때문에 일어나며, 두통·무력감·졸음·구토·졸도와 심한 경우 혼수상태, 호흡 곤란 등의 중독 증상이 나타나며 사망에 이른다.

일산화탄소 중독 사고는 대부분 중·경상 중독이 이후 사망으로 이어지며 살아남는다고 해도 후유 장애로 인한 추가 피해 가능성이 크다. 현재 우리나라 일산화탄소 중독사고는 대부분 가스 이용 제품에 의해 발생하고 있다.

▶ **산소 결핍에 의한 이산화탄소 중독**

이산화탄소는 일산화탄소보다는 위험하지 않지만, 5%의 이산화탄소에 장기적으로 노출되면 의식을 잃거나 사망에 이를 수도 있다. 공기 중 산소가 줄어들면 이산화탄소가 증가하기 때문에, 밀폐 상태에서 산소가 결핍하면 이산화탄소 중독에 이르게 된다.

(2) 가스중독 및 질식 사고 방지 대책

- 텐트 내부는 절대 야외가 아님을 자각하고 항상 환기에 유의해야 한다.
- 텐트 내에서 전열 기구, 난방 기구, 조리 기구를 절대로 사용해서는 안 된다.
- 가스등, 석유등을 사용할 때도 반드시 흡입구, 배기구 등을 만들어 환기에 신경을 써야 한다.

2. 가스중독 질식 사고 사례와 시사점

(1) 가스중독 질식 사고 사례

- 가스중독 및 질식사고의 최대 원인은 텐트 내부 등 밀폐 공간에서의 화기 사용이나 환기 부족으로 발생한다. 특히 일산화탄소는 무미, 무취, 무자극으로 사람의 감각기관으로 감지하기 어려운 기체여서 더 위험하다.

- 2023년 11월 12일, 충북 영동군 황간면의 한 캠핑장에서 60대 부부와 5세 손자가 밀폐된 텐트 안에서 숨진 채 발견되었다. 하루 전인 11일에는 경기 여주시 연양동 캠핑장에서 50대 부부가 역시 심정지 상태로 발견되었다. 모두 밀폐된 텐트 안에서 보온용으로 온열 기구와 숯불을 피워 변을 당한 것이었다.

– 이처럼 캠핑장의 밀폐된 텐트 안에서 가스중독이나 질식으로 사망하는 사례가 빈번히 일어나고 있으며 피해가 꾸준히 늘고 있다. 한국가스안전공사가 재난안전처 등을 인용한 자료에 따르면 지난 2019년부터 2023년까지 야영지와 캠핑장에서 발생한 가스 사고는 총 11건으로, 총 6명이 사망했으며 16명이 부상을 입었다. 지난 2019년에 1건에 불과했던 사고는 지난 2022년부터 3건씩 발생하며 증가 추세를 보이는 중이다.

관련 기사 **캠핑장 가스중독 참변 못 막나… 텐트 속 경보기 의무화 절실**

숙박 시설의 일산화탄소 경보기 설치 의무화가 시행된 지 3년이 지났지만, 캠핑장 텐트 일산화탄소 중독으로 일가족이 숨지는 사고는 계속되고 있다. 경보기 의무화 대상이 실내로 한정된 탓에 야외에 설치된 텐트의 경우 법 적용이 어렵기 때문이다.

▣ 충북 캠핑장서 가족 3명 사망… 끊임없는 일산화탄소 중독 사고

무색·무취의 일산화탄소 중독 사고는 끊임없이 발생하고 있다. 지난 12일 충북 영동군 황간면 한 캠핑장 텐트 안에선 부부 A 씨(63)와 B 씨(58·여), 손자 C 군(5) 등 가족 3명이 숨진 채 발견됐다. 발견 당시 텐트는 밀폐돼 있었고, 내부에는 숯불을 피운 흔적이 있었다. 경찰은 일산화탄소 중독으로 숨진 것으로 보고 경위를 조사 중이다.

앞서 11일에는 경기 여주시 연양동 캠핑장에서 50대 부부 D 씨와 E 씨가 심정지 상태로 발견됐다. 텐트 안에는 화로대 위에 숯불이 피워져 있었다. 군무원인 D 씨는 아내와 함께 캠핑장을 찾았다가 변을 당한 것으로 알려졌다.

지난 10월 22일 광주 북구 패밀리랜드 인근 대야제 연못 수상 텐트에선 60대 부부가 낚시를 마친 뒤 온열 기구를 틀고 자다가 숨졌다. 이들 부부는 일정 시간이 지나도 텐트에서 나오지 않자 수상하게 여긴 옆 텐트 낚시꾼이 사망해 있는 것을 발견하고 경찰에 신고했다.

▣ 가스 경보기 의무화?…캠핑장 곳곳 허점

정부는 이 같은 가스중독 사고를 막기 위해 2020년 8월 가스보일러를 사용하는 숙박 시설의 일산화탄소 경보기 설치를 의무화했다. 이에 따라 가스보일러를 새로 설치하는 숙박 시설은 일산화탄소 경보기를 의무적으로 설치해야 한다. 이미 가스보일러를 사용하는 숙박 시설도 법 시행 1년 안에 경보기를 달아야 한다.

문제는 법이 모호하다는 점이다. 해당 규제는 경보기 설치 의무화 대상을 실내로 제한한다. 하지만 캠핑장은 실외로 적용되는 경우가 많다. 업주가 관리하는 글램핑이나 카라반은 실내 시설로 구분돼 경보기를 달아야 하지만, 자리만 빌려주고 손님이 직접 텐트를 설치하는 캠핑장은 경보기 설치 의무가 아니다.

한국가스안전공사도 애매한 법 규정 때문에 캠핑장을 대상으로 경보기 설치 홍보 활동만 전개할 뿐 실질적 단속은 못 하고 있는 실정이다. 가스안전공사 관계자는 "캠핑장도 숙박 시설이기 때문에 실내로 구분되면 경보기를 의무로 설치해야 하는데, 실외로 적용받는 경우엔 설치하지 않아도 된다"며 "법이 모호한 부분이 있어 계도나 홍보 활동에 전념하고 있다"고 말했다.

■ '경보기 대여' 등 캠핑장 가스중독 예방 대책 필요

전문가들은 가스중독을 막기 위한 제도적 장치도 필요하지만, 캠핑장 업주들의 적극적인 사고 예방 자세도 중요하다고 지적한다. 경보기 대여, 순찰 강화, 가스중독 안내 예방을 통해 충분히 사고를 막을 수 있다는 얘기다. 또 개인도 텐트 안에서의 난방 기구 사용을 주의해야 한다고 강조한다.

공하성 우석대 소방방재학과 교수는 "일산화탄소 경보기는 휴대용으로 탈·부착이 가능해 설치가 쉽다"며 "캠핑장에서 경보기를 판매하거나 대여를 해준다면 일산화탄소 중독 사고를 충분히 예방할 수 있을 것"이라고 말했다. 그러면서 "텐트 내부에서 난방 기구를 사용하려면 반드시 수시로 환기해야 한다. 난방 기구 사용 시 개인의 주의도 중요하다"고 덧붙였다.

(출처: 『뉴스1』, 2023년 11월 13일 자, 양희문 기자)

(2) 가스중독 질식 사고 시사점

- 피해가 대부분 밀폐된 텐트 내에서 발생하므로 취침 시 텐트 내에서 전열 기구 등 가스를 연소시켜 발생하는 열을 난방으로 이용하는 모든 연소기 사용을 금해야 한다.

- 텐트 내에서 난방 기구를 사용하려면 취침 전에 사용하되 수시로 환기해야 하며, 탈부착이 쉬운 휴대용 일산화탄소 경보기를 반드시 텐트에 설치해 사용해야 한다.

자연재해 등 관련 사고

1. 캠핑장 내 각종 자연재해 사고의 원인과 방지 대책

　대부분 캠핑장은 산과 계곡 주변을 중심으로 자리 잡고 있으며, 휴양림, 펜션, 민박 등의 숙박 시설도 이 지역에 집중되어 있다. 그런데 산과 계곡의 경우 지형 특성상 폭우나 갑작스러운 집중호우 시 피해를 볼 수 있으며, 특히 텐트를 사용하는 캠핑 시설은 무척 위험하다. 그러나 큰비가 올 때 대피 및 구난 계획은 미비한 실정이다.

(1) 캠핑장 자연재해 등의 사고 원인

▶ **태풍으로 인한 호우 및 강풍**

　태풍이 발생하면 급격한 폭우와 함께 강한 바람을 일으켜 피해가 발생하는 경우가 많다. 강풍으로 인해 시설물이 파괴되거나 옹벽이 무너지고 하천이 범람하는 등 작지 않은 피해를 볼 수 있다. 그렇기에 캠핑 일정을 잡을 때는 태풍이 발생하는 시기를 피해야 한다.

▶ **집중호우/강우**

　캠핑장 자연재해 사고 대부분을 차지하는 것이 바로 폭우에 의해 발생한다. 특히 계곡 등에서 캠핑하다 급격히 불어난 계곡 물에 고립되거나 거센 물길에 휩쓸려 피해를 보는 경우가 비일비재하다.

　이 때문에 캠핑장이나 펜션 등 시설에서는 폭우가 예견되거나 조짐을 보이면 자체 안내방송을 통해 안전지대로 대피하도록 해야 한다. 그러나 방송 시설을 갖춘 곳이 많지 않고, 방송해도 야영객의 안전 불감증으로 잘 따라주지 않아 사고가 발생하는 사례가 많다.

캠핑장 집중호우로 고립(출처: NSP통신)

▶ **위험한 지형**

많은 이가 캠핑하는 계곡과 강가, 물가 등은 폭우가 오면 지극히 위험한 장소가 된다. 그 외에도 비가 온 후 산사태가 날 수 있는 경사가 급한 골짜기나 무너질 위험이 남아있는 절벽 밑의 장소는 사고를 당할 수 있는 지형이기에 캠핑 시에 조심해야 한다.

또한 일반 교량과는 달리 강물이 불어나면 잠겨버리는 잠수교식 저상 교량은 폭우 시 다리가 보이지 않아 매우 위험하므로 통행하면 안 된다.

▶ **기타**

그 밖에도 악천후에 가지가 부러져 텐트를 덮칠 수 있거나 벼락의 위험이 있는 큰 나무 밑, 모기 등 해충이 많고 아침 이슬로 땅이 미끄러워지는 무성한 풀이 있는 지형 등은 자연재해 사고의 원인이 되는 곳이기에 되도록 피해야 한다.

⑵ **캠핑장 자연재해 등 사고의 방지 대책**

- 계곡 인근에서는 되도록 캠핑을 피하고 폭우 등 악천후에 대비해 비상 대피로와 안전시설을 미리 확인해 두는 것이 필요하다.

– 폭우가 내릴 때는 종아리 이상으로 불어난 계곡 물은 섣불리 건너지 말고 반드시 119에 도움을 요청해야 한다. 차량 이동 시에도 바퀴의 절반 이상 물에 잠기면 바퀴 자체의 부력이 생겨 위험한 상황이 빚어질 수 있으므로 운행하지 말아야 한다.

2. 자연재해 사고 사례와 시사점

(1) 자연재해 사고 사례

– 행정안전부 국립재난안전연구원이 전국 430개 캠핑장을 대상으로 안전 점검을 한 결과 침수 위험 캠핑장이 27개소, 산사태 위험 캠핑장이 3개소로 집계되었다. 이에 2021년 8월 12일 '캠핑 중 산사태·급류 대비 행동 요령'을 보다 구체적으로 마련, 상황별로 대처법을 제시했다.

– 그렇지만 캠핑장 자연재해 피해 사고는 증가하는 추세이다. 지난 2014년 8월 3일, 경북 청도의 한 오토 캠핑장에서 비로 인해 불어난 계곡 물에 휩쓸려 7명이 사망하는 사고가 발생했다. 2020년 7월 24일에는 강풍으로 부러진 나뭇가지가 캠핑장의 텐트를 덮쳐 3명이 다쳤다.

– 이 사고들은 집중호우가 예상되는 태풍 기간과 강풍 주의보가 내려진 가운데 발생한 것으로, 기상청의 예보를 주의 깊게 듣지 않은 것도 사고의 원인이 되었다.

관련 기사 1 태풍 나크리 피해로 청도 계곡 사고, 일가족 모두 사망

경북 청도에서 승용차가 계곡 물에 휩쓸려 7명이 사망했다. 3일 오전 2시 50분쯤 경북 청도군 운문면의 한 오토 캠핑장 입구 다리에서 아반떼 승용차가 불어난 계곡 물에 휩쓸려 떠내려갔다. 이 사고로 승용차에 타고 있던 성인 5명과 어린이 2명이 숨졌다.

신고를 받은 119구조대는 긴급 출동해 2㎞ 하류에서 차량을 발견했다. 숨진 이들은 차량 내에서 발견된 것으로 알려졌다. 이들의 시신은 청도 대남병원으로 옮겨졌다.

소방 당국 관계자는 "수색 4시간여 만인 아침 7시 30분쯤 사고 지점 인근에서 차량을 발견했다"며 "계곡 주변에 야영장과 펜션이 다수 있고, 태풍으로 많은 비가 내리면서 계곡의 물살이 매우 셌다"고 전했다. 경북 청도에는 지난밤부터 이날 아침까지 70㎜가량의 집중호우가 내렸다. 경찰과 소방 당국은 사망자들의 인적 사항을 확인하는 한편 정확한 사고 경위를 조사하고 있다. 경북 청도군에는 지난 2일 밤 11시 20분쯤 호우주의보가 내려졌다가 3일 새벽 5시 30분쯤 해제된 바 있다.

청도 사고 소식을 접한 네티즌은 "경북 청도 계곡 오토 캠핑장 사고, 7명이나 숨지다니 어떡해", "경북 청도 계곡 오토 캠핑장 사고, 태풍 올 땐 계곡 피하라고 했는데 가지 말지", "경북 청도 계곡 오토 캠핑장 사고, 일가족이 한꺼번에 숨지다니 안타까워." 등의 반응을 보였다.

(출처: 『아시아 경제』, 2014년 8월 4일 자, 온라인 이슈 팀)

관련 기사 2 강풍으로 부러진 나무, 캠핑장 텐트 덮쳐 3명 부상

24일 오전 3시 33분께 강원 평창군 봉평면 진조리 캠핑장에서 장맛비가 쏟아지는 가운데 돌풍이 불면서 나무가 부러져 텐트를 덮쳤다. 이 사고로 A(29·여) 씨 등 야영객 3명이 골절, 타박상 등 부상을 입고 병원에서 치료를 받고 있다.

사고 당시 평창을 비롯한 중·북부 산지에는 오전 2시를 기해 강풍 주의보가 발령됐다. 박만수 예보관은 "강풍특보가 발효 중인 중북부 산지에는 바람이 시속 50~70㎞(초속 14~20m)로 매우 강하게 부는 곳이 있겠고, 영서의 높은 산지와 영동에도 바람이 시속 30~45㎞(초속 8~13m)로 강하게 부는 곳이 있겠다"며 "시설물 관리와 안전사고에 유의하기 바란다"고 당부했다.

(출처:『뉴시스』, 2020년 7월 24일 자, 김경목 기자)

(2) **자연재해 사고 시사점**

- 계곡 등 위험 요소가 많은 지형에서의 야영은 되도록 금하고, 캠핑 시에 기상 정보를 때때로 확인함으로써 사전에 사고를 막을 수 있는 조처를 하는 것이 매우 바람직하다.

- 라니냐, 엘니뇨 등 기후변화의 영향으로 인해 지구촌 곳곳에 이상기후가 나타나는 상황에서 한반도 역시 예외는 아니다. 장마나 태풍 시기가 아니더라도 극한 호우나 강풍 등 자연재해가 수시로 일어나고 있으며, 이에 대한 대비가 필요한 상황이다. 따라서 야외에서의 캠핑 활동에도 늘 기상 당국의 예보에 귀를 기울여야 하며 더 세밀한 재난 관리 체계를 구축할 필요가 대두되고 있다.

06 어린이 관련 사고

1. 캠핑장 내 각종 어린이 관련 사고의 원인과 방지 대책

(1) 캠핑장 내 어린이 관련 사고 원인

캠핑장 어린이 안전사고는 대부분 부모의 안전 교육 부재와 야영장 안전 관리 소홀 등 어른들의 부주의로 발생하는 경우가 많다. 캠핑장은 어린이들에게는 환경이 낯설고 위험에 대처 능력이 떨어지기 때문에 부모나 인솔 교사, 야영장 운영 업주 등 어른들의 주의가 요구된다.

캠핑장은 일상생활이 이뤄지는 공간인 집과는 달리 어린이들은 지형지물에 익숙지 않고, 야간에는 어두워 넘어지거나 추락하는 사고가 빈번하게 일어난다. 특히 캠핑장 주변 계곡이나 풀장, 화롯불 등에서 어린이들이 단독으로 활동하다 큰 사고를 당하는 경우가 많으므로 어두워질 때는 가능하면 어린이들의 외부 활동을 금하고 안전 교육을 철저히 하는 것이 바람직하다.

(2) 어린이 관련 사고 방지 대책

- 캠핑장 어린이 안전사고의 1차 책임은 부모에게 있다. 부모는 어린이 사고가 일어나지 않도록 항상 주의해야 한다(부모가 없을 때는 교사 등 인솔자).

- 캠핑장에서 부모 혹은 인솔 교사, 캠핑장 운영 업주는 어린이 안전 위해 요소가 없는지 확인하고 어린이에게 안전 교육을 실시해야 한다.

- 어린이 안전사고 중 가장 빈번히 일어나는 사고가 물놀이 사고이기에 물놀이 안전 수칙은 반드시 주지시켜야 한다.

- 캠핑장에서 어린이 야간 활동은 금해야 하며, 부득이하게 야간 활동을 할 경우 반드시 어른과 함께해야 한다.

– 캠핑장 내 차량 운행은 되도록 피해야 하며, 어린이 교통사고가 발생하지 않도록 주의를 한다.

2. 어린이 관련 사고 사례와 시사점

⑴ 캠핑장 내 어린이 사고 사례

– 어린이 안전사고 유형 가운데 가장 많은 사례는 물놀이 사고로 매년 어린이 익사 사고가 보도되고 있다. 어린이 익사 사고의 원인은 대부분 안전 부주의, 수영 미숙으로 강이나 계곡 등에서 발생하고 있다.

– 해변에서 불꽃놀이를 하다 손과 팔에 화상을 입는 사고, 해먹에서 떨어져 캠핑장 시설물에 머리를 부딪친 사고, 야영장 시설물 노후화로 인한 사고 등 캠핑장 어린이 사고는 부모와 인솔 교사, 야영장 업주 등 어른들이 주의를 기울이지 않으면 상시로 발생할 잠재성이 큰 사고이다.

– 2023년 2월부터 3월까지 경기도가 도내 시군의 어린이 놀이 시설 1만 8,268곳을 대상으로 '안전 관리 실태 특정 감사'를 실시한 결과 민간 캠핑장 20곳 중 17곳이 '어린이 놀이 시설 안전 관리법'이 정한 설치 및 정기 시설 검사를 받지 않은 상태로 부대시설을 운영하는 등 부실한 운영을 하고 있었다. 또 경기지역에 있는 민간 캠핑장 739곳 중 담당 시군에 어린이 놀이기구를 등록한 곳은 단 9곳뿐으로, 대부분 캠핑장은 무단으로 놀이기구를 설치한 상태여서 안전 불감증이 도를 넘었다.

노후화한 캠핑장 내 어린이 놀이 시설

때 이른 무더위에 시원한 계곡이나 바다를 찾아 물놀이하다 숨지거나 다치는 사고가 잇따라 각별히 주의해야겠다. 4일 강원도 소방본부에 따르면 지난 주말 도내에서만 수난 사고로 3명이 숨졌다. 지난 3일 오전 10시 33분께 양양군 동산면 북동 방향 1㎞ 지점 수중에서 최 모(48) 씨가 숨진 채 발견됐다. 최 씨는 전날 사고 지점 인근에서 스킨스쿠버를 하던 중 실종됐다.

지난 2일 오후 3시 6분께 홍천군 화촌면 군업리 캠핑장에서는 친구들과 물놀이하던 이 모(9) 군이 2m 깊이 물에 빠져 병원으로 옮겨졌으나 목숨을 잃었다. 같은 날 오후 9시 26분께 영월군 김삿갓면 와석리 옥동천에서 다슬기를 채취하던 윤 모(61·여) 씨가 물에 빠져 숨진 채 발견됐다.

강원 소방이 최근 3년(2015~2017년)간 수난 사고를 분석한 결과 252건이 발생해 144명이 숨지고 57명이 다쳤으며 206명이 안전하게 구조됐다. 올해는 현재까지 13건 발생해 9명이 목숨을 잃었다. 사고 원인은 안전 부주의 143명, 불어난 계곡 물에 고립 83명, 급류나 파도 휩쓸림 46명, 수영 미숙 43명, 다슬기 채취 32명, 래프팅 30명 순으로 나타났다. 발생 장소는 강이 126명으로 가장 많고, 계곡 91명, 하천 60명, 해수욕장 50명 등이다.

강원 소방은 물에 들어가기 전 준비운동을 하고 반드시 구명조끼 등 안전 장구를 착용해야 한다고 당부했다. 수영 능력을 과신한 행동을 하지 말고, 어린이나 노약자는 보호자와 함께 물놀이하거나 시선을 떼지 않도록 주의해야 한다고 조언했다.

(출처: 『연합뉴스』, 2018년 6월 4일 자, 박영서 기자)

관련 기사 2 '부탄가스 터지고 해먹서 떨어지고'… 여름 캠핑 안전 주의보 발령

공정거래위원회와 한국소비자원이 20일 본격적인 여름 휴가철을 맞아 캠핑장 또는 야외에서 발생하는 안전사고를 예방하기 위한 안전 주의보를 발령했다. 2018년부터 3년간 소비자위해 감시시스템(CISS)에 접수된 캠핑 용품 관련 안전사고는 총 396건이다. 2018년 115건, 2019년 139건, 2020년 142건 등 꾸준히 증가하는 추세. 위해 원인을 분석한 결과 가스 누설, 과열, 발화·불꽃 폭발 등 '화재' 관련 안전사고가 245건(61.9%)으로 가장 많았다. 화재 사고를 품목 별로 보면 부탄가스 81건, 불꽃놀이 제품 31건, 화로(불판) 23건 순으로 많았다.

46세 여성이 해수욕장에서 부탄가스 통이 터져 얼굴 등에 화상을 입은 사례, <u>3세 여아가 불꽃 놀이를 했던 막대기를 잡아 손바닥에 화상을 입은 사고가 발생했다.</u> 제품의 파손, 물리적 충격 등으로 인한 안전사고도 3년간 총 139건 접수됐다. 그중 해먹이 50건으로 가장 많았고, 텐트 (30건), 캠핑용 의자(11건), 캠핑카(7건)가 뒤를 이었다. <u>7세 남아가 캠핑장 해먹에서 떨어지며 정 자 기둥에 머리를 부딪친 사고.</u> 48세 여성이 캠핑 의자에 앉아있다가 의자가 뒤로 넘어지며 뇌 진탕 증세를 보인 사고가 발생했다.

공정위는 "화기 주위에 부탄가스를 보관하지 말고 사용이 끝나면 안전한 장소에 폐기해야 한 다"며 "해먹은 주변에 위험물이 없는 평지에 설치하고, 어린이 혼자 이용하지 않도록 해야 한 다"고 밝혔다.

(출처: 『연합뉴스』, 2021년 7월 20일 자, 이보배 기자)

⑵ **캠핑장 어린이 사고 시사점**

- 캠핑장 어린이 사고 대부분은 안전 수칙을 지키지 않고 어린이에 대한 주의를 기 울이지 않은 어른들로 인해 발생하므로 무엇보다 부모의 주의가 필요하다. 특히 물 에서의 익사 사고가 많은 만큼 어린이 혼자 수영하게 하지 말고 수시로 동선을 파 악해야 한다.

- 취사 시 가스 불이나 화롯불, 캠프파이어 시 불에 의한 화상을 조심해야 하며, 어린 이 시설물을 이용할 때도 사고가 빈번히 일어나므로 늘 어른이 동반해야 한다.

- 야영장에서의 야간 활동은 최대한 자제하되 부득이하게 어린이가 야외 활동에 참 여할 때 반드시 어른이 동반해 안전 지도를 해야 하며, 자녀와 함께 캠핑하는 때 는 야간에 지나친 음주를 삼가야 한다.

캠핑 장비, 음주 등 기타 사고

1. 캠핑장 내 장비 관련, 음주 등 각종 기타 사고의 원인과 방지 대책

(1) 캠핑장 내 기타 사고 원인

캠핑장의 안전사고 중 대부분은 전기 및 가스로 인한 화재 사고, 일산화탄소 중독 등 질식 사고, 자연재해 사고 등이 주요 사고지만 그 외에도 음주로 인한 사고, 캠핑 장비에 의한 사고 등 캠핑장 내에서 다양한 사고들이 발생하고 있는 현실이다.

특히 음주 관련 사고가 매우 심각한데 사고 발생 빈도수도 높고 사망 건수도 많은 텐트 내 일산화탄소 중독 등 가스 질식 사고나 화재 사고를 비롯한 많은 사고가 음주 상태에서 일어난 사고라는 점에서 큰 시사점을 준다.

더불어 정품으로 인증받지 못한 부실한 캠핑 장비 사용으로 인한 안전사고, 텐트 및 타프 설치 시 불완전한 설치로 인해 발생하는 사고 등 장비 관련 사고도 심심치 않게 일어나므로 주의를 해야 한다.

2013년 8월 7일, 충남 태안군 꽃지해수욕장 캠핑장에서 발생한 음주운전 사고

⑵ 캠핑장 기타 사고 방지 대책

- 캠핑장에서의 음주는 여러 가지 요인으로 평상시보다 더 빨리 취하고 더 많은 용량의 술을 섭취하기 때문에 더 위험하다고 할 수 있다. 더욱이 캠핑장과 주차장이 가까이 자리 잡고 있으므로 음주 후 운전대를 잡을 가능성이 크다. 그러므로 '캠핑은 곧 음주'라고 생각하는 술에 대한 관대한, 잘못된 인식부터 전환해야 할 필요가 있다.

- 더불어 캠핑장 차원에서 과도한 음주자에게 경고 조처를 내리거나 아예 야영장 퇴거 등 강력한 조치를 하는 등 근본적인 대안 마련이 필요한 시점이다.

- 캠핑 장비는 정품임을 확인하고 구매하는 것이 바람직하며, 사용 방법을 숙지하고 안전 수칙을 지키는 습관을 갖는다.

2. 기타 사고 사례와 시사점

⑴ 기타 사고 사례

- 2013년 8월 7일, 충남 태안군 꽃지해수욕장 인근 도로에서 만취 운전자의 차량이 야영장 내 텐트로 돌진해 10대 자매 2명이 사망하고 자매의 아버지가 중상을 입은 사고였다.

- 음주 상태에서 야영장과 해변 사이에 위치한 커브 길을 돌다 운전 부주의로 사고를 냈는데, 사고 차량 운전자의 혈중 알코올 농도는 0.160%의 만취 상태였다.

- 음주 관련 사고뿐만 아니라 캠핑 장비로 인한 안전사고도 꾸준히 증가하는 추세이다. 지난 2021년 소비자원에 접수된 캠핑 용품 안전사고 통계를 참고하면 최근 캠핑 용품에 의한 사고 건수가 지속해 증가하는 추세를 보였다. 특히 '화재'와 관련된 안전사고가 전체의 60%를 넘는 것으로 나타났다.

관련 기사 1 음주 차량이 해변 야영장 텐트 덮쳐… 자매 숨져

음주운전 차량이 해변 야영장에서 텐트를 치고 잠을 자던 야영객을 덮쳐 10대 자매가 숨지고 아버지가 중상을 입었다. 7일 오전 5시 10분께 충남 태안군 안면읍 승언리 꽃지해수욕장 인근 도로에서 이 모(22) 씨가 몰던 스포티지 승용차가 인도에 설치된 화단을 들이받은 뒤 야영장 내 한 텐트로 돌진했다.

이 사고로 텐트 안에서 잠을 자던 김 모(18) 양과 여동생(13)이 병원으로 옮겨졌으나 숨졌다. 아이들과 함께 있던 아버지 김 모(49) 씨는 크게 다쳐 병원에서 치료를 받고 있다. 사고 차량 운전자 이 씨는 혈중 알코올 농도 0.160%의 만취 상태였던 것으로 조사됐다. 사고 차량에는 이 씨와 친구 2명 등 모두 3명이 타고 있었으며, 이 씨 등은 숙소인 민박집에서 술을 마신 것으로 알려졌다.

한 시민은 "도로에서 갑자기 '끼익'하는 소리가 들려 쳐다보니 차량이 텐트를 들이받고 멈춰있었다"고 말했다. 경찰은 이 씨가 음주 상태에서 야영장과 해변 사이 커브길을 돌다 운전 부주의로 사고를 낸 것으로 보고 목격자 등을 상대로 정확한 사고 경위를 조사하고 있다.

(출처: 『연합뉴스』, 2013년 8월 7일 자, 유의주·이재림 기자)

관련 기사 2 캠핑 용품 안전사고 10건 중 6건 '화재'… 안전 주의보 발령

한국소비자원과 공정거래위원회는 여름 휴가철을 맞아 캠핑장 또는 야외에서 주로 사용하는 용품으로 인한 안전사고를 예방하기 위해 안전 주의보를 오늘(21일) 발령했습니다. 소비자원과 공정위가 최근 3년간 접수된 소비자 위해 정보를 분석한 결과, 캠핑 용품으로 인한 위해 사례가 매년 증가하고 있고, 특히 '화재'와 관련된 안전사고가 61.9%를 차지하는 것으로 나타났습니다.

최근 3년간 소비자원에 접수된 캠핑 용품 안전사고는 모두 396건이며 2018년 115건, 2019년 139건, 2020년 142건 등 매년 꾸준히 발생하고 있습니다. 이 가운데 가스 누설이나 과열, 발화, 폭발 등 '화재'와 관련된 안전사고는 245건(61.9%)으로 가장 많았습니다. 화상을 입는 경우가 80%로 대부분을 차지했고, 피부 및 피하조직 손상, 전신 손상 순이었습니다.

품목으로는 부탄가스(81건), 불꽃놀이 제품(31건), 화로(23건), 야외용 버너(23건), 목탄(숯, 20건) 순이었습니다. 특히 목탄이나 캠핑용 화로대 등 연소용 제품은 가스중독이나 질식 사례도 확인돼 각별한 주의가 필요합니다.

다른 캠핑 장비로 인한 안전사고도 3년간 139건이 접수돼 매년 증가하는 추세였습니다. 이 가운데 해먹이나 텐트 관련 사례가 절반 이상(80건)이었으며, 해먹은 낙상 사례, 텐트는 설치·철거 과정에서 다치는 사례가 많았습니다.

캠핑 용품을 구매할 경우 공정거래위원회 '소비자24' 누리집(모바일 앱, www.consumer.go.kr)에서 국내·외 관련 제품의 리콜 정보, 비교 정보, 안전 정보 등을 확인할 수 있습니다. 소비자원과 공정위는 한국관광공사와 협력하여 전국 2,600여 개 캠핑장과 야영장에 관련 안전사고 예방 정보를 제공할 예정입니다.

소비자원과 공정위는 캠핑 용품 안전사고 예방을 위해 소비자들에게 ▲화기 주위에는 부탄가스를 보관하지 말고, 사용한 부탄가스는 안전한 장소에서 폐기할 것 ▲불꽃놀이 제품은 반드시 야외 등 장소에서 안전하게 사용할 것 ▲연소용 캠핑 용품은 반드시 환기가 가능한 장소에서 사용할 것 ▲해먹은 주변에 위험물이 없는 평지에 설치하고, 어린이 혼자 해먹을 이용하지 않도록 할 것 ▲캠핑 장비를 사용하기 전에 안전 장갑 등을 착용할 것 등을 당부했습니다.

(출처: KBS, 2021년 7월 20일 자, 이지은 기자)

(2) 기타 사고 시사점

- 음주운전을 비롯해 음주로 인한 안전사고는 다른 사고보다 더 위험하다는 인식을 해야 한다. 사고 빈도도 높고 사망 사고도 많은 만큼 캠핑장에서의 음주는 절대 자제해야 할 것이다.

- 캠핑 용품 사용과 관련한 안전사고와 관련해서도 캠핑 전 체크와 더불어 제대로 된 사용법을 익히고 안전하게 사용할 수 있도록 주의를 기울여야 한다.

안전 관리와 재난 대응

01 안전 관리 및 안전 교육 개요

1. 안전의 정의와 재난의 개념

(1) 안전이란 무엇인가?

'안전(安全, safety)'의 사전적 정의는 '위험이 생기거나 사고가 날 염려가 없이 편안하고 온전한 상태'이다. 즉, 위험의 원인이 없는 상태 혹은 위험 요인이 있다고 하더라도 사람이 위해를 받는 일이 없도록 대책이 마련되어 있고, 그런 사실이 확인된 상태를 의미한다.

그러나 단지 재해나 사고가 발생하지 않는 상태라고 해서 모두 안전의 개념에 포함되지는 않으며, 반드시 숨은 위험의 예측을 기초로 한 대책이 수립되어 있어야만 그 범주에 포함될 수 있다고 할 수 있다. 안전에 대한 올바른 이해가 가능해지려면 일단 '위험'에 대해 이해하고, '위험한 상태'에 관해 인지해야 한다.

안전은 크게 '공공 안전'과 '직업 안전' 등 두 개의 영역으로 구분된다. 공공 안전은 가정과 오락(recreation), 여행 등 일상과 여가 속에서 발생하는 안전 문제와 위험을 다루고, 직업 안전은 공장과 사무실, 건설 현장, 상업 시설 등 일과 관련된 위험과 안전 문제의 영역이다.

이처럼 일상과 산업 등과 관련해 구분되는 안전의 근대적 개념은 산업혁명의 영향으로 19세기에 처음 등장했으며, 오늘날에 와서는 지자체와 국가는 물론 국제사회안전협회(ISSA, International Social Safety Association), 국제노동기구(ILO, International Labour Organization) 등 국제적 차원에서 안전에 관한 제도적 접근과 활동이 이뤄지고 있다.

(2) 물리적 안전과 심리적 안전

내재적, 외재적 요인에 따라 안전을 유형화하면 '물리적 안전'과 '심리적 안전'으로 나눠 볼 수 있다. 일반적으로 우리가 알고 있는 안전의 개념은 물리적 안전의 개념에 가깝다.

물리적 안전이란 우리 신체를 비롯해 재산과 물건 등 외재적인 대상이 피해나 위험으로부터 보호되거나 회피된 상태를 말한다. 예컨대 교통사고의 물적, 신체적 피해나 위험을 벗어나기 위해 규정된 속도로 운행하거나 안전띠를 착용하는 등의 행동은 물리적 안전을 확보하기 위한 것이라고 할 수 있다. 즉, 예상되는 물리적 위험에 대응하기 위한 기술적 행위, 안전 장비의 구축 등이 물리적 안전을 도모하는 것이라 할 수 있다.

심리적 안전은 위험이나 피해에 대한 불안감이 없이 편안한 상태를 의미한다. '안심(安心)'의 개념과 비슷하며 마음의 상태, 인지적 부분에 해당하므로 물리적 안전과 달리 직접적인 형태가 없다.

더불어 심리적 안전은 물리적 안전보다 요구 수준의 폭이 넓으며 안전에 대해 느끼는 정도가 개개인에 따라 다르기에 물리적 안전보다 심리적 안전 확보는 매우 어렵다. 심리적 안전은 일단 물리적 안전이 확보되어야 획득될 수 있는 것이며, 물리적 안전이 확보되었다고 하더라도 무조건 심리적 안전이 따라오는 것은 아니다.

〈물리적 안전과 심리적 안전의 상관관계〉

구 분	물리적 안전	심리적 안정
정 의	신체나 물건, 재산 등 1차적인 물질적 피해로부터 보호된 상태	– 위험에 대해 불안감이 없는 인지적, 정서적 상태 – 안심(安心)의 개념
특 징	상대적으로 단기간, 단편적인 방법으로 확보 가능	– 장기적이며 다양한 방법으로 접근해야 확보 가능 – 인지적, 정서적 상태이므로 직접 눈으로 확인 불가능 – 개개인별로 느끼는 정도가 다름
피해 형태	– 신체적 피해: 부상, 사망 등 – 재산 피해: 소유물 및 건물의 파손, 소실 등 – 사회적 비용의 손실: 통신 마비, 경제 혼선 등	인간의 심리적 불안정
확보 방안	_기술적 보완: 장치 설치 및 설비 보완 _제도적 보완: 법령 및 제도 마련	– 기술/제도적 보완: 물리적 안전이 기초가 되어야 함 – 안전 교육 홍보 – **사회적 안전 의식 및 안전 문화 확보(안정성)**

2. 안전 관리 및 안전 교육

(1) 안전 교육의 정의와 이해

▶ 안전 교육이란 무엇인가?

안전 교육은 사람의 사망과 상해를 방지하는 데 필요한 지식, 기능, 습관을 형성하는 교육이라 할 수 있다. 더불어 이를 조직화하며 위험에 대한 이해를 높이고 환경에 적절히 적응하기 위한 태도의 발달, 기능의 숙달이 포함되기도 한다.

안전 교육은 안전해지고자 하는 인간의 기본심리를 바탕으로 사고의 가능성과 위험을 제거할 목적으로 시행되는 것이다. 우리나라는 학교교육 현장에서 도덕, 과학, 체육, 보건교육과 연계해 안전 교육이 이뤄지고 있는데, 이는 생명을 존중하고 자신과 타인, 공동체의 안전을 지키는 태도를 길러 민주 시민으로서의 기본적 소양을 갖출 수 있도록 하기 위함이다.

▶ 우리나라 안전 교육의 특성

우리나라의 안전 교육은 소방의 개념 아래 중점적으로 이뤄져 왔다. 그 때문에 안전 교육에서 소방이 갖는 의미는 더욱 특별하다고 할 수 있다.

'화재를 예방하고 진압해 인명과 재산을 보호하는 일'을 의미하는 '소방(消防)'은 원래의 개념에서 나아가 단순 화재와 재난에서 생활 안전과 관련한 전반 분야와 안전을 위한 모든 활동과 민생 지원 활동에 이르기까지 광범위하게 확대되고 있다.

더불어 우리나라 소방 안전 활동은 국민의 안전을 위한 안전 홍보는 물론 교육 활동까지 꾀하며 의무소방대, 의용소방대, 한국119소년단 등 다양한 소방 안전 단체의 조직과 활동으로 이어지고 있다.

(2) 다양한 측면에서의 안전 교육 필요성

▶ 현실적 측면

우리나라는 급격한 경제 성장으로 다른 나라들에 비해 삶의 질이 급속도로 향상되었으나 그와 정비례하게 씨랜드 화재 사고, 세월호 참사, 이태원 참사, 강원도 동

해안 일대의 대규모 산불 등 많은 대형 사고가 발생하고 있다.

아직도 우리 사회는 개인과 가정은 물론 범사회적으로 안전 불감증이 만연해 있으며, 위험 요소를 등한시한 채 살고 있기도 하다. 이처럼 끊임없는 사고를 줄이기 위해서 안전에 대한 경각심을 갖고 적극적으로 대처하기 위해서는 안전 교육이 절대 필요하다.

▶ 교육적 측면

하인리히의 '도미노 이론'에서 사고가 발생하는 요인 가운데 가장 중요한 것이 인적 요인이다. 전체 사고에서 인적 요인이 차지하고 있는 비중이 80% 이상인 점을 고려한다면 이를 제거하고 해소하기 위해서 반드시 안전 교육이 필요하다.

인간은 동물과 다르게 교육을 통해 집단지성을 발휘할 뿐만 아니라 사회적 능력을 끌어낼 수 있는 존재이다. 그러므로 개개인이 안전하고 나아가 안전한 사회를 만들기 위해서는 안전 교육이 필수적이다.

▶ 심리학적 측면

안전 교육의 필요성은 미국의 심리학자 매슬로(A. Maslow)의 '인간 욕구 5단계 이론'에서도 찾아볼 수 있다. 그는 인간의 욕구는 가장 하위 단계부터 만족하고 나면 윗 단계로 옮겨진다고 주장했다.

가장 하위 단계는 생리적 욕구로 인간이 살아가는 데 가장 기초적인 것, 즉 의식주가 해결돼야 한다는 것이다. 다음이 안전의 욕구이다. 외부의 다양한 위험으로부터 안전을 확보하기 위한 것이다. 그 위로 애정 소속의 욕구, 존중의 욕구 그리고, 자아실현의 욕구가 위치한다. 생리적 욕구 다음 단계로 기초적이고 중요한 안전의 욕구를 충족하기 위해 안전 역량을 길러주기 위한 안전 교육은 꼭 필요하다고 할 수 있다.

1. 재난의 개념과 양상

(1) 재난의 분류와 사고의 원인

▶ 재난의 정의와 분류

재난이란 '자연적 혹은 인위적 원인으로 생활환경이 급격하게 변화하거나 그 영향으로 인해 인간의 생명과 재산에 피해를 주는 현상'으로 간단히 말하면 뜻하지 않게 생긴 불행한 변고를 이른다.

재난에 대한 개념과 범주는 시대에 따라 달라지는 양상을 보이며 현대 사회에 들어서는 천재지변을 뛰어넘어 각종 사고와 테러 및 전쟁으로 인한 재해까지도 포함되고 있다.

재난의 분류법 가운데 미국의 '지역 재난 계획'에서 주로 적용하는 아네스(Br. J. Anesth)의 재난 분류에 따르면 재난은 자연재해와 인위재해(고의성)로 구분해 볼 수 있다. 자연재해는 기후성 재해와 지진성 재해로, 인위재해는 사고성 재해와 계획적 재해로 세분된다.

〈재난의 분류〉

대분류	소분류	재난의 유형
자연재해	기후성 재해	태풍 등
	지진성 재해	지진, 화산 폭발, 해일 등
인위재해 (고의성)	사고성 재해	– 교통사고(자동차, 철도, 항공, 선박) – 산업 사고(건축물 붕괴) – 폭발 사고(가스, 화학, 폭발물, 갱도) – 화재 사고 – 생물학적 재해(바이러스, 박테리아, 세균) – 화학적 재해(유독 물질, 부식성 물질) – 방사능 재해
	계획적 재해	폭동, 테러, 전쟁 등

▶ **재난의 특성**

종류에 따라 재난은 다양한 특징을 나타내지만, 재난의 일반적인 특징은 다음과 같은 양상을 보인다. 다음의 특성을 고려해 재난 사고에 대한 대응책을 마련하고 안전 교육 내용에 포함해야 한다.

- 재난 발생 원인은 한 가지 원인만 있는 것은 아니다.
- 재난의 피해는 상호작용으로 인해 연쇄적으로 모든 피해자에게 영향을 미친다.
- 장소와 시간, 기술, 환경 등 요소에 따라 재난 발생 빈도와 피해 규모가 다르다.
- 꾸준한 관리와 교육이 이뤄지면 상당 부분을 예방할 수 있다.
- 재난 발생의 가능성과 상황 변화는 예측하기 어렵고 매우 복잡한 양상을 보인다.
- 재난의 발생 과정은 도발적이며 강력한 충격파를 보인다.
- 실제 위험이 크더라도 본인과 가족 등 주변의 직접적 재난 피해 외에는 무감하다.

(2) 사고의 원인

재난이나 안전사고에는 꼭 그 사고를 유발하게 된 원인이 존재한다. 사고의 재발 방지를 위해서는 사고 후 반드시 정확한 원인을 찾아내야 하며, 이를 통해 사전 대처를 하고 안전 교육도 빈틈없이 해야 할 것이다.

사고가 일어나는 원인으로는 크게 인적 요인, 물적 요인(기계적 요인), 환경적 요인 등으로 구분해 볼 수 있다.

재난 사고와 안전사고는 원인에 따라 구분해 살펴볼 수 있다. 재난 사고는 사람에 의한 요인과 자연현상 등 여러 요인이 복합적으로 일어나는 반면 안전사고의 원인은 거의 사람에 의한 것으로 인적 요인이 주를 이룬다.

▶ **인적 요인**

사람의 행동이나 행위가 사고의 원인인 경우이다. 개인의 착오나 실수, 기계를 조작하는 데 있어서의 기술 부족, 신체적 및 정신적 결함으로 발생하는 사고도 포함된다. 인적 요인으로 일어나는 사고가 가장 잦으며, 이는 인간의 인식 개선과 안전 행동의 실천, 안전 교육이 매우 중요함을 방증한다.

▶ 물적 요인(기계적 요인)

인간의 실수나 착오, 부주의에 의한 것이 아닌 기계 자체의 오류나 결함으로 발생하는 사고이다. 기계의 노화로 인한 고장, 엔진 발화 결함 사고나 차량 급발진, 전기장치의 결함이나 합선으로 인한 화재 등 사고가 이에 해당한다. 물적 요인으로 인한 사고는 지속적인 장비 점검과 관리 등으로 예방할 수 있다.

▶ 환경적 요인

자연환경의 영향, 문화적 특성으로 사고가 발생한 경우이다. 사회체제나 제도에 의한 사고 역시 이에 해당한다. 자연환경으로 인한 사고는 인간이 거스를 수도 없고 예측할 수도 없는 불가항력적 차원이라는 특성이 있다.

(3) 사고 발생 이론의 이해

재난은 물론 사고를 완벽하게 예방하고 방지한다는 것은 사실상 불가능하다. 인간이 할 수 있는 모든 조처를 한다고 하더라도 예상치 못한 변수와 잠재된 위험 요소들에 따라 발생할 수 있기 때문이다.

따라서 사고가 어떤 과정을 통해 발생하고 어떻게 예측하며 예방해야 하는지에 대해 전문가들을 중심으로 연구를 통해 사고 발생을 이론화하려는 노력이 지속해 왔다. 다음의 사고 발생 이론들은 실제 재난 발생 사례와 통계들을 바탕으로 정립된 것으로, 이를 바탕으로 안전의 필요성과 사고 예방, 대비 방법들을 마련해야 할 것이다.

▶ 도미노 이론

도미노 이론은 미국 산업안전 전문가인 하인리히(Herbert W. Heinrich)가 주장한 것으로, 대형 사고가 발생하기 전에 그와 관련한 수많은 가벼운 사고와 징후들이 반드시 존재한다는 점을 설명하는 이론이다. 도미노의 연쇄적인 쓰러짐에 비유해 사고 발생 과정을 설명한 이 이론은 사고란 작은 원인으로부터 시작되어 큰 재난으로 이어진다는 개념이다.

도미노 이론은 두 가지 중요한 시사점을 갖고 있다. 첫째, 사고 및 재해는 저절로 일어나는 예는 없으며 대부분 사전에 어떤 사소한 원인에 의해 발생한다는 것이다.

둘째, 사고의 과정 중 중간의 어느 한 요소라도 제거하면 그 사고의 연쇄 과정이 끊어지고 사고는 발생하지 않게 된다는 것이다.

따라서 도미노 이론은 사고와 재해를 예방하기 위해서는 사고의 전 과정을 꼼꼼히 체크하는 동시에 사고의 원인을 분석하고 찾아내 추후에는 미리 대비해야 함을 역설하는 이론이다.

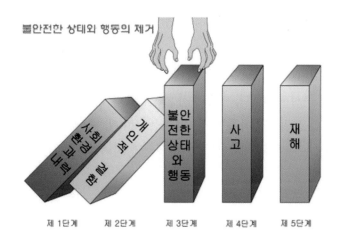

▶ 재해 및 사고 발생 5단계론

'재해 및 사고 발생 5단계론'은 '도미노 이론'을 보완해 발전한 이론으로, 사고 발생 원인을 인적 요인 외에도 통제, 관리 측면까지 확대했으며 사고로 인한 결과나 인적 피해, 물적 피해까지 고려했다.

이 이론은 사고 발생 과정으로 '1단계: 통제·관리의 부족/결여', '2단계: 기본적인 원인(인적 요인/작업장 요인)', '3단계: 직접 원인(불안전한 행동과 조건)', '4단계: 사고 발생', '5단계: 손실 초래' 등 다섯 단계를 거친다는 이론이다.

여러 원인이 연쇄적으로 작용해 사고가 일어난다는 이 이론은 하인리히의 '도미노 이론'에서 3단계인 직접 원인을 제거하더라도 사고가 발생한다는 사실에서 착안, 사고 발생을 막기 위해서는 1단계(관리자의 안전 관리 부족), 2단계(개인 및 작업적 요인)도 제거해야 한다고 주장한다.

▶ **깨진 유리창 이론(Broken Window Theory)**

원래 범죄심리학에서 사용된 '깨진 유리창 이론'은 깨진 유리창 하나를 방치하면 그 부분을 중심으로 리스크가 발생한다는 이론으로, 사소한 무질서나 결함을 방치하면 나중에 더 큰 피해를 볼 수 있다는 것이 핵심이다.

이 이론은 1969년 치안이 허술한 골목에 똑같은 차량 두 대의 보닛을 열어두고, 한 대는 창문을 깨뜨린 채로 놔두는 실험을 했던 미국 스탠퍼드대학교의 필립 짐바르도(Philip Zimbardo)에 의해 만들어졌다.

일주일 후 확인해 보니 보닛만 열어둔 차는 상태가 그대로였으나 창문까지 깨진 차량은 더 많이 부서져 있었다. 이렇게 사소한 결함을 방치하면 사람들은 그곳을 중점적으로 더 많은 위험 인자를 만들어낸다는 것이다. 즉, 위험 상황이나 사고를 방지하기 위해서는 작은 문제나 사소한 부실을 방치해서는 안 된다는 것이 이론의 교훈이다.

▶ **스위스 치즈 모델(The Swiss Cheese Model)**

'스위스 치즈 모델'은 영국의 심리학자 제임스 리즌(James Reasen)이 주장한 사고 원인과 결과에 대한 이론이다. 사고나 재난은 한 가지 위험 요소로 일어나는 것이 아닌 여러 위험 요소가 동시다발적으로 발생해야 일어난다는 것이 이 이론의 핵심이다.

스위스 치즈를 얇게 썰 때, 제작 과정에서 발효로 생긴 치즈 내부의 기포 구멍이 불규칙적으로 존재하는데, 이를 여러 장 겹쳐도 치즈 낱장들의 전체를 관통하는 구멍이 있을 수 있다. 치즈 낱장은 안전장치, 치즈 낱장의 구멍은 안전 요소의 결함을 의미하는데, 안전 요소의 결함이 모여 관통하면 안전사고가 일어날 수 있음을 비유적으로 표현한 이론이다.

2. 자연 재난의 정의와 유형 및 그 대응

자연 재난은 자연계의 평형과 순환 과정에서 생기는 일시적인 변화로 인해 발생한 피해를 말한다. 자연 재난은 쉽게 예측할 수 없는 양상으로 생기며, 대응하기 어렵다는 특징이 있다. 최근에는 미세먼지 등 인간의 과학기술과 물질문명 발달의 부작용으로 인해 생기는 부수적 자연 재난도 빈번히 발생하고 있어 이에 대한 대처도 매우 중요해지는 상황이다.

자연 재난은 재난의 원인 및 종류에 따라 기상 재난, 지변 재난, 생물 재난, 사회적 재난 등으로 구분해 생각할 수 있다.

〈자연 재난의 종류〉

기상 재난	– 태풍 및 홍수 등으로 인한 풍수해 – 폭설로 인한 설해 – 예상치 못한 서리로 인한 농산물 피해 – 오랜 가뭄으로 인한 한해 – 바닷물이 육지를 덮쳐 피해를 주는 해일 – 그 외 우박, 안개, 번개, 낙뢰, 천둥, 파도, 황사 등 자연재해
지변 재난	– 지진 – 화산 폭발 – 산사태
생물 재난	– 병충해 – 전염병 및 감염병 – 특정 지역의 풍토병
사회적 재난	미세먼지, 초미세먼지 등

(1) 태풍

▶ 태풍의 정의

'열대성 저기압'으로도 불리는 태풍은, 북태평양 남서부에서 발생해 아시아 대륙 동부로 불어오며, 중심부 최대 풍속이 1초당 17m 이상인 폭풍우를 동반한 기상현상을 뜻한다. 태풍은 적도와 극지방 등 두 지역에서 열적 불균형이 발생해 생긴다.

보통 태풍은 7~9월 무렵에 우리나라에 상륙하며 따뜻한 공기가 바다로부터 수증기를 공급받으면서 수분이 증가하고 저위도에서 고위도로 이동하며 강한 비바람을 일으킨다.

▶ **태풍 발생 시 행동 요령**

태풍이 오기 전에는 태풍의 진로와 도달 시간을 파악해 대비책을 마련한다. 위험 지역에 거주하는 이들은 안전한 장소로 이동하며 야영객은 피신한다. 외출을 자제하고 비상시를 대비해 응급 용품을 준비한다.

태풍 특보가 발효하면 가족 간 안전을 확인하고 위험 정보를 공유한다. 건물 출입문과 창문은 닫아 파손되지 않게 하고 가스를 차단해 누출로 인한 2차 피해를 막는다. 건물의 노출된 전기 기설은 만지지 않는다.

태풍이 지나간 후 침수된 도로나 교량, 교통 시설은 이용하지 않고 고립된 경우 무리하게 물을 건너지 말고 119에 신고한다. 침수된 물과 음식은 먹지 않고 침수 주택은 가스, 전기 등 설비에 대한 점검을 시행한다.

태풍 피해 현장

(2) 한파

▶ **한파의 정의와 원인**

한파란 겨울철 갑작스럽게 저온의 한랭기단이 위도가 낮은 따뜻한 지방으로 내려와 급격하게 기온이 하강하는 현상을 말한다. 한파로 인해 저체온증, 동상 및 동창 등의 질환을 유발할 수 있다.

한파가 발생하게 되는 이유는 춥고 건조한 시베리아 고기압이 중국 남부 지역까지 확장함으로써 급속히 한반도에 기온을 떨어뜨리게 되는 것이 원인이다. 최근 들어

한파가 더 빈번히 일어나고 강해지는 것은 지구온난화 때문이다.

▶ **한파 행동 요령**

한파가 발생하면 야외 활동은 자제하고 수도 계량기와 수도관, 보일러 배관 등을 보온재로 감싸야 한다. 부득이하게 외출할 때 얼굴, 목, 손 등 노출 부분의 보온에 신경을 써야 한다.

(3) 대설

▶ **대설의 정의와 원인**

일상적으로 내리는 눈과는 다르게 짧은 시간에 다량의 눈이 내리는 것으로, 시간당 1~3cm 이상 또는 하루에 5~20cm 이상의 눈이 내리는 기온 현상이다. 24시간 기준으로 5cm 이상 적설량이 예상될 때 대설주의보를, 20cm 이상이 예상될 때는 대설경보가 내려진다. 이처럼 큰 눈이 내리는 이유는 여러 가지가 있지만, 대설의 대부분은 기단이 이동하며 온도 차, 기압 차가 발생하기 때문이다.

▶ **대설 시 행동 요령**

대설이 예보되면 눈사태 위험지역과 노후 주택 등 붕괴 위험이 있는 건물에 거주하면 미리 안전한 장소로 대피해야 하며, 집 앞의 눈은 미리미리 치운다. 농촌 지역에서는 사용하지 않는 비닐하우스의 비닐을 정리해 붕괴를 예방하며, 공장 등의 가설 패널은 무게에 취약하므로 미리 치워둔다.

대설로 인한 피해

(4) 황사

▶ 황사의 정의와 발원지

황사는 아시아 대륙 중심부에 있는 사막과 고원지대의 작은 먼지들이 강한 바람을 타고 우리나라의 상공으로 날아와 떨어지는 현상이다. 주로 봄에 자주 발생하지만, 대륙 부근에서 강한 저기압이 형성되는 겨울에도 구름 속 눈의 형태로 황사가 나타나기도 한다.

우리나라에 영향을 미치는 황사는 몽골과 중국 사이 건조 지대와 고비사막, 황하 중류의 내몽골고원, 만주의 커얼친사막 등에서 발생한다. 고비사막과 내몽골고원에서 발원하는 황사가 전체 황사의 80% 이상을 차지하며, 이 중 약 50%가 우리나라로 이동한다.

▶ 황사 행동 요령

외출 시 마스크와 보호안경, 긴소매 옷은 필수이며 실내용 공기정화기, 가습기를 활용해 실내 공기를 관리한다. 황사에 노출된 채소나 과일, 생선 등 신선 식품은 충분히 씻어서 섭취해야 하며, 가정과 학교에서의 야외 활동은 자제한다. 외출 후에는 반드시 샤워해야 한다.

(5) 집중호우

▶ 집중호우의 정의와 원인

호우는 짧은 시간에 많은 양의 비가 내림을 의미하는데 한 시간에 30㎜ 이상의 비가 집중적으로 쏟아지는 것이 집중호우이다. 더불어 시간당 최고 80㎜ 이상의 비가 직경 5㎞ 이내의 좁은 지역에 퍼붓듯 쏟아져 내리는 비를 '국지성 집중호우'라고 한다.

집중호우는 강한 상승기류에 의해 생긴 두꺼운 구름인 적란운 때문에 발생한다. 많은 양의 수증기를 포함하는 적란운은 무더운 여름철에 많이 생성되며, 따뜻하고 습한 북태평양 고기압이 지나는 시기가 여름이기 때문에 우리나라의 집중호우는 여름철에 많이 나타난다.

▶ **집중호우 시 행동 요령**

기상 정보를 예의주시하고 집중호우가 예보되면 주변의 배수로, 빗물받이를 점검한다. 침수가 예상되는 곳에는 모래주머니, 물막이판 등을 이용해 피해 예방에 최선을 다한다. 비탈면이나 옹벽, 축대를 정비하고 위험지역 거주자들은 안전지대로 피한다.

(6) 폭염

▶ **폭염의 정의**

폭염은 비정상적인 고온이 여러 날 지속되는 것으로, 기상재해 중에서 사망자를 가장 많이 발생시키는 재해이기에 각별한 주의가 요구된다. 최고기온 33℃이상인 날이 이틀 이상 지속되는 경우를 의미하는 폭염의 원인은 다양하나 장기간 지속되는 폭염에 대해서는 그 원인이 아직 명확히 규명되지는 않았다.

▶ **폭염 행동 요령**

무더위가 지속될 때는 기상 상황을 수시로 확인하고 물을 많이 마신다. 냉방이 되지 않는 실내에서는 햇볕을 가리고 자주 환기하며 창문이 닫힌 자동차 안에 어린이, 노약자, 반려동물을 혼자 두지 않는다. 폭염 시에는 야외 행사나 스포츠 활동을 자제하며 26~28℃의 적정 실내 냉방 온도를 유지한다.

(7) 지진

▶ **지진의 정의와 원인**

지진은 지구 내부에서 오랫동안 축적된 에너지가 갑자기 방출되어 급격한 지각변동이 일어나면서 지표를 흔드는 현상이다. 지진이 일어나면 땅속의 거대한 암반이 흔들리거나 깨지는데, 그 충격으로 땅이 흔들리는 것이다.

지진이 발생하는 원인은, 지구의 가장 외부에 있는 껍데기인 지각이 핵과 맨틀의 영향을 받아 뒤틀리면서 생긴다. 유체라고 할 수 있는 맨틀의 대류 현상에 의해 지각은 조금씩 움직이는데, 이 과정에서 지각의 판들끼리 부딪치면서 판이 갈라지거나 부러지며 지진이 일어나는 것이다.

▶ **지진 시 행동 요령**

실내에 있을 때는 탁자 아래로 들어가 몸을 보호한다. 전기와 가스를 차단하고 문을 열어 출구를 확보한다. 외부에 있을 때는 떨어지는 물건에 대비해 가방이나 손으로 머리를 보호한다. 건물과 거리를 두고 운동장, 공원 등 넓은 공간으로 대피한다. 엘리베이터에 있을 때는 모든 층의 버튼을 눌러 가장 먼저 열리는 층에서 내린 후 계단을 이용해 신속히 밖으로 탈출한다.

지진으로 인한 건물 붕괴

⑻ 미세먼지와 미세먼지 발생 시 행동 요령

미세먼지는 지름이 $10\mu m$(마이크로미터, $1\mu m=1/1,000mm$) 이하의 먼지를 뜻하는 것으로, 미세먼지는 흙먼지인 황사와는 다르게 공장이나 자동차 등에서 배출되는 화석연료로 인해 발생하는 오염물질이 주종을 이룬다. 따라서 미세먼지에는 화석연료가 타면서 발생하는 중금속의 유해 물질이 다량 포함되어 있으므로 신체 건강에 매우 해롭다.

미세먼지 행동 요령을 살펴보면 외출 시에는 반드시 산업용 이상의 마스크를 써야 하며, 항산화 효과가 있는 과일과 채소는 물론 노폐물 배출을 위해 물을 많이 섭취해야 한다. 미세먼지가 지나가고 나면 실내·외 청소를 통해 먼지를 제거하고 외출 후 몸을 깨끗하게 씻는다.

영·유아 안전 관리

1. 영·유아 안전사고 현황과 특성

(1) 영·유아 안전의 의미와 요인

영·유아 안전은 일차적으로 신체적 상해가 없이 건강하게 보호하는 것을 의미하지만, 신체적 상해로부터의 보호는 물론 정신적, 정서적 안정과 행복한 삶을 영위하는 데까지 그 의미가 확장된다.

영·유아의 안전은 성인이 되기까지 행복하고 건강하게 성장하고 발달하는 데 기본적인 조건이 된다. 영·유아는 심신이 건강하고 안정되어야 주변 환경을 활발하게 탐색하고 놀이하며 타인과 긍정적 관계를 형성해 나갈 수 있다. 영·유아가 건강하고 안전하게 생활할 수 있도록 보장하는 것은 영·유아의 기본적 권리와 삶의 질을 보장하는 필수 요건이다. 특히 캠핑장은 영·유아를 동반한 가족 단위 야영객이 많으므로 영·유아 안전에 온 힘을 다해야 한다.

영·유아의 안전 관련 요인으로는 물리적 환경 요인, 인적 환경 요인, 사회적 환경 요인 등이 있다.

▶ 물리적 환경 요인

영·유아가 주로 활동하는 가정, 영·유아 교육기관, 야영장 등에서의 놀이기구, 실외 시설 및 설비, 구조물 등의 관리가 부실하거나 안전 수칙을 지키지 않아 일어날 수 있다. 이러한 물리적 환경이 안전과 관련해 중요한 요인이 된다.

▶ 인적 환경 요인

영·유아 안전은 성인 보호자의 역할이 매우 중요하다. 안전사고 예방을 위해 노력하는 성인 보호자가 제 역할을 할 때 사고가 발생하지 않는다. 특히 영·유아는 발달 특성상 성인의 행동을 모방하는 특성이 있으므로 부모나 어른의 안전 수칙을 지키는 일은 매우 중요하다.

▶ **사회적 환경 요인**

지역사회나 국가 등 공적 기관이 영·유아의 안전을 보장하기 위한 노력과 함께 제도를 마련하고 이를 실천하려는 노력이 매우 중요하다. 더불어 안전과 관련한 법률 등 강제적 법체계 구축으로 영·유아가 안전한 환경을 만들어야 한다.

⑵ 영·유아 안전사고 유형과 특징

2003년 '어린이 안전 원년' 선포 후 우리나라에서 아동 안전사고 사망자 수는 지속해서 감소하고 있다. 2019년 조사한 통계청 자료에 따르면 우리나라 아동(0~14세) 10만 명 당 안전사고 사망자 수는 2018년 기준 2.43명으로 10년 전보다 반 이상 줄어든 것으로 나타났다.

▶ **아동 안전사고 현황과 유형**

2020년 기준 한국소비자원의 소비자위해감시시스템(CISS)에 접수된 아동 안전사고 건수는 2만 4,971건으로, 전체 안전사고에서 34.2%의 비중을 차지하고 있다. 우리나라 전체 인구 대비 아동 인구수의 비중이 12% 수준임을 고려할 때 영·유아가 안전사고에 취약한 연령층임을 알 수 있다.

영·유아 안전사고의 사망 원인으로는 '교통사고'가 전체 사고의 40% 정도로 압도적으로 많고, '추락', '익사', '화재', '중독' 순이었다. 안전사고 대부분은 캠핑장 같은 실외에서 발생하고 있다.

영·유아 안전사고의 주요 발생 장소는 역시 주택과 교육 시설이 전체의 90%를 차지할 정도로 높으나 나이가 많아지면서 여가 문화 및 놀이 시설, 도로 및 인도 등 실외 장소의 비중이 높아졌다. 특히 야영 문화가 발달함에 따라 캠핑장에서의 영·유아 안전사고가 폭발적으로 증가하는 추세다.

▶ **영·유아 안전사고의 특성**

영·유아 안전사고의 특성은 영·유아 발달과 관련이 많다. 영아들의 경우 질식 및 삼킴 사고, 추락 사고가 잦은 데 비해 이동 능력이 큰 유아나 어린이들은 보행 사고, 실족 사고, 놀이 안전사고 등이 증가하는 추세를 보였다.

특히 나이가 많아질수록 영·유아의 호기심이 증가하면서 다양한 탐색 활동이 빈번해지는데, 영·유아가 자기중심적으로 생각하기 때문에 위험 인지가 어려워 안전사고 위험도는 더 커진다. 영·유아에 위험한 자연환경, 화로 등 환경이 열악한 캠핑장에서의 영·유아 안전사고가 상대적으로 더 많은 이유이다.

어린이 안전사고

2. 영·유아 안전 교육의 중요성과 실제

(1) 영·유아 안전 교육의 개념과 특성

영·유아 안전사고는 어쩔 수 없이 일어나는 것이 아니라 사전 교육을 통해 충분히 예방할 수 있다. 대부분의 영·유아 안전사고는 영·유아가 사고의 원인이라기보다는 주변의 물리적 환경과 성인의 소홀한 안전 관리와 부주의로 일어나기 때문이다.

따라서 영·유아 안전사고를 일으키는 요인들을 미리 점검하고 제거하는 동시에 영·유아의 발달 특성을 고려한 안전 교육이 필요하다. 특히 단순히 지식을 전달하는 것이 아니라 안전에 대한 올바른 습관과 태도를 보이도록 습관화시키는 것이 매우 중요하다.

⑵ 캠핑장 등 야외에서의 상황별 영·유아 안전 수칙

영·유아 안전사고가 가장 많이 발생하는 장소는 '주택'이지만 캠핑장을 비롯해 놀이 시설, 스포츠 시설, 숙박 및 음식점 등 실외에서의 안전사고 비중이 점차 높아지고 있다. 이는 야영을 위시한 여가 활동과 레저 스포츠 활동이 폭발적으로 증가하는 등 외부 활동이 많아졌기 때문이다.

캠핑장 등에서의 안전사고 방지를 위해 보호자는 영·유아에게 안전 수칙을 교육해야 할 의무가 있다. 다양한 장소와 환경에서 영·유아에게 교육해야 할 안전 수칙을 소개한다.

▶ **실외 놀이 안전 수칙**
- 그네, 시소, 미끄럼틀, 흔들다리 등 놀이 시설에서 놀이할 때 영·유아는 보호자의 동반 아래 놀이를 마칠 때까지 보호와 관찰을 받아야 한다.
- 놀이에 부적합한 끈이 달린 옷이나 슬리퍼 등을 착용하거나 장난감 등을 소지한 채 놀이기구를 이용하지 않는다.
- 캠핑장에서 난간과 밧줄이 있는 기구는 항상 두 손으로 잡고 이용한다.
- 한여름 또는 눈이나 비가 올 때는 놀이기구를 이용하지 않는다.
- 놀이 시설이나 캠핑장 놀이기구에 위험한 물건이 있거나 위험한 상황이 발생했을 때는 놀이를 중단하고 즉시 도움을 요청한다.

▶ **물놀이 안전 수칙**
- 물놀이하기 전 준비운동을 하고 영·유아는 반드시 구명조끼를 착용한다.
- 물에 들어갈 때는 심장에서부터 먼 부분부터 들어간다.
- 장시간 수영하거나 호수, 강 등에서 혼자 물놀이하지 않는다.
- 물놀이 도중 몸에 소름이 돋고 떨리거나 입술이 파랗게 되면 즉시 물놀이를 중단하고 옷이나 수건으로 몸을 따뜻하게 감싸 체온을 유지한다.
- 계곡에서 물놀이 시 날카로운 바위나 자갈에 발을 다칠 수 있으므로 샌들을 신는다.
- 물이 깊지 않아도 물살이 세면 휩쓸려 떠내려갈 수도 있으므로 주의한다.
- 물놀이 시 영·유아는 반드시 보호자와 함께한다.

▶ 스포츠 기구 놀이 안전 수칙

- 캠핑장의 스포츠 시설을 이용할 때는 반드시 보호자와 함께한다.
- 야영장에서 자전거, 인라인스케이트, 바퀴 운동화를 탈 때는 지정된 장소에서 타며, 보호자가 동행한다.
- 넘어질 때 반사적으로 손을 뻗어 상처를 입는 경우가 많으므로 손목 및 발목 보호대를 착용한다.

영·유아 미끄럼틀 사고

1. 연소의 정의와 요소

(1) 연소의 정의

어떤 물질이 불이 나며 빛을 내는 현상을 말하는 연소는 가연물이 점화원과 접촉해 산소와 결합하는 화학적 산화 반응이다. 가연성 물질은 주위 압력과 물질 고유의 발화온도에 이르렀을 때 연소가 시작된다. 연소는 반응물의 총 열에너지와 생성물의 총 열에너지 사이에 평형을 이루면 끝난다.

연소의 3요소는 가연물, 점화원, 산소 공급원이며, 여기에 연쇄반응을 더하면 연소의 4요소가 된다.

(2) 가연물

가연물이란 연소가 가능한 물질을 이른다. 가연물의 종류와 특성에 따라 연소가 이뤄지는 정도가 결정되는데, 가연물이 산소와 친화력이 클수록 그리고 발열량이 많을수록 연소가 더 활발해진다. 또한 표면적과 열 축적률이 높을수록 연소가 활발하게 진행된다.

반대로 열전도도가 낮고, 불이 나기까지 필요한 점화 에너지인 활성화 에너지가 작을수록 연소는 쉽게 일어나지 않는다.

(3) 산소 공급원

산소 공급원은 산소를 함유하고 있는 물질이나 산소 공급을 원활하게 하는 현상 등을 말한다. 공기 중에는 다양한 기체들이 포함되어 있는데, 그 가운데 연소에 도움이 되는 산소는 약 21%를 점하고 있다.

산소는 연소 과정에서 필수적인 요소이므로 산소가 억제되면 연소는 일어나지 않는다. 공기 중 산소 비중을 15% 이하로 억제할 경우 이른바 질식소화가 일어나므로 화재 발생 시 두꺼운 이불을 덮는 등의 행위로 공기를 차단한다. 이산화탄소 소화기는 이러한 원리를 이용한 것이다.

⑷ 점화원

점화원은 불을 붙이거나 켜게 만드는 원인 혹은 그러한 물질을 이른다. 가연물이 산소를 만나 연소반응을 할 수 있게 해주는 불씨, 스파크 등이 그것이다. 연소기 시작되게 만드는 점화원은 다양한 형태로 존재한다. 전열 기구 등 인위적으로 만든 점화원만 있는 게 아니기 때문에 안전 교육을 통해 다양한 상황들이 점화원이 될 수 있고, 이로 인해 화재가 발생할 수 있음을 인지시켜야 한다.

2. 화재의 유형과 예방

화재(火災)는 불에 의한 재난을 의미하며, 인간의 의도에 반해 혹은 방화 때문에 발생 또는 확대된 연소 현상이나 화학적 폭발을 말한다. 화재의 원인으로는 사람의 부주의나 실수, 관리 소홀로 발생하는 실화(失火)와 사람이 고의성을 갖고 건조물이나 기타 물건을 태워버리는 행위인 방화(放火)로 크게 구분한다.

소방방재청의 통계에 따르면 전체 화재 가운데 실화가 전체의 47%로 가장 높은 비중을 보였고, 누전과 합선 등 전기 및 기계적 요인이 34%, 방화가 4%, 그 외에 기타 요인이 15%의 비중을 보였다.

화재의 특성으로는 언제 일어날지 모르는 우발성, 화재가 발생할 때 기하급수적으로 빠르게 번지는 확산성, 어느 곳으로 번질지 모르는 불안정성 등이 있다.

⑴ 화재의 분류와 예방법

화재를 분류하는 방법은 여러 가지가 있다. 화재 대상물을 기준으로 했을 때는 건축물 화재, 차량 화재, 임야 화재 등으로 구분해 볼 수 있다. 그런데 화재의 급수를 나뉘 소화의 적응성에 따라 분류하기도 하는데, 이 방식으로 소화 원리 및 소화기 사용을 구분하기 때문에 매우 유용하게 분류하는 방식이다.

〈화재 분류 및 표시 방법〉

급 수	분 류	내 용	소화기 표시 색상
A급	일반 화재	목재, 섬유, 고무, 합성수지 등 일반 가연물의 화재. 발생 빈도나 피해액이 가장 큰 화재로 소화기 적응 화재별 표시는 A로 표시	백 색
B급	유류 화재	인화성 액체(4류 위험물), 1종 가연물, 2종 가연물, 페인트 등의 화재. 소화기 적응 화재별 표시는 B로 표시.	황 색
C급	전기 화재	전류가 흐르는 전기 설비에서 불이 난 경우를 이름. 소화기 적응 화재별 표시는 C로 표시	청 색
D급	금속 화재	나트륨, 칼슘, 마그네슘 같은 가연성 금속의 화재. 소화기 적응 화재별 표시는 D로 하고 있으나 국내 규정은 없음	무 색
E급	가스 화재	LPG, 도시가스 등에 의한 화재	황 색
K급	주방 화재	식용유 등으로 주방에서 일어나는 화재. 국제적으로 K로 표시하고 있으나 국내에서는 유류 화재(B급)에 준해 사용	–

► **일반 화재**

− 일반 화재의 유형

일반 화재는 우리 일상생활에서 사용하고 있는 일반 가연물로 인한 화재를 말한다. 캠핑장에서는 모닥불로 인한 화재, 담뱃불 화재, 폭죽으로 인한 화재와 불장난 등 기타 요인으로 인한 화재가 있다.

− 일반 화재 예방 요령

캠핑장에서 일어나는 일반 화재를 예방하려면 지정된 장소에서 모닥불을 피우고 취사 시 늘 화재에 주의를 기울여야 한다. 특히 화목 보일러는 연료 투입구, 연통 및 굴뚝 연결부의 상태를 주의 깊게 관찰하고 관리해야 한다.

► **전기 화재**

− 전기 화재의 원인과 특성

전기 화재의 주요 원인은 전선의 합선 또는 단락, 누전이다. 더불어 허용 전류 이상이 흐르는 과전류, 규격 미달의 전선, 전열 기구의 과열이나 접촉 불량 등의 원인으로 화재가 발생한다.

− 전기 화재 예방 요령

누전차단기를 반드시 설치하고 노후 배선은 교체한다. 과전류 발생 시 전기를 차단하는 퓨즈나 차단기를 설치한다. 전기담요 등은 밟거나 접어서 사용하면 위험하므로 주의해야 하며 문어발식 콘센트 사용을 자제한다.

► **유류 화재**

− 유류 화재 원인과 특성

유류 화재는 휘발유, 석유 등 인화성 물질로 인한 화재를 말하며, 불이 붙는 순간 순식간에 확대되어 위험성이 대단히 높다. 유류 화재는 특히 캠핑장에서 빈번히 일어나는 화재로 튀김 요리 중 식용유 등이 가열되었을 때 물을 뿌릴 경우, 난로에 기름을 넣을 때 유증기가 발생해 불이 붙는 경우, 모닥불의 원활한 연소와 화력을 키우기 위해 유류를 사용할 경우 자주 발생한다.

− 유류 화재 예방 요령

휘발유 등 인화 물질은 용도에 맞게 주의해 사용하며 유류 저장소는 환기가 잘 되도록 관리한다. 급유할 때는 반드시 실외에서 하고, 난로는 연소 상태에서 주유하거나 이동하지 않는다. 난로 등 화기 주변에는 소화기나 모래를 준비해 유아 시 사용할 수 있도록 하고 어린이나 노약자가 유류를 취급하지 않도록 한다.

▶ **가스 화재**

– 가스별 특성과 가스 화재의 원인

가스 화재를 일으키는 가스에는 프로판과 부탄이 주성분인 액화석유가스(LPG)와 메탄이 주성분인 액화천연가스(LNG), 도시가스 등이 있다. LPG는 공기보다 1.5~2배 정도 무거워 누출되면 바닥에 깔리며 마늘 썩는 냄새가 난다. LNG는 공기보다 가벼워 누설되면 높은 곳에 체류한다. 도시가스는 LNG, LPG, 납사 등을 주원료로 파이프라인을 통해 가정에 공급되며, 현재 천연가스와 LPG에 공기를 혼합한 것을 주로 사용하고 있다.

가스 화재는 주로 점화 미확인으로 인한 누설 폭발, 가스 사용 중 장기간 자리 비움으로 인한 화재, 인화성 물질의 동시 사용과 점화장치 조작 미숙 등 원인으로 인한 화재, 휴대용 부탄가스 과열로 인한 폭발 화재가 발생한다.

– 가스 화재 예방 요령

가스 사용 전 가스가 새는 곳이 없는지 냄새로 확인하며, 사용 중인 가스레인지나 부탄가스 주변에는 가연물을 가까이 두지 않는다. 연소 시에는 파란 불꽃이 나도록 조절하며, 사용 후에는 반드시 점화장치와 중간 밸브를 잠근다.

(2) 화재 발생 시 행동 요령

화재는 우리 주변에서 흔하게 접하게 되는 재난 중의 하나로, 주된 원인은 사람들의 부주의와 방심에 의한 것이다. 사전 예방과 주의 깊은 점검을 통해 충분히 예방할 수 있으나 화재가 발생 시에는 큰 피해를 볼 수 있으므로 행동 요령을 숙지해야 한다.

▶ **화재 경보가 울릴 때 행동 요령**

– 실내에서 화재 경보기가 울리면 불이 났는지 확인하기보다 소리를 질러 모든 이

들에게 화재를 알리고 모이게 한 후 대처 방안에 따라 안전한 곳으로 대피한다.

   – 대피할 때는 엘리베이터를 절대 이용하지 말고 계단을 통해 지상으로 신속히 대피한다. 대피가 어려운 경우 창문을 통해 구조를 요청하거나 대피 공간 또는 경량 칸막이를 이용해 대피한다.

   – 안전하게 대피한 후 119에 신고하며 인원을 파악한다.

▶ **불을 발견했을 때 행동 요령**

   – 불이 난 것을 발견하면 '불이야!'라고 소리치거나 비상벨을 눌러 주변에 알린다.

   – 불길이 제압 가능한 작은 불이라면 소화기나 물 양동이, 이불 등을 활용해 신속히 끄도록 한다. 불길이 커져서 대피해야 하면 젖은 수건 또는 담요를 활용해 밖으로 신속히 대피한다.

▶ **국민안전처 화재국민행동 매뉴얼 상 행동 요령**

   – 불을 발견하면 '불이야!' 하고 큰 소리로 외쳐 사람들에게 알린다.
   – 화재 경보 비상벨을 누른 후 119에 신고한다.
   – 노약자와 어린이가 긴급 대피할 수 있도록 신속히 대피 유도를 한다.
   – 소화기 등 소화 시설을 이용해 신속한 초기 진화를 시도한다.
   – 불길 속을 통과할 때는 물에 적신 담요나 수건으로 몸과 얼굴을 감싼다.
   – 옷에 불이 붙었을 때는 두 손으로 눈과 입을 가리고 바닥에 뒹굴어 불을 끈다.

3. 소화와 소화기

(1) 소화와 소화 약제

▶ **소화의 정의와 방법**

'소화(消火)'는 불이 난 상태를 끄는 것을 말하며, 연소의 4요소 중 한 개 요소 또는 전부를 제거하는 일을 의미한다.

소화의 방법으로는 크게 물리적 소화, 화학적 소화 등이 있다. 소화는 불의 온도를 발화온도 밑으로 떨어뜨리거나 산소의 공급 차단, 산소 농도를 낮추기, 불이 붙은 가연물의 제거, 연소의 연쇄반응 차단 및 억제 등 다양한 방법으로 이뤄진다.

〈소화의 방법〉

구 분	방 법	내 용
물리적 소화	질식 소화	가연물이 연소하는 데 필요한 산소 공급을 차단해 소화하는 방법
	냉각 소화	불타고 있는 연소물에 소화제를 뿌려 화염의 온도를 발화점 이하로 낮춰 소화하는 방법
	제거 소화	가연 물질을 움직여 연소를 방지하거나 제거해 연소를 멈추게 해 소화하는 방법
화학적 소화	부촉매 소화	할로겐 화합물 등 부촉매를 통해 연소의 연쇄반응을 차단하거나 억제해 소화하는 방법
기타 소화 방법	유화 소화	중유화재에서 물을 안개처럼 무상으로 뿌리거나 모든 유류 화재에서 소화 약제를 뿌려 유류 표면에 유화층이 형성되어 공기의 공급을 차단하는 소화 방법
	회석 소화	알코올류, 에테르류와 같은 수용성 가연성 액체 화재에 많은 물을 뿌려 농도를 묽게 해 연소농도 이하로 만들어 소화하는 방법
	피복 소화	공기보다 무거운 이산화탄소 소화 약제를 활용, 가연물을 덮음으로써 산소의 공급을 차단하는 소화 방법
	탈수 소화	가연물로부터 수분을 빼앗아 계속적인 연소 반응이 일어나지 못하게 하는 소화 방법

▶ **소화 약제의 조건과 분류**

화재의 종류에 따라 적합한 소화 방법을 사용해야 불을 확실하게 제압할 수 있다. 더불어 소화에 필요한 소화 약제들도 성분이 다양하며, 약제의 모양에 따라 다양한 소화기와 소화 설비 용품이 존재한다. 따라서 다양한 소화 약제의 종류와 특성을 이해하고 선별해 사용할 수 있어야 한다.

소화 약제는 연소의 4요소 중 한 가지 이상을 제거할 수 있어야 하며, 가격이 저렴하고 저장 시 안정적이어야 한다. 더불어 인체에 유해한 성분이 없고, 환경오염이 적어야 한다.

소화 약제로는 가장 효과적으로 화재를 제압할 수 있는 물을 비롯해 포(폼), 이산화탄소, 할로겐 화합물, 분말 소화 약제 등이 있다. 물은 저렴하고 얻기 쉬우며 비열과 잠열이 커서 가장 일반적으로 활용되는 소화 약제이다. 분말 소화 약제는 소화기에 질소, 탄산과 함께 넣어져 사용된다.

(2) 소화기

소화기는 화재가 발생했을 때 초기에 불을 진압할 수 있도록 하는 기구로 노즐을 통해 액체를 추진시키는 수동 펌프나 압축가스 공급장치가 설치된 통 모양으로 되어있다. 소화기를 통해 사용되는 소화 약제에는 물을 비롯해 많은 약제가 사용되고 있으며, 소화에 사용되는 적절한 화학약품 선택에 있어서 가장 기본적인 고려 사항은 연소 물질의 성질에 따라 달라진다.

▶ 소화기의 중요성

소화기는 초기 화재 진압에 필수적인 도구로 각 가정은 물론 캠핑장 등 다양한 곳에서 반드시 갖춰야 할 필수품이다. 화재가 발생하면 우선 119에 신고해야 하지만 신고 후 소방대원과 소방차가 현장에 도착하기까지 최소한의 시간이 소요되고, 도심에서 벗어난 야외에 자리 잡은 야영장의 경우 소방 인력이 도착하기까지 많은 시간이 소요되기 때문에 소화기를 이용해 일차적으로 대처해야 한다.

대부분 화재는 발생 후 5분이 지나면 실내 전체가 화염에 휩싸이는 '플래시 오버(flash over)'가 나타나며, 10분이 경과하면 대형 화재로 진행하기 때문에 화재 진압에서 가장 중요한 것은 최초 발견자의 초기 소화가 무엇보다 중요하다. 이때 소화기로 진압해야 하며, 화재 초기의 소화기 한 대는 소방차 한 대의 가치보다 큰 것으로 인식된다.

▶ 소화기의 종류

소화기 종류로는 분말 소화기를 비롯해 이산화탄소 소화기, 할론 소화기, 청정 약제 소화기, 투척 소화기 등이 있다.

분말 소화기는 주성분 약제가 인산암모늄($NH_4H_2PO_4$)으로, 일반 화재는 물론 유류 화재와 전기 화재 등 화재 대부분에 사용할 수 있다. 단, 식용유로 인한 주방 화재에는 적응성이 없다.

이산화탄소(CO_2)가 주성분인 이산화탄소 소화기는 다양한 화재 진압에 사용할 수 있으나 지하실이나 창이 없는 장소, 밀폐된 곳에서는 사용이 제한된다.

할론 소화기는 탄소(C), 불소(F), 염소(Cl), 브롬(Br) 등이 주성분으로 선박이나 항공기 화재, 정밀 기계 및 산업용 성비 기계 설비의 화재, 위험물 취급 및 보관 장소에서의 화재 진압에 사용된다. 탄소(C)와 수소(H), 불소(F) 등을 주성분으로 사용되는 청정 약제 소화기 역시 선박, 항공기 화재 등에 사용된다.

위로부터 분말 소화기, 이산화탄소 소화기, 할론 소화기, 청정 약제 소화기, 투척용 소화기

▶ **소화기 사용법**

- 사용 전 지시 압력계가 녹색 범위에 있는지, 노즐의 막힘이나 밸브 및 패킬 탈락 등의 상태를 점검한다.
- 손잡이를 잡은 상태에서 소화기 밑바닥을 손으로 받쳐 든다.
- 바람을 등지고 화점 부근으로 접근한다. 이때 불에 너무 가까이 다가서지 않는다.
- 노즐이 화점을 향하게 한 후 안전핀을 뽑는다.
- 손잡이를 강하게 누르고 빗자루로 쓸 듯이 분말을 골고루 뿌린다. 불길이 잡힐 때까지 계속 분사한다.
- 소화가 완전히 되었는지 확인한다.

▶ **소화기 관리와 점검**

- 소화기는 통행에 지장을 주지 않는 곳에 습기나 직사광선을 피해 비치해야 한다.
- 부식되거나 파손되지 않도록 관리하고 안전핀이 적정하게 꽂혀있어야 한다.
- 침이 초록색 부분을 가리키는지 확인하고 빨간색이나 노란색을 표시하면 즉시 교환해야 한다.
- 소화기 내에 들어있는 분말 소화 약제가 굳지 않도록 월 1회 이상 정기적으로 흔들어준다.

1. 인체 유해 물질과 약물 중독

(1) 인체 유해 물질이란?

현대인은 일상생활 속에서 자의든 타의든 수많은 화학제품을 접하고 사용하고 있다. 화학제품은 올바른 목적과 용도로 적정량을 사용하면 득이 되지만, 잘못된 방법으로 오용하거나 남용하면 독이 되게 마련이다.

따라서 생활 속에서 자주 그리고 쉽게 접하는 인체 유해 물질과 신체에 미치는 영향, 부작용 등을 숙지해야 하며 캠핑 중에 사용할 때 안전한지를 확인해야 한다. 인체 유해 물질은 의약품을 비롯해 다양한 생활용품에 존재한다.

(2) 인체 유해 물질의 종류와 부작용

인체 유해 물질은 병이나 상처의 치료 또는 예방을 위해 먹거나 바르는 일체의 물질인 의약품을 비롯해 일상생활에 필수적인 가정 화학제품, 흡입제, 커피와 담배, 술 등의 기타 물질 등으로 구성된다.

〈인체 유해 물질의 종류와 부작용〉

구 분	방 법	내 용
의약품	해열진통제	발열 증상, 의식장애, 시력장애, 경련, 두드러기, 천식, 알레르기 반응 등
	지사제	현기증, 구토, 복부팽창, 호흡곤란, 혼수상태, 사망 등
	국소마취제	호흡곤란, 경련, 혼수상태 등
	소염진통제	두통, 이명, 현기증, 설사, 복부 통증 등
	발모 촉진제	부종, 심장 기능 손상, 혼수상태 등
가정 화학제품	가정용 세제	호흡곤란, 식도염증, 소화기관 궤양, 천공, 쇼크 등
	구강청결제	과다 복용 시 무기력 반응, 신진대사 장애, 합병증, 혼수상태, 사망 등
	화장품	폐로 직접 흡입하면 구토, 두통, 폐렴, 뇌 질환 등

가정 화학제품	살충제	호흡곤란, 흥분, 떨림, 전신경련 등
	제초제	구강 궤양, 소화기관 궤양, 부정맥, 쇼크, 발작, 혼수상태 등
흡입제	본드, 부탄가스, 아세톤 등	호흡 마비, 저산소 혈증, 신경세포 손상, 폐부종, 질식, 화상, 환각 증상 으로 인한 2차 사고, 사망 등
기 타	커 피	이뇨 작용 이상, 중추신경 이상 등
	담 배	정서 불안정, 구토, 현기증, 동맥경화증, 우울증, 심장병 등
	술	호흡곤란, 호흡마비, 토혈, 식도정맥류, 중추신경 이상 등

2. 감염병과 예방

(1) 감염병 정의와 전파 경로

인간의 신체가 균이나 바이러스와 같은 병원체에 감염되었을 때 우리 몸에서 항상 증상이 나타나는 것은 아니다. 그러나 열이나 설사 등의 형태로 임상 증상이 명백하게 나타나는 질환을 감염병이라고 한다.

감염병 중에서도 「감염병의 예방 및 관리에 관한 법률」 제2조에서 규정하고 있는 감염병을 '법정 감염병'이라고 한다. 2022년 6월 현재 법정 감염병은 제1급에서 제4급까지 총 87종으로 구분된다.

감염병의 전파 경로는 비말 전파, 공기 전파, 접촉 전파, 매개체 전파 등 크게 네 가지로 구분된다.

〈감염병 전파 경로〉

유 형	특 징	질병
비말 전파	– 5㎛ 이상의 비교적 큰 입자들이 대화, 기침, 재채기를 통해 다른 사람의 결막, 비강, 구강 점막에 튀어 감염되는 것 – 이때 발생하는 비말은 공기 중에 떠다니지 못하고 보통 감염자로부터 주변 1～2m 이내에 전파됨	수두, 유행성이하선염, 풍진, 인플루엔자, 디프테리아, 백일해, 수족구병, 중증급성호흡기증후군 등
공기 전파	– 병원체를 포함한 5㎛ 이하의 작은 입자들이 공기 중에서 떠다니는데 이를 호흡기로 흡입해 감염되는 것 – 공기를 타고 먼 거리까지 전파가 가능	결핵, 수두 등

접촉 전파	– 감염자와 직접 접촉하거나 간접적으로 접촉해 감염되는 것 – 직접 접촉: 감염자와 악수나 포옹 등 – 간접 접촉: 감염자가 만져서 오염된 손잡이, 책상 등 환경 　표면을 통해 감염	A형 간염, 세균성 이질, 노로바이러스 감염증, 유행결막염, 급성출혈결막염 등
매개체 전파	모기, 파리, 진드기 등과 같은 매개충을 통해 병원체가 전파 되어 감염되는 것	일본뇌염, 말라리아, 뎅기열 등

(2) 감염병 예방법

- 손 씻기를 생활화하고 더러운 손으로 코나 입을 만지지 않는다.
- 마스크를 쓰지 않은 상태에서 기침, 재채기할 때는 휴지나 손수건, 옷소매 등으로 가리며 한다.
- 사람이 많이 모이는 곳은 최대한 피하고 마스크를 착용한다.
- 오염이 의심되는 음식물은 섭취하지 않으며, 충분히 익혀 섭취하며 항상 끓인 물과 같은 안전한 음식물만 먹는다.
- 충분한 수면과 영양 섭취로 면역력을 키우며 필요한 예방 접종을 확인해 적절한 시기에 접종한다.
- 야외 활동 시 잔디에 눕거나 잠자지 않으며 적절한 의복과 보호 장비를 착용한다.
- 생활환경을 청결하게 유지하고 실내 환기를 자주 한다.
- 감염병이 의심되는 증상이 있으면 섣불리 움직이거나 외출하지 않고 즉시 지역 의료 기관이나 보건소에 문의하거나 방문해 진료를 받는다.

NOTE

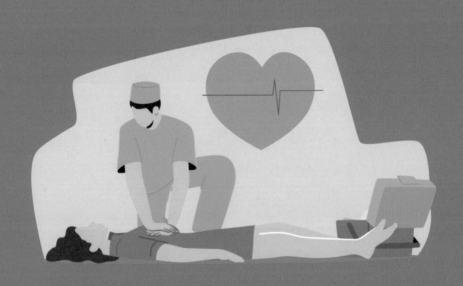

01 응급처치와 환자 평가

1. 응급처치

(1) 응급처치의 정의와 목적

'응급처치(應急處置)'란 위급한 상황에 놓인 환자에게 우선 고비를 넘기기 위해 의료상의 조처를 하는 것으로, 환자의 상황을 긴급하게 파악하고 정규 진료가 이뤄지기 전까지 생명을 구하고 장애를 최소화하며, 치료 기간을 단축하기 위한 행위를 의미한다.

응급처치를 시행하는 가장 중요한 목적은 역시 생명을 구하는 데 있다. 나아가 환자의 상태를 정상 혹은 이에 가까운 상태로 회복시킴으로써 이후 정규 치료나 수술, 재활의 치료 효과를 높이기 위함이다.

더불어 질병 등의 병세 악화를 방지하고 환자의 고통을 경감시키며, 치료 기간의 단축과 불필요한 의료비 지출 절감 등 응급처치를 통해 다양한 이익을 도모할 수 있다.

(2) 응급 상황에서의 행동

환자가 갑자기 쓰러지거나 사고 발생 등 응급 상황이 발생하면 다음과 같은 순서에 따라 조치한다.

① 위험 여부 확인

먼저 주변에 위험 요소는 없는지, 구조자나 다른 사람이 위험에 노출될 수 있는지 추가 위험 여부를 확인하고 위험 요소가 있다면 제거한다. 화재 현장 같은 위험한 상황이 아니라면 추가 피해 등의 우려가 있으므로 현장에서 환자를 옮기지 않는다.

② 환자 반응 확인

환자가 의식이 있는지 없는지 반응을 확인한다. 의식이 없거나 혼미한 경우 환자에게 크게 소리치거나 어깨를 두들겨서 반응을 확인한다. 1세 미만의 영아는 발바닥을 때려 확인한다.

③ 주위에 도움 요청

환자의 반응이 없거나 응급 상황이라고 판단되면 지나가는 사람이나 동료에게 신고를 위한 도움을 요청한다. 가능하면 아는 사람을 지목하도록 하며, 눈을 맞춰 이해했는지 확인해야 한다.

④ 기도 확보와 호흡 확인

환자가 숨을 쉴 수 있도록 기도를 확보한다. 기도를 막고 있는 물질이 있으면 즉시 제거한다. 기도 확보 후 환자가 호흡하고 있는지 확인하고, 호흡이 없다면 인공호흡을 시행한다. 그래도 호흡과 기침 등 움직임이 없다면 즉시 심폐소생술을 시행한다. 흉부 압박 심폐소생술의 경우 미리 훈련을 받은 사람이 하는 것이 좋다.

⑤ 구조 요청

기도 확보, 호흡의 확인 등을 통해 환자의 상태가 위급하다고 판단되면 구조 요청 시기를 놓치지 말고 119에 구급차를 요청한다. 구조 요청은 현장 조사와 함께 응급의료 체계 아래의 육하원칙에 따라 신고한다. 즉, 환자의 위치와 상태, 신고자의 이름과 연락처, 발생한 상황에 대한 자세한 설명, 응급처치의 내용 등이 그것이다.

구급차가 올 때까지 생명 연장을 위한 심폐소생술 등 기본 응급처치를 지속해서 시행한다. 기본 응급처치는 심폐소생술 및 자동심장 충격기(AED), 기도 폐쇄 시의 응급처치법인 하임리히법, 드레싱 및 붕대 이용, 환자 이송을 위한 응급 방법 등으로 이루어진다.

⑶ 상황별 응급처치 요령

▶ 외출혈 환자 응급처치

개방된 상처에서 피가 나는 상태를 '외출혈'이라 한다. 외출혈 환자에 대한 일차 평가 시 치료해야 할 출혈이 더 있는지 확인하고 출혈이 심하면 상처 부위를 재빨리 지혈한 후 출혈 부위를 심장보다 높게 해야 한다.

외출혈은 출혈 부위에 따라 동맥 출혈, 정맥 출혈, 모세혈관 출혈 등 세 종류로 구분되며, 동맥 출혈이 가장 심한 형태의 출혈로 응고가 쉽게 되지 않아 위험하다. 특별한 경우가 아니라면 외출혈 환자에게는 지혈대를 사용하지 않는다.

☞ 외출혈 환자 지혈법

- 대부분 외출혈은 직접 압박하면 대부분의 출혈은 멈춘다. 10분이 지나도 출혈이 멈추지 않으면 상처 부위를 넓혀 더 세게 압박한다.
- 압박붕대를 감아놓은 후 부상 부위나 다른 부상자를 처치할 수 있다.
- 피에 젖은 드레싱은 제거하지 않는다. 그 위에 새 드레싱을 덧댄다.
- 일회용 장갑이 없으면 깨끗한 헝겊이나 거즈를 덧대어 사용할 수 있다.
- 출혈이 계속되면 상처 부위를 높여서 지혈한다. 이때 직접 압박을 동시에 시행한다. 출혈이 계속되면 압박 점을 눌러 지혈한다. 동시에 상처 부위에 직접 압박을 가한다.

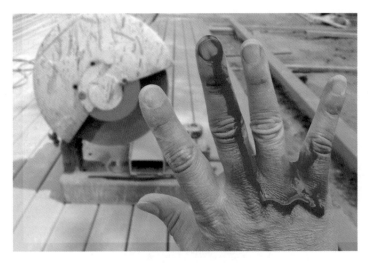

외출혈 환자의 모습

▶ **내출혈 환자 응급처치**

내출혈은 겉으로 보이지는 않지만, 신체 내부에 출혈이 있는 상태를 말한다. 내출혈의 증상으로는 주요 장기(흉부, 복부)의 통증이나 부종, 입과 항문 등으로부터의 출혈, 압통과 강직 혹은 팽만된 복부, 암적색이나 선홍색 구토물을 토하는 경우, 어두운 흑색변 또는 선홍색 혈변이 나오는 경우 등이다.

내출혈 환자 응급처치는 쇼크 예방과 처치에 중점을 둔다. 내출혈의 최종 치료는 병원 수술실에서만 가능하므로 내출혈 의심 환자는 최대한 신속히 병원으로 이송해 의사의 진료를 받아야 한다.

☞ 내출혈 환자 처치 순서
- 기도 개방, 호흡 유지, 혈액순환 등을 확인한다.
- 구토에 대비하며 구토 시 구토물이 기도로 들어가지 않도록 한다.
- 다른 외출혈이 있으면 지혈한다. 손상된 사지에 내출혈이 의심되면 부목을 댄다.
- 쇼크에 대비해 환자의 다리를 20~30㎝ 정도 들어 올려주며, 코트나 담요 등으로 덮어 체온을 유지해 준다.
- 신속히 병원으로 이송한다.

▶ **쇼크 환자 응급처치**

쇼크는 순환 혈액량 감소나 말초혈관의 확장과 심장 이상, 신경성, 아나필락시스 등의 원인에 의해 조직에 저산소증을 일으켜 탄산가스나 유산 등 대사산물의 축적을 일으킨 상태를 말한다. 쇼크를 적절한 시간 내에 응급처치하지 않으면 기관과 세포의 기능장애를 초래하게 되고, 결국에는 사망에 이를 수 있다.

대표적인 쇼크로는 출혈성 쇼크가 있으며, 출혈에 의한 혈액 소실로 심혈관계의 혈액량이 충분하지 못한 경우 발생한다. 쇼크의 증상과 징후는 나타나는 순서에 따라 다음과 같다.

- 뇌에 산소 공급이 되지 않아 발생하는 의식 수준의 변화(불안, 긴장, 초조 등)
- 피부와 입술, 손톱이 창백해지고 피부가 차고 축축해지며 체온이 저하
- 오심과 구토, 심한 갈증

– 빠르고 약한 맥박, 불규칙하고 낮은 호흡

– 심각한 쇼크일 경우 무반응

☞ 쇼크 환자 처치

– ABC(기도, 호흡, 혈액순환) 유지와 함께 환자를 안정시킨다.

– 외출혈이 있으면 지혈하고 환자를 똑바로 눕힌다.

– 척추 손상 가능성이 없다면 다리를 20~30㎝ 정도 높여 하지의 혈액이 심장이나 뇌로 가도록 한다.

– 환자에게 담요를 덮어 체온 손실을 예방한다.

– 환자를 즉시 병원으로 이송한다.

▶ **개방성 연부조직 손상 환자 응급처치**

피부를 비롯해 지방조직, 근육과 혈관, 섬유조직, 신경 등의 신체조직을 '연부조직'이라고 한다. 반대로 뼈와 치아, 연골 등은 경부조직에 해당한다.

연부조직의 개방성 손상은 표피나 신체의 주요 부분을 덮고 있는 점막이 손상되면서 내부 조직까지 손상된 상태를 말한다. 즉 피부가 절단되고 파괴되어 피부 아래의 조직까지 노출된 손상이라고 할 수 있다. 개방성 연부조직 손상의 유형으로는 찰과상을 비롯해 열상, 천자상, 박탈창, 절단, 압좌상 등이 있다.

〈개방성 연부조직 손상의 유형〉

개방성 손상 유형	특 징
찰과상(Abrasion)	피부가 단순히 벗겨지거나 긁혀 표피와 진피 일부가 떨어져 나간 상태. 진피의 손상된 모세혈관에서 혈액이 스며 나올 수도 있지만, 출혈이 없을 수도 있다.
열상(Laceration)	피부의 표피와 진피, 피하조직이 베이거나 들쭉날쭉하게 찢기는 것으로, 심부의 근육 그리고 연관된 신경과 혈관까지도 손상을 입을 수 있다.
천자상(Punctures)	날카롭고 뾰족한 물체가 피부나 다른 조직을 뚫고 지나갔을 때 발생하며 천공 천자상과 관통 천자상(총상)이 있다.
박탈창(Avulsion)	피부판과 조직이 찢겨 늘어지거나 완전히 벗겨진 경우를 말한다.
절단(Amputation)	손가락, 발가락 같은 사지의 일부가 완전히 잘리거나 잘린 후 피부에 피판처럼 달려있는 상태를 뜻한다.
압좌상(Crush injury)	사지가 기계류와 같은 무거운 물체에 끼여 연부조직과 내부 장기가 심한 외부 출혈과 내부 출혈을 일으킬 정도로 압좌될 경우 발생한다.

☞ 개방성 연부조직 환자 응급처치

　　– 조치자는 감염 방지를 위해 의료용 장갑이나 비닐장갑을 착용한다.

　　– 가위 등을 이용해 의복을 제거, 상처를 노출시킨다.

　　– 상처 표면을 깨끗이 하고 상처에 꽂혀 있는 조각이나 파편을 뽑지 않는다.

　　– 출혈 부위를 지혈한다.

　　– 주기적으로 출혈 여부를 확인한다.

　　– 환자를 움직이지 않고 가만히 누워있게 한 후 119에 신고한다.

▶ **폐쇄성 연부조직 손상 환자 응급처치**

폐쇄성 연부조직 손상은 둔탁한 물체가 신체에 위력이 가해지면 생기는 것으로, 피부가 찢어지지는 않지만 표피 아래의 조직과 혈관이 파손되어 폐쇄된 공간에 출혈이 발생하는 손상이다.

폐쇄성 손상이 있는 환자는 항상 손상 기전을 고려해야 하며, 심각한 손상 기전의 경우 119에 인계할 때까지 내출혈과 쇼크를 조심해야 한다.

☞ 폐쇄성 연부조직 환자 응급처치

　　– 환자의 기도와 호흡, 순환 처치를 한다.

　　– 얼음 주머니를 환부에 대고 지혈하되, 20분 이상 대지 않는다.

　　– 마치 내부 출혈이 있는 것처럼 다루고, 내부 손상의 가능성이 있다고 생각되면 쇼크 처치를 병행한다.

　　– 통증과 부종이 있는 변형된 사지는 부목으로 고정한다.

▶ **절단 환자 응급처치**

절단 환자는 손과 발, 손가락과 발가락 등 사지의 일부가 잘리는 형태의 손상을 입은 경우이다. 절단 환자의 처치는 다른 외출혈 상황에서와 마찬가지로 지혈을 우선으로 시행해야 하며, 가장 효과적인 지혈 방법은 적절하게 압박하는 것이다.

☞ 절단 환자 응급처치

　　– 절단된 부위를 직접 압박해 지혈하고 사지를 심장보다 높게 올린다.

　　(오염 방지 조치 후 드레싱이나 큰 천을 몇 겹 덧댄다. 다른 지혈 방법이 모두 실패한 경우

에만 지혈대를 사용한다.)

- 절단된 부위를 찾아 119에 인계한다.
- 절단된 부위는 생리식염수로 씻어 생리식염수에 적신 거즈나 깨끗한 천으로 싼다.

▶ 화상 환자 응급처치

열에 의해 피부 세포가 파괴되거나 괴사하는 증상으로 일상생활에서 흔히 발생할 수 있다. 특히 심각한 화상은 생명을 위협할 수 있으므로 신속하고 정확한 처치가 필요하다. 화상으로 피부가 손상되면 세균 침입에 의한 감염, 체액 손실, 온도 조절 장애 등으로 사망에 이를 수 있다.

화상 시 주로 손상되는 부위는 피부이나 심한 경우 종종 근육과 뼈, 신경과 혈관을 포함하는 피부 속 구조까지도 손상될 수 있다. 화상으로 눈이 손상될 수도 있고, 화염이 있는 상태에서 공기를 들이켜면 호흡기계의 조직부종이 생기고 그로 인해 기도폐쇄를 유발, 호흡 부전과 질식을 유발할 수도 있다.

☞ 화상 환자 응급처치

- 화상 환자의 의복은 제거하지 않고 화상 부위를 찬물에 담그거나 차가운 물수건을 대준다.
- 입, 코, 후두 등 기도 손상의 징후를 살핀다. (그을음, 코털이 탄 경우, 얼굴 화상)
- 심각한 손상과 쇼크에 대비해 환자를 안정시킨다.
- 감염 예방과 체온 유지를 위해 화상 부위를 붙지 않는 멸균 드레싱으로 덮는다.
- 손과 발의 화상은 장신구를 제거하고 멸균 거즈 패드로 분리한다.
- 눈 화상의 경우 눈을 뜨지 않도록 하고, 양쪽 눈을 멸균 거즈 패드로 가려 눈동자가 움직이지 않도록 한다.
- 화학약품으로 인한 화상은 흐르는 물로 20분 이상 화학약품을 씻어내고 화상 부위를 건조한 소독 드레싱 또는 깨끗한 수건으로 덮는다. 화학약품이 말랐다면 먼저 솔로 털어내고 물로 씻는다.

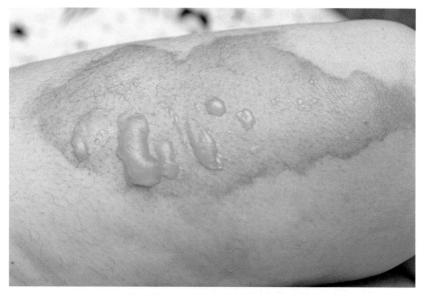

화상 환자는 신속한 응급처치가 필요하다

▶ **근골격계 손상 환자 응급처치**

근골격계 손상은 뼈가 부러진 상태인 골절(개방성 골절, 폐쇄성 골절), 관절 구조의
손상으로 관절이 분리되거나 분열된 상태인 탈구, 인대가 늘어나거나 파열된 상태
인 염좌, 좌상, 근육 이완 등이 해당한다.

근골격계 손상 환자는 뼈의 변형 또는 굴절, 동통과 압통, 부종이 생기거나 멍이
드는 증상이 있다. 또한 부러진 뼈끝이 서로 부딪혀 발생하는 소리인 염발음이 나
타나고 신경과 혈관이 손상되기도 하며 운동 제한 현상이 나타난다.

☞ 근골격계 손상 환자 응급처치

– 다친 곳의 옷을 조심스럽게 제거한다.
– 척추 손상이 의심되면 절대로 환자를 움직이게 하지 않는다.
– 생명을 위협하는 상태를 처리한 후 통증이나 부종이 있는 사지 변형 부위에는
  부목을 댄다.
– 개방된 상처가 있으면 멸균 드레싱으로 덮고 부종을 가라앉히기 위해 손상 부
  위에 냉찜질한다.

▶ 독버섯, 독성 식물 중독 환자 응급처치

섭취했을 때 식중독을 일으키는 버섯은 수천 종에 이르지만, 국내에 자생하는 버섯 중 생명을 위협하는 독버섯은 약 50여 종으로 알려져 있다. 또한 은행나무 열매, 옻나무 등 독성 식물도 만지면 심한 알레르기를 일으킬 수 있어 조심해야 한다.

먹으면 생명을 위협하는 맹독성 버섯으로는 개나리 광대버섯, 노란길민그물버섯, 좀우단버섯 등이며 미나리아재빗과 식물, 미치광이풀, 독미나리, 족두리풀, 꽃무릇, 붓순나무 등은 과량 복용 시 사망할 수도 있다.

독버섯을 먹었을 때는 보통 30분에서 12시간 이내에 메스꺼움, 어지러움, 복통, 구토, 설사 등의 증상이 나타나며 심할 경우 근육 경련, 혼수상태가 나타나고 쇼크가 유발되어 사망에 이를 수 있다.

독성 식물을 접촉하면 증상이 나타나는 시간은 다르나 보통 12시간 이내에 가려움이나 발진, 농포 같은 것이 생길 수 있다. 때로는 아프고 따끔거리기도 하며 고열이 날 수도 있어 주의해야 한다.

☞ 독버섯, 독성 식물 중독 환자 응급처치

- 독버섯을 먹었을 경우 기도 유지 및 호흡 확인이 필수적이며, 소금물이나 이온 음료를 먹여 토하게 한다.
- 먹다 남은 버섯은 보관해 추후 치료에 참고한다.
- 119에 신속히 신고해 가까운 병원이나 보건소로 이송한다.
- 독성 식물에 접촉했을 때는 즉시 비눗물이나 찬물로 접촉한 피부를 깨끗이 닦아낸다.
- 가벼운 증세라면 1~2컵의 오트밀을 섞은 미지근한 물에 목욕하거나 칼라민로션 등을 바른다.
- 가려움이나 발진 증세가 계속되면 의료 기관에서 치료를 받는다.

독성 식물 접촉 시 발생하는 알레르기

2. 환자 평가

응급 현장에서 응급 환자를 접할 때, 현장에서의 환자 평가를 통해 위험 요소를 확인, 본인의 안전을 우선한 뒤 환자의 수와 상태를 파악할 수 있다. 이어 환자의 처치에 앞서 우선 평가를 진행, 각 상황에 따른 대처를 해야 한다. 이를 위해 계획된 프로토콜을 평소에 익힘으로써 신속하고 효과적인 응급처치가 이뤄지도록 한다.

응급 현장에서의 환자 평가는 현장 조사(현장 평가), 일차 평가, 신체 검진 및 병력조사 순으로 시행한다.

(1) 현장 조사(현장 평가)

현장 조사는 응급처치를 시행할 자가 응급 현장에 도착한 이후 환자에 대한 응급처치를 시행하기에 앞서 평가해야 할 것으로, 다음의 네 가지 요소를 고려해야 한다.

① 현장 안전 확인
- 현장에 접근하기 전 현장의 위험 요소를 파악해 응급처치자와 환자, 목격자의 안전을 확보한 후 접근한다.

- 위험 물질, 충돌 현장, 교통의 흐름, 범죄 및 폭력 현장, 냄새 등 환경적인 요소를 비롯해 각종 위험 징후를 확인한 후 적절한 보호 조치를 취한다.

② 감염 방지 조치
- 혈액과 타액, 체액 등 환자의 신체 분비물로부터 적절한 개인 보호 장비(보호 안경, 보호 장갑, 마스크, 가운 등)를 착용해 바이러스, 세균, 박테리아 등으로부터 처치자를 보호한다.

③ 외상에 대한 손상 기전 파악
- 외상 환자의 경우 손상을 초래한 원인인 손상 기전을 파악함으로써 초기에 손상 부위를 비롯해 손상의 형태, 손상 정도를 예측할 수 있다.

④ 환자 수 확인
- 현장에는 여러 명의 환자가 있을 수 있으므로, 주위를 둘러보는 동시에 사고와 관련 있는 이들에게 사고 경위를 물어봄으로써 환자의 수를 파악할 수 있다.

⑵ 일차 평가

응급 현장에서 일차 평가를 하는 이유는 뇌와 심장, 폐와 척추 등 생명과 직결되는 부위의 이상 여부를 신속히 평가해 생명을 위협하는 요인은 즉각적으로 처치할 수 있도록 하기 위함이다.

일차 평가를 통해 생명을 위협하는 상태를 발견했을 때, 즉 기도가 막혔거나 심한 출혈이 있는 경우 반드시 해당 응급처치를 시행하고 나서 다음 평가를 계속한다. 일차 평가는 의식 상태 확인, 기도 개방, 호흡 상태 평가, 순환 상태 평가 순으로 시행한다.

① 의식 상태 확인
- 환자에게 말을 걸어 처치자를 알림으로써 환자의 의식 상태를 간단히 확인하는 동시에 이송과 치료에 대한 동의를 구할 수 있다.

- 의식 상태 확인은 다음의 'AVPU 척도'를 이용해 판단한다.

〈의식상태 확인 방법(AVPU) 척도〉

의식 명료(Alert)	깨어있으며 자신의 이름과 장소, 현재 시각에 대해 명료하게 대답하는 상태
언어 반응(Verbal)	이름과 장소, 현재 시각을 모를 수 있으나 언어 자극에 반응하는 상태
통증 반응(Painful)	눈을 뜨지 않고 질문에 답하지 않으나 피부를 꼬집는 등 통증에 반응하는 상태
무반응(Unresponsive)	눈을 뜨지 않고 통증 자극 등 그 어떤 자극에도 반응하지 않는 상태

② 기도 개방(A-Airway)

- 환자의 기도가 개방되어 있지 않은 증상과 징후를 보일 때는 즉시 머리를 뒤로 젖히고 턱을 들어 올려 기도를 개방한다.

- 척추 손상이 의심되는 환자는 환자의 몸을 움직이지 않게 고정한 상태에서 '하악 견인법'을 시행해 기도를 개방한다. 외상 환자의 경우 손으로 계속 경추를 고정해야 한다.

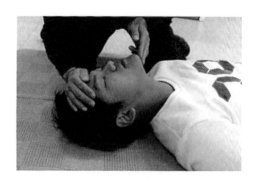 

하악 견인법 – 『야영장 이용자 안전 교육 2017』

③ 호흡 상태 평가(B-Breathing)

- 기도 개방이 확인되면 호흡을 확인한다. 환자가 반응을 보인다면 숨을 쉬고 있다는 것이다.

- 골골하거나 코를 고는 소리와 비슷한, 비정상적인 숨소리나 호흡곤란 증세가 있는지 관찰한다.
- 환자가 반응이 없다면 기도를 계속 열어두고 호흡이 있는지 확인하기 위해 흉곽

이 오르내리고 있는지 살핀다. 또 숨 쉬는 소리가 나는지, 환자의 코와 입에서 내 쉬는 공기가 느껴지는지 확인한다.

④ 순환 상태 평가

- 호흡 문제가 처치되면 환자 스스로 호흡하고 기침하며 움직이는지 등 순환의 증거를 비롯해 맥박과 피부 상태, 출혈 등 순환 상태를 확인한다.

- 맥박은 경동맥과 요골동맥을 확인해 판단하며, 맥박이 없고 스스로 호흡과 기침, 움직임 등 순환의 증거가 없으면 즉시 심폐소생술(CPR)을 시작한다.

- 요골 맥박을 확인하면서 동시에 피부의 색깔과 온도, 습도 등 피부 상태를 통해 혈액순환 여부를 확인한다.

- 더불어 심한 출혈이 있는지 확인한다. 심한 출혈이 있는 환자는 최악의 경우 1~2분 이내에 사망에 이를 정도로 혈액을 잃을 수 있으므로 신속하게 지혈한다.

심폐소생술 및 자동제세동기

1. 심폐소생술

(1) 심폐소생술의 정의와 중요성

심폐소생술(CPR, Cardiopulmonary Resuscitation)은 심장과 폐의 활동이 멈춰 호흡이 정지되었을 때 실시하는 응급처치 방법이다. 인체의 세포가 살아가기 위해서는 반드시 산소가 필요하고 산소가 인체에 들어와 세포로 운반되기 위해서는 입과 코에서 폐로 연결되는 통로인 기도가 개방되어 있어야 한다.

그런데 기도가 개방되어 있지 않다면 혹은 기도가 개방되어 있어도 환자가 호흡할 수 없다면 산소가 인체로 들어갈 수 없어 세포로 산소 공급이 되지 않아 결국 사망에 이르게 된다.

호흡과 심장 박동은 상호 의존적이어서 호흡이 중지되면 심장 박동도 멈추게 되는데, 이를 심정지라고 한다. 심정지가 발생했을 때 아무런 조처를 하지 않으면 4~5분 이내에 뇌 손상이 일어난다. 이 때문에 심정지 5분 내 대응이 매우 중요하며 초기 목격자에 의해 심폐소생술이 시행되어야 한다.

심정지 발생 후 시간 경과에 따른 뇌 기능 변화

- 0~4분: 뇌 손상 시작 전 '골든 타임'이다. 심폐소생술을 시행하면 뇌 손상을 최소화하고 생존율을 높일 수 있는 시간이다.

- 4~6분: 뇌세포 손상 시작. 심폐소생술과 자동심장충격기(AED) 사용으로 뇌 손상을 늦추고 생존 가능성을 높일 수 있다.

- 6~10분: 뇌세포 손상 심화. 뇌 손상이 심해지지만, 적극적인 응급처치로 생존 가능성은 여전히 남아있는 시간대이다.

● 10분 이상: 뇌사 가능성이 크다. 뇌 손상이 심각해 생존 가능성이 희박해지고 심각한 후유증이 남을 수 있으며 결국 사망에 이른다.

(2) 심폐소생술 방법

심정지가 의심되는 사람이 쓰러져 있다면 당황하지 말고 신속히 119에 신고하고 심폐소생술을 진행해야 하며 주위에 자동심장충격기, 즉 자동제세동기가 비치되어 있는지 확인 후 있다면 즉시 사용을 준비한다. 심폐소생술은 다음과 같은 순서로 진행한다.

▶ 환자의 반응 확인

환자의 어깨를 가볍게 두드리며 '여보세요, 괜찮으세요?'라고 외치면서 환자가 의식이 있는지 반응을 확인한다.

▶ 119 신고

환자의 의식(반응)이 없으면 큰 소리로 주변 사람에게 119 신고를 요청하고, 자동심장충격기를 가져오도록 부탁한다.

▶ 호흡 등 환자 상태 확인

환자의 얼굴과 가슴을 10초 이내로 관찰해 호흡이 있는지를 확인한다. 호흡이 없거나 비정상적이라면 즉시 심폐소생술을 준비한다.

▶ 기도 개방

인공호흡을 시행하기 위해서는 먼저 환자의 머리를 젖히고, 턱을 들어 올려서 환자의 기도를 개방한다.

▶ 가슴 압박 30회 시행

깍지를 낀 두 손의 손바닥으로 환자의 가슴 압박점을 찾아 30회 가슴 압박을 실시한다. 압박 깊이는 약 5cm(소아는 4~5cm), 압박 속도는 분당 100~120회를 유지한다.

▶ **인공호흡 2회 시행**

환자의 코를 막은 다음 구조자의 입을 환자의 입에 밀착시킨 후 환자의 가슴이 올라올 정도로 1초 동안 숨을 불어 넣는다. 인공호흡 방법을 모르거나, 꺼릴 때는 인공호흡을 제외하고 지속해서 가슴 압박만을 시행한다.

▶ **가슴 압박과 인공호흡의 반복**

119구급대원이 도착할 때까지 30회의 가슴 압박과 2회의 인공호흡을 반복해 시행한다.

▶ **회복 자세**

환자의 호흡이 회복되었으면 환자를 옆으로 돌려 눕혀 기도가 막히는 것을 예방한다.

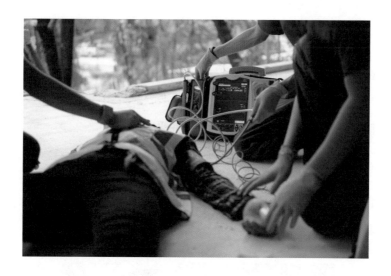

(3) **가슴 압박법**

효과적인 가슴 압박은 심폐소생술을 진행하는 동안 심장과 뇌로 충분한 혈류를 전달하기 위한 필수적인 요소이다. 가슴 압박은 심폐소생술의 핵심이며, 정확한 방법으로 시행해야 효과를 볼 수 있다.

가슴 압박법은 분당 100~120회 속도로 규칙적으로 시행해야 한다. 이는 초당 약 2

회 정도 압박해야 하는 속도이며, 너무 느리거나 빠르게 하지 않도록 주의한다.

가슴 압박법은 상당한 체력을 요구하는 응급처치이다. 힘들다고 중간에 멈춰서는 안 되며, 119구급대원이 도착할 때까지 멈추지 않고 계속해야 환자의 생존 가능성을 높일 수 있다. 만약 혼자 하기 힘들다면 주변 사람에게 도움을 요청하고 교대로 시행하는 것이 바람직하다.

▶ **가슴 압박 시행 방법**

- 1단계: 환자의 가슴 중앙을 찾는다.
  환자를 딱딱하고 평평한 곳에 눕힌 후 가슴 중앙에 있는 앞가슴뼈의 아래쪽 절반 부위를 찾는다. 명치에서 손가락 두 마디 정도 위쪽 지점이다.

- 2단계: 손바닥을 겹쳐 올리고 팔꿈치를 편다.
  한쪽 손바닥 뒤꿈치를 앞가슴뼈 아래쪽 절반 부위에 놓고, 다른 손바닥을 그 위에 겹쳐 올린다. 이때 손가락은 깍지를 끼거나 가슴에서 떼어놓는다. 팔꿈치는 쭉 펴고 어깨가 환자의 가슴과 수직이 되도록 자세를 잡는다.

- 3단계: 체중을 실어 강하고 빠르게 압박한다.
  팔과 어깨의 힘이 아니라 온몸의 체중을 실어 가슴을 압박한다. 마치 팔굽혀펴기를 하듯 상체를 앞으로 기울이면서 압박하면 더 효과적이다. 가슴이 최소 5㎝ 이상 깊이로 눌릴 정도로 강하게 압박한다. 압박 후에는 가슴이 완전히 이완되도록 해야 심장으로 혈액이 다시 채워질 수 있다.

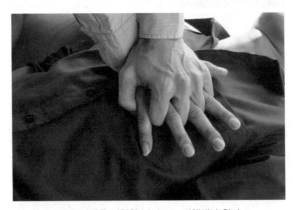

가슴 압박은 정확한 방법으로 시행해야 한다

▶ **가슴 압박 시행 시 합병증**

가슴 압박법 시행 시에는 여러 가지 합병증이 발생할 수 있으므로 주의해야 한다. 5~10초 이상 가슴 압박이 중단될 때 생기는 산소 부족이나 폐색전을 비롯해 흉부 손상, 흉강 내 장기 손상, 복강 내 장기 손상, 혈 심낭염, 저산소 혈증에 의한 뇌 손상, 대사성 산독증 등의 병증이다.

(4) 인공호흡법

인공호흡은 심폐소생술에서 매우 중요한 과정이다. 순서에서 가슴 압박을 우선순위로 삼고 있으나, 인위적으로 폐에 공기를 공급해 호흡을 할 수 있도록 유도하는 인공호흡법은 심정지 환자의 생존에 매우 필수적인 요소이다.

▶ **인공호흡법 종류와 특징**

인공호흡법에는 '구강 대 구강 인공호흡법', '구강 대 비강 인공호흡법', '구강 대 기공 인공호흡법', '보호 기구를 이용한 인공호흡법' 등이 있다.

– 구강 대 구강 인공호흡법

입과 입을 통해 처치하는 구강 대 구강 인공호흡법은 가장 간단하며 빠르고 많이 시행되는 인공호흡법으로, 구조자의 평상시 호흡량과 같은 보통 호흡을 1초 동안 환자에게 불어넣는 방법이다.

보통 호흡을 하는 이유는 환자의 폐가 과다 팽창되는 것을 방지하고 구조자가 과호흡할 때 생기는 어지럼증이나 두통을 예방할 수 있기 때문이다.

– 구강 대 비강 인공호흡법

대부분은 구강 대 구강 인공호흡법이 가장 효과적이지만 입으로 숨을 불어 넣을 수 없는 경우, 즉 입을 벌릴 수 없거나 이를 꽉 다물고 있을 때, 환자의 입에 구조자의 입을 완전히 밀착하기 어려울 때, 환자가 입 주위를 심하게 다쳤을 때, 치아가 전혀 없을 때, 부상자의 입이 너무 클 때 등은 코를 통해 구강 대 비강 인공호흡을 시행한다.

한 손으로 환자의 턱 끝을 들어 올리면서 입을 막고 코로 숨을 불어 넣는다. 환자의 폐에서 공기가 나가는 데 방해가 되지 않도록 부상자의 입을 벌리게 하는 것이 포인트이다.

– 구강 대 기공 인공호흡법
후두 제거 수술을 받은 성대 관련 질환자나 암 환자의 기공을 통해 인공호흡이라는 방법으로, 기공은 목의 앞쪽 아랫부분에 위치하며 기관과 연결되어 있다.

이 인공호흡법은 기공을 통해 공기가 폐로만 전달되는 것만이 아니라 후두를 통해 위쪽에 있는 상기도 방향으로도 흘러가기 때문에 숨을 불어넣을 때 부상자의 코와 입을 막아야 한다. 구조자는 한 손으로 부상자의 코와 입을 막고, 머리와 목은 수평으로 유지한 채 부상자의 기공을 관찰하고 소리를 들어보고 느끼면서 인공호흡을 해야 한다.

– 보호 기구를 이용한 인공호흡법
구강 대 구강 인공호흡법을 꺼리거나 망설이는 경우 구조자를 보호하기 위한 인공호흡법으로, 환자의 얼굴에 보호 기구를 얹은 후 이를 통해 시행하는 인공호흡법을 말한다. 이러한 인공호흡용 보호 기구에는 안면 마스크형과 안면 보호형 두 가지가 있다.

안면 마스크형은 환자의 입과 코를 덮고 공기가 한쪽으로 통하도록 밸브가 있는 형태의 보호 기구를 통해 시행하는 것으로, 환자가 내쉬는 숨이 구조자의 입안으로 들어가지 않는다. 안면 보호형보다는 인공호흡에 더 효과적이다.

안면 보호형 보호 기구는 구조자가 숨을 불어 넣을 수 있는 부분이 장착된 투명한 플라스틱 관으로 안면 마스크형보다 부피가 작고 값이 싸다. 안면 보호형은 그 주위로 공기가 새어 나올 수 있으니 보호 기구를 사용할 때는 환자의 코를 막아야 한다.

구강 대 구강 인공호흡법

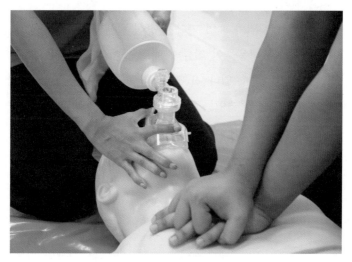

보호 기구를 이용한 인공호흡법

▶ **인공호흡법 시행 시 주의할 점**

인공호흡법에서 가장 중요한 것은 기도를 개방하고 유지하는 것이다. 기도 개방은
'머리 기울임, 턱 들어 올리기 방법(head tilt-chin lift)'을 사용한다. 이 방법은 한
손을 심정지 환자의 이마에 대고 손바닥으로 압력을 가해 환자의 머리가 뒤로 젖
혀지게 하면서 다른 손의 손가락을 아래턱의 뼈 부분을 머리 쪽으로 당겨 턱을 받
쳐주는 방법이다.

인공호흡은 심폐소생술에서 매우 중요한 과정이지만 최근에는 기도 확보와 가슴

압박만으로 심폐소생술을 하는 추세로 가고 있다. 미국심장협회의 최신 '심폐소생술 가이드 라인'에 따르면 인공호흡을 생략하고 오직 가슴 압박만 쉬지 않고 분당 100회씩 계속하는 것을 원칙으로 하고 있다. 2012년에는 영국심장재단이 일반인 대상 지침에서 인공호흡이 빠졌다. 우리나라도 2015년부터 개정되어 일반인의 경우 인공호흡은 생략하는 것으로 결정되었다.

그 이유는 가슴 압박만으로 호흡 효과를 낼 수 있으며 감염이나 중독으로부터 구조자를 보호하고 산소 공급보다 혈액순환이 더 중요한 사람의 신체기전에 따른 것이다.

▶ **인공호흡법 시행 시의 합병증**

인공호흡법 시행 시에는 위와 폐의 과다 팽창이 발생할 수 있다. 공기가 위로 유입되어 위가 팽창하며 위 내용물이 역류해 폐로 들어갈 수 있다. 그로 인해 구토와 흡인성 폐렴 등이 나타날 수 있다. 또 폐 과다 팽창으로 흉곽 내 압력이 상승, 심장에 무리를 줘 심박출량을 줄이는 합병증을 보일 수도 있다.

2. 자동제세동기(AED)

(1) 자동제세동기의 개요와 중요성

자동제세동기(Automated External Defibrillator, AED)는 심장의 기능이 정지되는 심정지 상태나 호흡이 멈췄을 때 사용하는 응급처치 기기이다. 심정지 대부분은 심실세동에 의해 유발되며, 이에 대한 처치는 전기적 제세동을 해주는 것이다. 제세동 성공률은 심실세동 발생 직후부터 1분마다 7~10%씩 감소하므로, 심정지가 오면 신속히 제세동을 시행해야 한다.

자동제세동기는 환자의 심전도를 분석, 심장의 상태를 파악하고 제세동이 필요한 상황인지를 판단하며 제세동이 필요한 상황일 때 자동으로 제세동을 시행한다. 이 기기는 의료 지식을 갖추지 못한 일반인들도 손쉽게 사용할 수 있으며 누구든 사용이 가능하다.

자동제세동기는 유사시에 신속하게 사용할 수 있도록 많은 이가 이용하는 공공장소에 상시로 비치해야 한다. 우리나라에서는 「응급 의료에 관한 법률」 제8장 47조 2항 '심폐소생을 위한 응급 장비의 구비 등의 의무'에 "다음 각 호의 어느 하나에 해당하는 시설 등의 소유자·점유자 또는 관리자는 자동심장충격기 등 심폐소생술을 할 수 있는 응급장비를 갖추어야 한다."라고 규정했으며, 해당 시설은 공공보건의료기관, 구급차, 여객 항공기 및 공항, 철도차량 중 객차, 총 톤수 20톤 이상의 선박, 공동주택, 보건관리자를 두어야 하는 사업장 중 상시 근로자가 300명 이상인 사업장, 관광지 및 관광단지 중 실제 운영 중인 관광지 및 관광단지에 소재하는 대통령령으로 정하는 시설, 다중 이용 시설 등이다. 심정지 환자를 발견한 사람은 누구라도 지체 없이 자동제세동기를 환자에게 사용해야 한다.

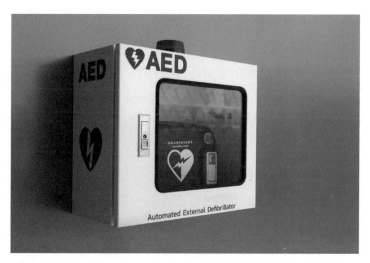

유용한 응급처치 기기인 자동제세동기

(2) 일반인 제세동 프로그램(PAD)

정부는 「응급 의료에 관한 법률」에 따라 2008년부터 공공장소 등에 자동제세동기를 갖춰 일반인이 사용하도록 하는 '일반인 제세동 프로그램(Public Access Defibrillation, PAD)'을 운영하고 있다.

이 프로그램의 목적은 대중이 많이 이용하는 곳에 자동제세동기를 비치해 심정지 환자가 발생했을 때 신속한 심폐소생술과 함께 제세동 처치가 이뤄지도록 함으로써 궁극적으로 병원 밖 심정지 환자의 생존율을 높이기 위함이다.

이 프로그램은 「응급 의료에 관한 법률」 제2장 국민의 권리와 의무 제4조 '응급 의료에 관한 알 권리'의 "모든 국민은 응급 상황에서의 응급처치 요령, 응급 의료 기관 등의 안내 등 기본적인 대응 방법을 알 권리가 있으며, 국가와 지방자치단체는 그에 대한 교육·홍보 등 필요한 조치를 마련하여야 한다."라는 조항에 근거를 두고 있다.

⑶ 자동제세동기 분류와 사용법

자동제세동기는 제조 회사마다 형태와 모양이 다양하지만, 사용 대상의 나이에 따라 성인용과 유아용으로, 제세동을 유도하는 방식에 따라 완전자동 제세동기와 반자동 제세동기 등으로 구분할 수 있다.

▶ 사용 대상 나이에 따른 분류

자동제세동기는 사용 대상의 나이에 따라 성인용과 유아용으로 나뉘는데, 패드의 크기와 전달되는 에너지의 차이에 따라 구분된다. 성인용 자동제세동기는 성인에게만, 유아용 자동제세동기는 8세 미만의 유아에게만 사용한다. 만약 유아 심정지 환자가 발생했을 때 유아용 자동제세동기가 없다면 수동제세동기 사용이 권장된다.

▶ 제세동 유도 방식에 따른 분류

완전자동 제세동기(fully automated)는 전원을 켜고 환자의 가슴에 패드를 부착하면 제세동기 스스로 작동하는 것이고, 반자동 제세동기(semi-automated)는 구조자가 제세동 시행 버튼을 누르도록 음성 또는 화면으로 지시해 주는 기기이다. 일반 시민을 대상으로 한 자동제세동기 교육과 홍보가 부족한 우리나라에서는 현재 반자동 제세동기가 주로 보급되는 실정이다.

▶ 자동제세동기 사용법

자동제세동기의 사용법은 비교적 단순하다. 자동제세동기는 '전원 켜기-패드 장착-분석 진행-제세동 시행' 등 네 단계를 거쳐 작동되는데 이를 자동제세동기의 일반적 4단계라고 한다. 자동제세동기는 제조사별로 다양하게 생산되고 있는데 기기의 모양, 버튼의 위치, 적용 순서에 따라 조금의 차이는 있으나 대부분 자동제세동기는 일반적으로 다음의 4단계에 따라 구동된다.

– 전원을 켠다.

제일 먼저 전원을 켠다. 일부 기기는 덮개를 열면 자동으로 전원이 켜지는 모델도 있다.

– 패드를 붙인다.

대부분 그림이 그려져 있어 좌우를 구분해 주고 부착 위치에 따라 부착한다.

– 분석을 진행한다.

1인 심폐소생술이라면 가슴 압박과 인공호흡을 중단하고 접촉을 하지 않은 상태에서 안내에 따라 분석이 끝날 때까지 기다린다.

– 제세동을 시행한다.

제세동이 필요한 경우 짧은 시간 동안 충전되며, 충전이 완료되면 안내 멘트가 나오는데 안내에 따라 제세동 버튼을 누르면 된다. 2분 후 다시 분석을 진행할 때까지 제세동을 시행한다.

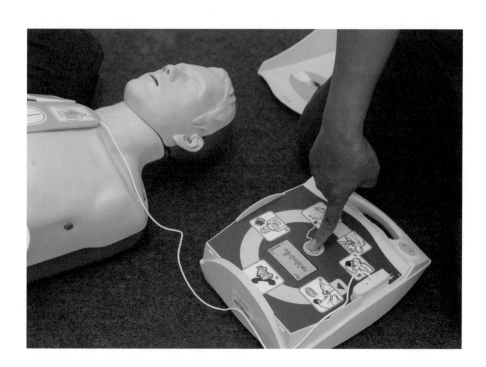

가벼운 상황에서의 응급처치

1. 심각하지 않은 상황의 응급처치

생명을 해칠 정도의 위급한 상황에서 환자에게 행하는 응급처치는 병원이나 보건소 등 응급 의료 체계 안에서의 치료 이전에 현장에서 실시하는 것으로, 생명을 구하는 것은 물론 장애를 최소화하고 치료 시간을 단축하는 효과가 있기에 매우 중요한 처치이다.

그러나 병원 등 의료 기관에 가야 할 필요 없고, 병원에 가더라도 심각할 정도의 피해가 없는 간단한 처치도 캠핑장에서 발생할 수 있다. 그렇다고 하더라도 작은 피해를 방치한다면 더 심각한 상태로 나아갈 수 있으니 대비하는 것이 좋다.

기본적인 응급처치는 응급 상황에 모든 이가 활용할 수 있으므로 모든 개인이 학습하면 유익한 기술과 노하우다. 심각하지 않은 상황이라고 해도 구조자는 현장 조사를 통해 상황 파악과 응급처치 방향을 정하고 신속히 실행해야 한다.

▶ **현장 조사**
　　− 현장의 안전 상태와 위험 요소를 확인한다.
　　− 사고 상황과 환자의 부상 정도를 파악한다.
　　− 응급처치에 도움을 줄 사람을 확인하고, 구조자 자신의 안전도 확인한다.

▶ **구조 요청**
　− 현장 조사 후 응급 의료 체계에 신고할지를 판단한다.
　− 응급 의료 체계를 통해 치료가 필요하면 신속히 육하원칙에 의거해 신고한다.

2. 간단한 응급처치가 필요한 상황별 대처법

(1) 벌 등 해충에 쏘였을 때

　　− 벌의 침이 피부에 박혔을 때는 신용카드 등으로 살살 긁듯이 제거한다.

- 벌에 쏘인 자리에 얼음 주머니를 대면 붓기를 가라앉히고 고통을 줄이는 데 도움이 된다.
- 여러 곳을 쏘여 몸이 붓고 숨을 쉬기 어려운 알레르기 증상이 나타나면 즉시 병원에 방문해 치료를 받는 것이 좋다.
- 다른 해충에 쏘였을 때도 증상을 살펴 필요하면 의료 기관을 방문해 치료를 받는다.

⑵ 뱀에 물렸을 때

- 독사인지, 독이 없는 뱀인지 판단해야 한다. 독사는 일반적으로 머리 모양이 삼각형이고 목이 가늘며 동공이 수직으로 생겼다. 물린 부위에 송곳니 자국이 생긴다.
- 독사에 물렸다면 물린 상처가 있는 부위보다 심장에 가까운 15cm 위쪽을 벨트나 옷가지, 손수건 등으로 가볍게 묶어 혈액순환을 차단하고 즉시 병원에 방문해야 한다.
- 일반인은 독사와 독이 없는 뱀을 구분하기 어려우므로 최대한 뱀에 물리지 않게 조심해야 하고, 만약 물렸다면 증상이 나타나지 않더라도 병원에 방문해 검사를 받아야 한다.

뱀에 물렸을 때 제일 먼저 독사인지 여부를 판단해야 한다

(3) 야생동물과 접촉했을 때

- 야생동물과 접촉하거나 물리면 공수병 등 다양한 질병에 걸릴 수 있으니 주의해야 한다. 흔히 광견병이라고 불리는 공수병은 동물과 사람 모두에게 전염되는 인수공통전염병이다.
- 여우나 너구리 등 야생동물의 체내에도 바이러스가 존재하니 야외에서 만나면 접촉하지 말고 거리를 둬야 한다.
- 야생동물에 물렸을 때는 신속히 병원에 방문해 치료를 받아야 한다.

(4) 이물질이 신체에 꽂혔을 때

- 쇠나 나뭇가지 등 이물질이 신체에 꽂히게 되면 심각한 염증을 유발할 수 있다.
- 이물질을 움직이거나 제거하지 않고 상처 부위의 옷을 벗기거나 잘라낸다.
- 가능하면 직접 압박으로 지혈하고 드레싱이나 깨끗한 천 등으로 이물질을 움직이지 않게 고정한다.
- 필요한 경우 이물질 일부를 제거할 수 있지만 자르거나 부러뜨리지 않고 신속히 병원으로 이송한다.

(5) 코피가 날 때 등 기타

- 코피는 나이, 성별과 관계없이 혈액과 심장, 신장, 간 질환, 외상 등 여러 가지 원인으로 날 수 있으니 제대로 원인 파악을 한 후 대처해야 한다.
- 코피가 나면 피를 삼키지 말고 편하게 앉은 자세로 안정을 취한다.
- 코 앞쪽에서 출혈이 발생한 경우, 이 부위에 수축제를 적신 솜을 대고, 코끝을 손으로 잡고 5~10분가량 압박한다.
- 얼음찜질이나 찬물 찜질도 도움이 된다.

구조 · 구급법

1. 구조 · 구급의 중요성

'구조(救助)'의 사전적 정의는 '재난을 당해 위기에 빠진 사람을 구해줌'이고, '구급(救急)'은 '위급한 상황에서 구해 냄'이다. 구조 및 구급은 재난 상황이나 위급함에서 인명을 구해주는 매우 중요한 과정이다.

2023년 소방청이 발표한 '2023년 119구급 서비스 품질관리보고서'를 참고하면 2018년부터 2022년까지 최근 5년간 일 평균 구급차 출동 건수는 전국 9,892건으로 1만 건에 육박했으며, 일 평균 이송 건수는 5,470건에 달하는 것으로 나타났다. 그만큼 위급한 상황이 많았고, 119에 접수되지 않고 개인적으로 구조 및 구급 활동이 이뤄진 사고현장까지 포함하면 엄청난 수의 사고가 발생하는 것으로 보인다.

지난해 12월, 「119 구조 구급에 관한 법률」 일부 개정안이 국회를 통과하면서 119 구급대원의 응급처치 업무 범위가 확대되어 다양한 사고 현장에서의 응급처치가 가능해졌다.

하지만 119 구급대원은 응급구조사 자격증, 간호사 면허증 등 응급처치 전문가 자격을 갖췄음에도 법적 업무 범위가 제한적이어서 현장에서 꼭 필요한 응급처치를 하는 데 어려움이 없지 않다.

이에 따라 환자 운반이나 부목법, 드레싱 및 붕대법 등 일반인들이 할 수 있는 응급처치들은 사고 현장에서 누구라도 할 수 있을 정도로 숙지함으로써 응급처치 전문가의 업무를 돕고 신속한 의료 기관 이송이 가능하도록 도와야 한다.

2. 구조 및 구급법의 실제

(1) 환자 운반법

사고 현장에서 구조자의 구조 활동 못지않게 중요한 것은 신속하고 안전한 환자 운반이다. 부상 부위에 따라 운반 방법을 잘못 선택하면 부상을 악화시키거나 생명을 잃을 수도 있으므로, 환자의 부상 부위와 상태를 고려해 운반법을 결정해야 한다. 특히 환자를 운반하기 전에는 꼭 필요한 응급처치를 실행해 운반 시에 추가로 다치지 않도록 하는 것이 중요하다.

환자 운반법에는 기본적으로 손으로 운반하는 방법과 간단한 도구를 이용하거나 들것을 사용하는 운반법으로 구분해 볼 수 있다.

▶ **환자 운반법의 종류와 특징**
손으로 운반하는 도수 운반법

① 단독 운반법

단독 운반법은 1인이 할 수 있는 운반법으로 안기법, 부축법, 업기법, 메기법 등이 있다.

안기법은 환자의 머리나 다리, 앞가슴, 배에 가벼운 상처를 입은 의식 있는 환자로, 몸무게가 가볍거나 노약자에 대해 단거리를 운반할 때 사용한다.

부축법은 한쪽 발이나 다리에 상처를 입은 환자를 어깨로 부축해 운반자가 환자의 목발과 같이 사용할 수 있도록 하는 방법이다.

업기법은 머리나 다리를 다친, 의식이 있는 환자에게 적용하며 운반자는 부상자의 두 팔을 어깨에 올린 다음, 부상자의 두 손을 운반자의 앞가슴에 겹친 후 한 손으로 잡고 몸을 앞으로 숙여 부상자의 체중이 운반자의 등에 실리게 하고 걷는다.

메기법은 환자의 복부가 운반자의 어깨에 걸쳐지도록 메고, 환자의 다리와 팔이 운반자의 앞가슴 쪽으로 내려오도록 해 운반자의 양손으로 다리와 팔을 잡은 상태에서 운반한다.

안기법, 부축법, 메기법, 업기법 - 『야영장 이용자 안전 교육 2017』

② 2인 운반법

두 명의 운반자가 환자를 운반하는 방법이다. 2인 운반법에는 가마법과 2인 안기
법, 2인 안장법 등이 있다.

가마법은 머리에 손상을 입었으나 의식이 있는 부상자를 비교적 원거리 이동할 때
적용한다. 두 운반자가 각각 자신의 오른손으로 왼손 팔목을 잡고, 왼손으로는 다
른 운반자의 오른 팔목을 잡아서 가마 형태로 만든 후, 부상자를 그 위에 앉히고
부상자가 양손으로 두 운반자의 어깨를 잡도록 하는 방법이다.

2인 안기법은 의식이 없는 부상자를 운반자 두 명이 서로 마주 보고 안는 방식으
로, 운반자가 마주 보고 부상자의 허벅지 아래쪽으로 손을 넣어 서로 마주 잡고,
반대쪽 손으로 부상자의 허리 부분을 교차하여 잡아 자세를 안정시켜 운반한다.

2인 안장법은 의식불명인 환자의 두 손과 다리를 운반자 두 명이 각각 잡는 방법이다. 골절 환자는 이 방법을 이용하지 않는다.

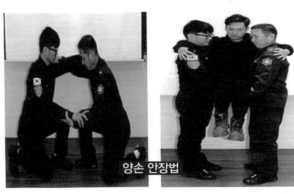

2인 부축법 등 – 『야영장 이용자 안전 교육 2017』

③ 3인 운반법

3인 운반법은 세 명의 운반자가 누워있는 부상자의 머리와 가슴, 허리와 볼기 부위, 다리 부분에 앉아 두 팔을 넣고 동시에 일어나 함께 가슴에 안는 방식으로 운반하는 방법이다. 속도를 맞추기 위해 동작을 시행할 때는 구령을 넣어야 한다.

– 도구를 이용한 운반법

도구를 이용한 운반법으로는, 좁은 계단이나 통로에서 유용하고 환자의 체중을 받쳐 줄 만한 의자를 사용하는 의자 운반법과 환자를 눕혀서 두 명 내지는 네 명이 운반하는 들것 운반법 등이 있다.

의자 운반법 – 『야영장 이용자 안전 교육 2017』

▶ 환자 끌기

환자 끌기는 위의 환자 운반법이 여의치 않을 때나 급박할 때 시도하는 방법으로 환자의 옷이나 발, 어깨 등을 잡거나 담요에 올려 끄는 이동 방법이며, 목이나 척추를 보호할 수 없으므로 긴급 시에만 사용된다.

누워있는 환자를 끌 때는 머리에서 발까지 긴 축의 방향으로 끌어야 하며, 옆으로 끌지 않는다. 더불어 몸을 굽히거나 비틀어서도 안 된다.

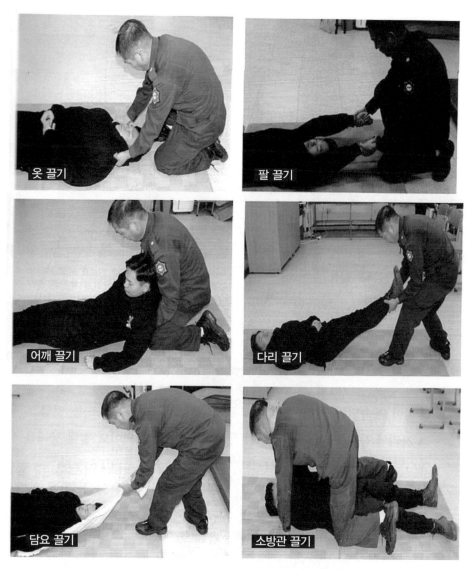

옷 끌기, 팔 끌기, 어깨 끌기, 담요 끌기 등 환자 끌기의 여러 가지 사례 그림 – 『야영장 이용자 안전 교육 2017』

⑵ **부목 대기**

부목은 팔다리의 외상이나 골절, 탈구, 염좌 등의 응급 수단으로 환부를 고정해 대는 기구를 말한다. 부목을 대는 이유는 부상을 방지하거나 악화하지 않도록 하며, 초기 치료에 매우 유용하기 때문이다.

부목은 혈액순환이 되지 않을 정도로 오래 사용하면 안 되며, 너무 빡빡하게 고정하지 않고 적절하게 압력 조절을 해야 한다.

부목의 종류로는, 견고한 재질로 만든 경성 부목(패드 부목, 성형 부목, 철사 부목, 나무 부목), 부드러운 재질의 연성 부목(공기 부목, 진공 부목), 생활 부목(일상에서 구할 수 있는 나뭇가지, 나무젓가락, 우산, 골판지 박스 등) 등이 있다.

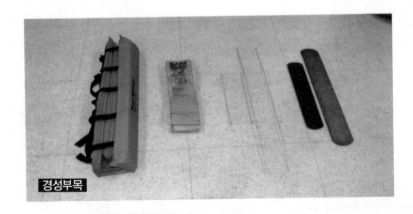

경성/연성 부목 – 『야영장 이용자 안전 교육 2017』

⑶ 드레싱 및 붕대법

드레싱은 상처 부위를 소독한 후 위생 거즈를 덮고 붕대를 감아줌으로써 출혈을 억제하고, 상처 부위의 감염을 막기 위해 직접 치료하는 것을 말한다. 드레싱을 시행한 후에는 출혈이 되지 않도록 붕대를 감아 충분한 압력을 준다. 이때 순환 장애가 생기지 않도록 심장에서 멀리 떨어진 부분의 맥박을 감지하는 등 순환 상태를 확인해야 한다.

붕대법에는 환행대, 나선대, 나선절전대, 사행대, 맥아대 등이 있다.

- 환행대: 동일 부위에 겹쳐 감는 것으로 붕대의 시작과 끝에 반드시 사용하는 방법
- 나선대: 환행대를 2~3회 시행한 후 1회 감을 때마다 앞에 감은 붕대의 1/2 정도 겹치도록 감아 올라가는 방법
- 나선절전대: 나선대로 감아 올라가다 상처 부위에서 지혈하기 위해 압박이 필요할 때 사용하는 방법
- 사행대: 일정한 간격을 두고 감는 방법으로 부목과 피복 보호용 멸균 거즈 등을 급히 압박하거나 지지하기 위해 사용하는 방법
- 맥아대: 환행대를 2~3회 시행한 후 1회 감을 때마다 앞에 감은 붕대의 1/2~1/3 정도 겹치도록 교차하면서 감아 올라가는 방법

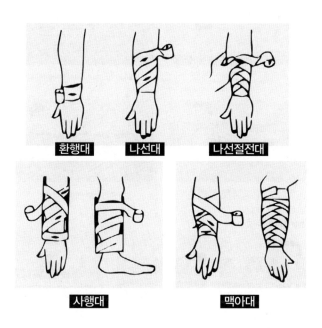

붕대법 종류 – 『야영장 이용자 안전 교육 2017』

⑷ 물놀이 사고 구조법

익수 사고 발생 시 주위에 소리쳐 다른 사람에게 알리고 즉시 119에 신고한다. 수영에 자신이 있더라도 현장에 비치된 안전 장비(구명환, 구명조끼, 구명 로프) 등을 활용해 구조자의 안전을 확보해 구조한다.

안전 장비가 없다면 빈 아이스박스나 물놀이 공 등 의지할 수 있는 물건을 던져주거나 긴 막대를 이용해 붙잡을 수 있게 해준다. 어쩔 수 없이 입수해야 하는 상황이라면 끈을 이용해 구조자의 몸을 단단히 묶고 고정한 후 빈 페트병 두 개를 끈으로 연결해 겨드랑이에 끼고 물에 들어가 물에 빠진 사람을 구한다.

물 밖으로 구조한 후에는 117 응급구조대가 올 때까지 가슴 압박, 인공호흡 등 심폐소생술을 시행한다.

NOTE

캠핑 레저 시설 운영 관련

법규와 판례

01 캠핑 시설 설치 관련 법규

1. 캠핑 시설의 법적 규정과 종류

(1) 캠핑장(야영장)의 개념과 정의

'캠핑장(야영장)'은 관광객 이용시설 업장으로서 야영에 적합한 시설과 장비를 갖추고 야영 편의를 제공하는 시설을 관광객에게 이용하게 하는 야영장 업에 해당한다고 1975년 12월 제정된 「관광진흥법」 제3조 3의 다항에서 명시하고 있다.

「관광진흥법」 제2조 3의 다항에 따라 야영장 업으로 구분된 캠핑장은 '일반 야영장'과 '자동차 야영장', 즉 '오토 캠핑장'으로 나뉜다. '일반 야영장'은 '야영 장비 등을 설치할 수 있는 공간을 갖추고 야영에 적합한 시설을 함께 갖추어 관광객에게 이용하게 하는' 곳이며, '자동차 야영장'은 '자동차를 주차하고 그 옆에 야영 장비 등을 설치할 수 있는 공간을 갖추고 취사 등에 적합한 시설을 함께 갖추어 자동차를 이용하는 관광객에게 이용하게 하는' 곳이다.

(2) 캠핑장 종류와 숙박업과의 차이점

「관광진흥법」 상 캠핑장은 '일반 야영장'과 '자동차 야영장' 등 두 종류로 나뉘고 있으나 관계 법령에 따라 다양한 형태의 야영장을 규정하고 있다.

'청소년 야영장'(「청소년활동진흥법」), '국립공원야영장'(「자연공원법」), '자연휴양림 야영장'(「산림문화·휴양에 관한 법률」), '농·어촌관광 휴양단지 및 관광농원 내 야영장'(「농·

어촌정비법」), '유원지 야영장'(「도시·군 계획시설의 결정·구조 및 설치기준에 관한 규칙」), '자전거 이용자 편익 야영장'(「자전거 이용 활성화에 관한 법률」), '해수욕장 야영장'(「해수욕장의 이용 및 관리에 관한 법률」), '주민 생업을 위한 시설로서의 야영장'(「개발제한구역의 지정 및 관리에 관한 특별조치법」), '폐교 시설 야영장'(「폐교 재산의 활용 촉진을 위한 특별법」) 등이 그것이다.

근거 법령인 「관광진흥법」에 따라 등록 및 관리가 이뤄지는 야영장업과 숙박업은 일정한 차이점을 보인다. 즉, 야영장 업은 야영에 적합한 시설 및 설비 등을 갖추고 야영 편의를 제공하는 시설(글램핑, 야영용 트레일러 포함)을 관광객에게 이용하게 하는 업종인 데 반해 숙박업은 관광객이 잠을 자기 위한 목적으로 머물 수 있도록 시설 및 설비 등의 서비스를 제공하는 업종이다.

2. 각종 법률상의 캠핑장 종류와 특성

⑴ 「관광진흥법」에 의거한 일반 야영장과 자동차 야영장

'야영장(캠핑장)'은 「관광진흥법」 제2조 3-관광객 이용시설업 중 하나로 규정되고 있으며, 「관광진흥법 시행령」 제2조 관광사업의 종류 3-관광객 이용시설업 '다' 항의 야영장업의 구분에 따라 일반 야영장과 자동차 야영장으로 구분하고 있다.

이 조항에 따르면 '일반 야영장업'은 '야영 장비 등을 설치할 수 있는 공간을 갖추고 야영에 적합한 시설을 함께 갖추어 관광객에게 이용하게 하는 업'으로, '자동차 야영장업'은 '자동차를 주차하고 그 옆에 야영 장비 등을 설치할 수 있는 공간을 갖추고 취사 등에 적합한 시설을 함께 갖추어 자동차를 이용하는 관광객에게 이용하게 하는 업'으로 규정되고 있다.

⑵ 「청소년활동진흥법」에 의거한 청소년 야영장

'청소년 야영장'은 「청소년활동진흥법」 제10조 1-청소년 수련 시설의 '마' 항에 '야영에 적합한 시설 및 설비를 갖추고, 청소년 수련거리 또는 야영 편의를 제공하는 수련 시설'로 규정하고 있다.

「청소년활동진흥법」제17조 2항과 「청소년활동진흥법 시행규칙」제8조에는 청소년 수련 시설의 시설 기준을 규정하고 있다. 이 시설 기준에는 야영지, 야외 집회장, 대피 시설, 체육 활동장과 비상 설비에 대한 기준을 제시하고 있다.

이에 따르면 야영지는 100명 이상이 야영할 수 있어야 하며, 야외 집회장은 수용 정원의 100분의 40 이상을 수용할 수 있어야 한다. 대피 시설은 폭우·폭설 등 급작스러운 재해에 대비해 대피 시설을 설치해야 하며, 다른 용도의 시설이 있어 이를 대피 시설로 사용할 수 있는 경우에는 별도의 대피 시설을 설치하지 않을 수 있다. 대피 시설의 구조는 비바람을 막을 수 있는 구조로 해야 한다.

체육 활동장은 연 면적 1,000㎡ 이상의 실외 체육 시설 규모로 설치해야 하며, 비상 설비는 비상시 야영지에서 대피 시설까지 원활하게 이동할 수 있도록 비상 조명 설비 또는 기구를 갖추며 야영지에서 대피 시설 또는 관리사무소에 연락할 수 있는 통신수단을 확보하도록 했다.

⑶ 「자연공원법」에 의거한 국립공원 야영장

「자연공원법」은 자연공원의 지정·보전 및 관리에 관한 사항을 규정함으로써 자연 생태계와 자연 및 문화경관 등을 보전하고 지속 가능한 이용을 도모하기 위해 제정한 법률로써 제2조 공원 시설의 하나로 3항에 '야영장'을 휴양 및 편의 시설로 규정하고 있다.

'공원 시설'이란 「자연공원법」제2조 10항에 '자연공원을 보전·관리 또는 이용하기 위하여 공원 계획에 따라 자연공원에 설치하는 시설(공원 계획에 따라 자연공원 밖에 설치하는 진입 도로, 주차 시설 또는 공원 사무소를 포함한다.)로서 대통령령으로 정하는 시설'을 의미한다.

공원 사업의 시행과 관리를 규정한 「자연공원법」제19조 1항에 따라 국립공원 야영장에 대한 사업 시행과 관리는 특별한 규정이 있는 경우를 제외하고는 '공원관리청'에서 담당하게 했다.

⑷ 「산림 문화·휴양에 관한 법률」에 의거한 자연휴양림 숲속 야영장

자연휴양림은 「산림문화·휴양에 관한 법률」 상 '국민의 정서 함양·보건 휴양 및 산림 교육 등을 위하여 조성한 산림(휴양 시설과 그 토지를 포함한다.)'을 말하며, 위 법률 제2조 8항에는 '숲속 야영장'을 '산림 안에서 텐트와 자동차 등을 이용하여 야영을 할 수 있도록 적합한 시설을 갖추어 조성한 공간(시설과 토지를 포함한다.)'으로 규정하고 있다.

위의 법률 제20조 '산림욕장 등의 조성'에는 산림청장이 '숲속 야영장'의 조성 계획을 세워 시도지사의 승인을 받아 설립과 운영을 하도록 규정하고 있다.

⑸ 「농어촌정비법」에 의거한 농어촌 관광 휴양 단지 및 관광농원 내 야영장

관광농원 내 야영장은 「농어촌정비법」 제2조 및 제81조 '농어촌 관광휴양의 지원·육성', 제83조 '관광농원의 개발', 제84조 '토지 및 시설의 분양', 제85조 '농어촌 관광휴양지 사업자의 신고 등', 제87조 '농어촌 관광휴양지 사업의 승계'와 제89조 '사업장 폐쇄 등'에서 규정하고 있다.

개발하고자 하는 토지 지목이 '전(田)', '답(畓)' 등의 농지면 「농지법」, '임야(林野)'일 때는 「산지관리법」을, 그 외 다른 지목이 합쳐져 있을 때는 해당 법률이 정하는 법이나 「국토의 계획 및 이용에 관한 법률」 등에 규정을 받는다.

⑹ 「도시·군 계획시설의 결정·구조 및 설치 기준에 관한 규칙」에 의거한 유원지 야영장

「도시·군 계획시설의 결정·구조 및 설치기준에 관한 규칙」 제56조에 따르면 '유원지'는 '주로 주민의 복지향상에 이바지하기 위하여 설치하는 오락과 휴양을 위한 시설'을 말한다.

위의 규칙 제58조 2의 3항에는 '유원지 야영장' 설치 기준을 명시하고 있는데, 휴양 시설로서 야영장(자동차 야영장을 포함한다.) 등을 설치할 수 있다고 규정하고 있다.

⑺ 「자전거 이용 활성화에 관한 법률」에 의거한 자전거 이용자 편익을 위한 야영장

「자전거 이용 활성화에 관한 법률」 제2조 '자전거 이용시설의 정의'에는 자전거 이용시설에 대해 자전거 도로, 자전거 주차장, 전기자전거 충전소와 야영장 등 그 밖에 자전거의 이용과 관련되는 시설로 규정하고 대통령령으로 정하도록 했다.

위 법률은 자전거 이용자를 위한 편익 시설의 하나로 야영장을 설치, 운영할 수 있다고 규정한 뒤 제9조에 구조와 시설 기준을 행정안전부와 국토교통부의 공동 부령으로 정한다고 밝혔다.

⑻ 「해수욕장의 이용 및 관리에 관한 법률」에 의거한 해수욕장 야영장

'해수욕장 야영장'은 「해수욕장의 이용 및 관리에 관한 법률」 제2조 '정의'에서 기본 및 기능 시설의 이용객 편의 시설로 규정하고 있으며, 제34조 '해수욕장 시설의 설치·관리 기준 등'에서 설치 및 기준에 대해 "해수욕장의 규모와 여건 등을 고려하여 대통령령으로 정하는 바에 따라 해양수산부 장관이 정해야 한다."라고 규정했다.

⑼ 「개발제한구역의 지정 및 관리에 관한 특별조치법」에 의거한 주민 생업을 위한 시설로서의 야영장

「개발제한구역의 지정 및 관리에 관한 특별조치법」 제12조 1항, 「개발제한구역의 지정 및 관리에 관한 특별조치법 시행령」 제13조 1항에 따라 개발제한구역 내 주민들의 생업을 위한 시설로 야영장을 설치할 수 있도록 규정하고 있다. 단, 마을 공동으로 설치하거나 10년 이상 거주자 또는 지정 당시 거주자만 설치할 자격을 갖는다.

⑽ 「폐교 재산의 활용 촉진을 위한 특별법」에 의거한 폐교 시설 야영장

폐교 야영장은 폐교 재활용 용도로 신설된 것으로, 「폐교 재산의 활용 촉진을 위한 특별법」 제2조 3항에 '자연 학습 시설, 청소년 수련 시설, 도서관, 박물관 등과 함께 유아, 청소년, 학생 및 주민 등의 학습을 주된 목적으로 제공되는 시설'로 규정하고 있다.

〈캠핑장 형태에 따른 종류와 관계 법령 및 소관 부처〉

구 분		관계 법령	주요 내용	소관 부처
야영장업	일반 야영장	관광진흥법	관광객 이용 시설업으로 '일반 야영장업, 자동차 야영장업'으로 규정	문화체육관광부
	자동차 야영장			
청소년 야영장		청소년활동진흥법	청소년 수련 시설로 '청소년 야영장' 규정	여성가족부
국립공원 야영장		자연공원법	공원 시설로 '야영장' 규정	환경부
자연 휴양림 야영장		산림문화·휴양에 관한 법률	자연 휴양림 편익 시설로 '야영장', '숲속 야영장' 규정	산림청
농어촌 관광 휴양 단지 및 관광농원 내 야영장		농어촌정비법	농어촌 관광 휴양 단지 및 관광농원 내 휴양 시설 또는 기타 시설로서 '야영장' 규정	농림축산식품부
유원지 야영장		도시·군 계획 시설의 결정·구조 및 설치 기준에 관한 규칙	유원지 휴양 시설로 '야영장' 규정	국토교통부
자전거 이용자 편익 야영장		자전거 이용 활성화에 관한 법률	자전거 이용자 편익을 위한 '야영장'으로 규정	행정안전부
해수욕장 야영장		해수욕장의 이용 및 관리에 관한 법률	해수욕장 이용자들의 편익 시설로 '해수욕장 야영장' 규정	해양수산부
주민 생업을 위한 시설 야영장		개발제한구역의 지정 및 관리에 관한 특별조치법	개발제한구역 내 주민 생업을 위한 '야영장' 규정	국토교통부
폐교 시설 야영장		폐교 재산의 활용 촉진을 위한 특별법	폐교 시설의 활용을 우해 '폐교 시설 야영장' 규정	교육부

캠핑장 운영은 「관광진흥법」에 근거한 규정에 따라야 한다

「관광진흥법」상 캠핑 레저 시설의 등록 기준 및 종류와 적용 기준

1. 관계 법령상 야영장(캠핑장)업의 등록 기준

(1) 공통 등록 기준

야영장업의 등록 기준은 「관광진흥법 시행령」의 제5조 및 '별표 1'에서 자세하게 규정하고 있다. 이에 따르면 우선 일반 야영장업과 자동차 야영장업의 공통 등록 기준은 다음과 같다.

① 침수, 유실, 고립, 산사태, 낙석의 우려가 없는 안전한 곳에 위치할 것

② 시설 배치도, 이용 방법, 비상시 행동 요령 등을 이용객이 잘 볼 수 있는 곳에 게시할 것

③ 비상시 긴급 상황을 이용객에게 알릴 수 있는 시설 또는 장비를 갖출 것

④ 야영장 규모를 고려하여 소화기를 적정하게 확보하고 눈에 띄기 쉬운 곳에 배치할 것

⑤ 긴급 상황에 대비하여 야영장 내부 또는 외부에 대피소와 대피로를 확보할 것

⑥ 비상시의 대응 요령을 숙지하고 야영장이 개장되어 있는 시간에 상주하는 관리 요원을 확보할 것

⑦ 야영장 시설은 자연 생태계 등의 원형이 최대한 보존될 수 있도록 토지의 형질 변경을 최소화하여 설치할 것. 이 경우 야영장에 설치할 수 있는 야영장 시설의 종류에 관하여는 문화체육관광부령으로 정한다.

⑧ 야영장에 설치되는 건축물(「건축법」 제2조 1항 2호에 따른 건축물을 말한다.)의 바닥 면적 합계가 야영장 전체면적의 100분의 10 미만일 것

⑨ 「국토의 계획 및 이용에 관한 법률」 제36조 1항 2호의 '가' 항에 따른 보전관리지역 또는 같은 법 시행령 제30조 4호 '가' 항에 따른 보전녹지지역에 야영장을 설치하는 경우에는 다음의 요건을 모두 갖출 것

– 야영장 전체면적이 1만㎡ 미만일 것

– 야영장에 설치되는 건축물의 바닥 면적 합계가 300㎡ 미만이고, 야영장 전체 면적의 100분의 10 미만일 것

– 「하수도법」 제15조 1항에 따른 배수 구역 안에 위치한 야영장은 같은 법 제27조에 따라 공공하수도의 사용이 개시된 때에는 그 배수 구역의 하수를 공공하수도에 유입시킬 것. 다만 「하수도법」 제28조에 해당하는 경우에는 그렇지 않다.

– 야영장 경계에 조경녹지를 조성하는 등의 방법으로 자연환경 및 경관에 대한 영향을 최소화할 것

– 야영장으로 인한 비탈면 붕괴, 토사 유출 등의 피해가 발생하지 않도록 할 것

⑵ 개별 등록 기준

「관광진흥법 시행령」의 제5조 및 '별표 1'로 규정하고 있는 일반 야영장업과 자동차 야영장업의 개별 등록 기준은 야영지의 규모, 시설, 진입로 등에 따라 달라지는 데 등록 기준은 다음과 같다.

▶ 일반 야영장업

– 야영지 규모: 야영용 천막을 칠 수 있는 공간은 천막 1개당 15㎡ 이상을 확보할 것

– 시설: 야영에 불편이 없도록 하수도 시설 및 화장실을 갖출 것

– 진입로: 긴급 상황 발생 시 이용객을 이송할 수 있는 차로를 확보할 것

▶ 자동차 야영장업

– 야영지 규모: 차량 1대당 50㎡ 이상의 야영 공간(차량을 주차하고 그 옆에 야영 장비 등을 설치할 수 있는 공간을 말한다.)을 확보할 것

– 시설: 야영에 불편이 없도록 수용 인원에 적합한 상·하수도 시설, 전기 시설, 화장실 및 취사 시설을 갖출 것

– 진입로: 야영장 입구까지 1차선 이상의 차로를 확보하고, 1차선 차로를 확보한 경우에는 적정한 곳에 차량의 교행(交行)이 가능한 공간을 확보할 것

2) 캠핑장 시설의 종류와 위생·안전 등 적용 기준

⑴ 캠핑장 시설의 종류

캠핑장 시설의 종류는 「관광진흥법 시행규칙」 제5조의 2 및 '별표 1'에 '기본 시설', '편익 시설', '위생 시설', '체육 시설', '안전·전기·가스 시설' 등으로 규정하고 있다.

⟨캠핑장 형태에 따른 종류와 관계 법령 및 소관 부처⟩

구 분	시설의 종류
기본 시설	야영 덱(텐트를 설치할 수 있는 공간)을 포함한 일반 야영장 및 자동차 야영장 등
편익 시설	야영 시설(주재료를 천막으로 해 바닥의 기초와 기둥을 갖추고 지면에 설치되어야 한다.)·야영용 트레일러(동력이 있는 자동차에 견인되어 육상을 이동할 수 있는 형태를 갖추어야 한다.)·관리실·방문자 안내소·매점·바비큐장·문화예술 체험장·야외 쉼터·야외 공연장 및 주차장 등
위생 시설	취사장·오물 처리장·화장실·개수대·배수 시설·오수 정화 시설 및 샤워장 등
체육 시설	실외에 설치되는 철봉·평행봉·그네·족구장·배드민턴장·어린이 놀이터·놀이형 시설·수영장 및 운동장 등
안전·전기·가스 시설	소방 시설·전기 시설·가스 시설·잔불 처리 시설·재해 방지 시설·조명 시설·폐쇄회로 텔레비전 시설(CCTV)·긴급 방송 시설 및 대피소 등

⑵ 캠핑장 안전·위생 기준

「관광진흥법」에 따라 등록한 캠핑장 사업자는 문화체육관광부령으로 정하는 안전·위생 기준을 준수해야 한다고 제20조 2항 '야영장 업자의 준수 사항'에서 규정하고 있다. 이 야영장 안전·위생 기준은 「관광진흥법 시행규칙」 제28조 2의 '별표 7'로 제시하고 있는데, 총 6개 분야 42항목으로 구성되어 있다.

▶ 화재 예방 기준

① 소방 시설은 소방 관계 법령과 「화재 예방, 소방 시설 설치·유지 및 안전 관리에 관한 법률」 제9조 1항에 따른 화재 안전 기준에 적합하게 설치해야 하고, 같은 법 제36조 3항 또는 제39조 2항에 따른 제품 검사를 받은 소방용품을 사용해야 한다.

② 사방이 밀폐된 이동식 야영용 천막 안에서 전기용품(야영장 내에 누전차단기가 설치된 경우)은 「전기용품 및 생활용품 안전 관리법」 제2조 5호 또는 6호에 따른 안전 인증 또는 안전 확인을 받고 총사용량이 600W(와트) 이상인 전기용품 및 화기 용품 사용을 하지 않도록 안내해야 한다.

③ 야영용 천막 2개소 또는 100㎡마다 1개 이상의 소화기를 내부가 잘 보이는 보관함에 넣고 눈에 띄기 쉬운 곳에 비치해야 한다.

④ 사업자가 설치해 이용객에게 제공하는 다음의 야영용 시설에는 시설별로 소화기와 단독 경보형 연기 감지기, 일산화탄소 경보기, 전용 누전차단기를 설치하고, 내부에 비상 손전등을 비치해야 한다.
  – 야영 시설(주재료를 천막으로 해 바닥의 기초와 기둥을 갖추고 지면에 설치되어야 한다.)
  – 야영용 트레일러(동력이 있는 자동차에 견인되어 육상을 이동할 수 있는 형태를 갖춰야 한다.)

⑤ 사업자가 설치해 이용객에게 제공하는 야영용 시설의 천막은 「화재 예방, 소방 시설 설치·유지 및 안전 관리에 관한 법률」 제12조 1항에 따른 방염 성능 기준에 적합한 제품을 사용해야 하고, 천막의 출입구는 비상시 외부탈출이 용이한 구조를 갖추어야 한다.

⑥ 사업자가 설치해 이용객에게 제공하는 야영용 시설과 야영용 시설 사이에는 3m 이상의 거리를 두어야 한다.

⑦ 사업자가 설치해 이용객에게 제공하는 야영용 시설 안에서는 화목 난로와 펠릿 난로를 설치해 사용할 수 없다.

⑧ 야영장 내 숯 및 잔불 처리 시설을 별도의 공간에 마련하고, 1개 이상의 소화기와 방화사 또는 방화수를 비치해야 한다.

⑨ 야영장 내에서 폭죽, 풍등(風燈)의 사용과 판매를 금지하고, 흡연 구역을 설치해야 한다. 다만 야영장 설치 지역이 다른 법령에 따라 금연구역으로 지정된 경우에는 흡연 구역을 설치하지 않는다.

▶ **전기 사용 기준**

① 전기설비는 전기 관련 법령에 적합하게 설치하고, 전기용품은 「전기용품 및 생활용품 안전 관리법」 제2조 5호 또는 6호에 따른 안전 인증 또는 안전 확인을 받은 용품을 사용해야 한다.

② 야외에 설치되는 누전차단기는 침수 위험이 없도록 적정 높이에 위치한 방수형 단자함에 설치해야 한다.

③ 옥외용 전선은 야영 장비에 손상되지 않도록 굽힐 수 있는 전선관[가요(可撓) 전선 관]을 이용하여 적정 깊이에 매설하거나 적정 높이에 설치해야 하며, 전선관 또는 전선의 피복이 손상되지 않도록 해야 한다.

▶ **가스 사용 기준**

① 가스 시설 및 가스용품은 가스 관련 법령에 적합하게 설치하고, 가스용품은 「액화 석유가스의 안전 관리 및 사업법」 제39조 1항에 따른 검사에 합격한 용품을, 가스 용기는 「고압가스 안전 관리법」 제17조에 따른 검사에 합격한 용기를 사용해야 한다.

② 가스 시설은 환기가 잘 되는 구조로 설치되어야 하고 가스 배관은 부식 방지 처리 를 하며, 사용하지 않는 배관 말단은 막음 처리를 해야 한다.

③ 액화석유가스 용기는 「액화석유가스의 안전 관리 및 사업법 시행규칙」 별표 20 제1 호 가목 2의 기준에 따라 보관 등의 조치를 해야 한다.

④ 이용객이 액화석유가스 용기를 야영장에 반입하는 것을 금지(야영용 자동차 또는 야 영용 트레일러 안에 설치된 액화석유가스 사용시설이 관계 법령에 적합한 경우는 제외한다.) 해야 한다. 다만 액화석유가스 용기의 총 저장 능력이 13㎏ 이하인 경우로서 사업자 가 안전 사용에 대한 안내를 한 경우에는 상관없다.

▶ **대피 관련 기준**

① 야영장 내에서 들을 수 있는 긴급 방송 시설을 갖추거나 앰프의 최대출력이 10W(와트) 이상이면서 가청 거리가 250m 이상인 메가폰을 1대 이상 갖춰야 한다.

② 야영장 진입로는 구급차, 소방차 등 긴급차량의 출입이 원활하도록 적치물이나 방 해물이 없도록 해야 한다.

③ 야영장 시설 배치도, 대피소·대피로 및 소화기, 구급상자 위치도, 비상 연락망, 야 영장 이용 방법, 이용객 안전 수칙 등을 표기한 게시판을 이용객이 잘 볼 수 있는 곳에 설치해야 하며, 게시판의 내용을 야간에도 확인할 수 있도록 조명 시설을 갖 춰야 한다.

④ 자연 재난 등에 대비한 이용객 대피 계획을 수립하고, 기상특보 상황 등으로 인해 이용객의 안전을 해칠 우려가 있다고 판단될 때는 야영장의 이용을 제한하고, 대피 계획에 따라 이용객을 안전한 지역으로 대피시켜야 하며, 대피 지시에 불응하는 경우 강제 퇴거 조치해야 한다.

⑤ 안전사고 등에 대비한 구급 약품, 구호 설비를 갖추고, 환자 긴급 후송 대책을 수립해야 하며, 응급 환자 발생 시 후송 대책에 따라 신속히 조치해야 한다.

⑥ 정전에 대비해 비상용 발전기 또는 배터리를 비치해야 하고, 긴급 상황 시 이용객에게 제공할 수 있는 비상 손전등을 갖춰야 한다.

▶ 질서 유지 및 안전사고 예방 기준

① 야영장 내에서 이용자가 이용 질서를 유지하도록 노력해야 한다.

② 이용객의 야영 활동에 제공되거나 이용객의 안전을 위한 각종 시설·장비·기구 등이 정상적으로 이용될 수 있도록 유지하여야 하며 태풍, 홍수 등 자연재해나 화재, 폭발 등의 사고로 인한 피해가 발생하지 않도록 노력해야 한다.

③ 야영장과 인접한 곳에 산사태, 홍수 등의 재해 위험이 있는 경우에는 위험구역 안내 표지를 설치하고, 해당 구역에 대한 접근 제한 및 안전 이격 거리를 확보할 수 있도록 조치해야 한다.

④ 야영장 지역에 낙석, 붕괴 등의 발생이 예상되는 경우 이를 방지할 시설을 설치해야 한다.

⑤ 보행 중 야영용 천막 줄에 의한 안전사고 예방을 위하여 인접한 야영용 천막 간 보행에 불편이 없도록 이격 거리를 확보해야 한다.

⑥ 추락이나 낙상 우려가 있는 난간에는 추락·낙상 방지 시설과 위험 안내 표지를 설치하고, 이용객이 안전거리를 확보해 이용할 수 있도록 조치해야 한다.

⑦ 집중호우 시에도 야영장이 침수되지 않도록 배수 시설을 설치, 관리하고 배수로 등

에는 이용객이 빠지지 않도록 안전 덮개를 설치하는 등 안전조치를 해야 한다.

⑧ 야영장이 「도로법」 제10조 각 호의 도로와 인접할 때는 안전 울타리 등을 설치해 야영장과 도로를 격리해야 한다.

⑨ 야영장 입구를 포함한 야영장 내 주요 지점에 조명시설 및 폐쇄회로 텔레비전(CCTV)을 설치해야 하며, 폐쇄회로 텔레비전을 설치한 사실을 이용객이 알 수 있도록 게시해야 한다. 다만 조명 시설 및 폐쇄회로 텔레비전 설치가 불가능한 경우에는 관리 요원이 야간 순찰을 해야 한다.

⑩ 매월 1회 이상 야영장 내 시설물에 대한 안전 점검을 시행하고, 점검 결과를 문화체육관광부 장관이 정하는 점검표에 기록해 반기별로 특별자치도 지사·시장·군수·구청장에게 제출해야 하며, 점검 결과를 2년 이상 보관해야 한다.

⑪ 야영장 내 시설물 등에 위험요인이 발견될 때는 즉시 그 시설물의 이용을 중단시키고 보수 등 안전조치를 취해야 한다.

⑫ 사업자와 관리 요원은 문화체육관광부 장관이 정하는 안전 교육(온라인 교육을 포함한다.)을 연 1회 이상 이수해야 한다.

⑬ 야영장이 개장되는 동안에는 각종 비상 상황에 대비해 비상시 행동 요령, 비상 연락망 등을 숙지하고 있는 관리 요원이 상주해야 한다. 관리 요원은 고지된 각종 주의·금지 행위를 행한 이용자에 대해 야영장 이용을 제한할 수 있고, 야영장 내 안전사고 발생 시에 즉시 필요한 조치를 한 후 사업자에게 보고해야 한다.

⑭ 사업자는 중대 사고(사망 또는 사고 발생일부터 7일 이내에 실시된 의사의 최초 진단 결과 1주 이상의 입원 치료 또는 3주 이상의 통원 치료가 필요한 상해를 입은 경우를 말한다.)가 발생하면 특별자치도 지사·시장·군수·구청장에게 즉시 보고해야 한다.

⑮ 야영장 내에서 차량이 시간당 20㎞ 이하의 속도로 서행하도록 안내판을 설치해야 한다.

⑯ 야영장 내에서 수영장 등 체육 시설, 놀이터 등의 부대 시설을 운영하는 경우 관계

법령에 따른 안전 기준을 준수해야 한다.

⑰ 인화성·폭발성·유독성 물질은 이용객의 접근이 어려운 장소에 보관해야 하고, 위
험물의 종류 및 위험 경고 표지를 부착해야 한다.

▶ **위생 기준**

① 야영장에 바닥재를 설치하는 때는 배수가 잘되고, 인체에 유해하지 않은 재료를 사
용해야 한다.

② 지하수 등 급수시설을 설치해 먹는 물로 사용할 때는 '먹는 물 수질 기준 및 검사
등에 관한 규칙'에 따라야 하고, 「먹는물관리법」 제43조 2항에 따른 먹는 물 수질
검사기관으로부터 연 1회 수질검사를 받아야 한다.

③ 취사장, 화장실 등 공동 사용 시설은 정기적으로 청소·소독해 청결한 위생 상태를
유지하고, 이용객에게 해로운 환경적 요인이 발생하지 않도록 관리해야 한다.

④ 야영장에 공중화장실을 설치할 때는 「공중화장실 등에 관한 법률」 제7조에 적합하
게 해야 하고, 간이화장실을 설치할 때는 「공중화장실 등에 관한 법률」 제10조의 2
에 적합하게 해야 한다.

⑤ 야영장 내에서 수영장 등 체육 시설, 놀이터 등의 부대 시설을 운영하는 경우 관계
법령에 따른 위생 기준을 준수해야 한다.

⑥ 이용객에게 제공하는 침구(요·이불·베개 등을 말한다.)의 홑청과 수건을 햇볕에 말리
거나 그 밖의 방법으로 수시로 건조해야 한다.

⑦ 야영장 이용객이 바뀔 때마다 해당 이용객이 사용한 침구의 홑청과 수건을 세탁해
야 한다.

01 캠핑 레저 시설, 어떻게 운영할 것인가?

1. 캠핑장 사업의 현황과 전망

(1) 캠핑장 창업 열풍, '왜 캠핑장인가?'

소득이 높아지고 생활이 윤택해지면서 인간은 찌든 도시 생활을 벗어나 잠시라도 자연 속에 파묻혀 지내고픈 욕구가 커진다. 많은 이들이 은퇴 후 귀농이나 귀촌하는 이유가 바로 그런 이유 때문이다.

캠핑도 마찬가지이다. 가족과 친구 등 가까운 이들과 함께 대자연에서 호흡하며 아름다운 추억을 만들기에 안성맞춤인 레저 활동이 캠핑이다. 특히 2020년부터 코로나19 팬데믹으로 인해 사람들과의 대면 접촉이 어려워지는 환경이 오랫동안 지속되면서 소수의 인원이 쾌적한 대자연에서 즐길 수 있는 캠핑 문화가 자연스럽게 활성화되었다. 더불어 전국에 캠핑장도 급속도로 증가했는데, 2023년 하반기 기준 전국의 캠핑장은 무려 3,591곳으로 조사됐다.

2017년 약 2조 원 수준이었던 국내 캠핑산업 규모는 2023년 약 7조 원 규모로 증가했으며, 캠핑 인구는 700만 명에 달할 정도로 팽창했으니 작금의 캠핑산업 시장은 높은 수익과 높은 성장 전망을 보이는 '블루오션(Blue Ocean)'이라 할 수 있다.

⑵ 캠핑장 사업의 전망

이상에서 살펴본 것처럼 레저 사업의 모델로서 캠핑장 사업은 그 전망이 밝다고 할 수 있다. 특히 중앙정부는 물론 전국의 지자체가 엄청난 예산을 들여 앞다퉈 관광 랜드 등 관광시설 조성 사업을 벌이면서 시설 내에 필수적으로 캠핑장을 만들거나 계획 중이어서 캠핑 시장은 더욱 확대할 예정이다.

관광시설 내 캠핑 구역을 따로 두고 일반 야영 시설은 물론 오토 캠핑장과 글램핑장, 자연 속에서 숙박할 수 있는 트리하우스 등 다양한 종류의 캠핑 숙박 시설을 도입하고 있기도 하다.

더불어 먹거리촌과 레스토랑, 놀이 시설 등 캠핑장 인근에 가족 단위 방문객들이 먹고 즐길 수 있는 공간을 함께 배치하는 사례가 증가함으로써 캠핑산업은, 캠핑과 함께 다양한 레저 활동이 함께 이뤄지는 '토털(Total) 레저 문화' 개념으로 나아가고 있다.

캠핑산업은 '토털 레저 문화' 개념으로 발전하고 있다

2. 캠핑 레저 사업의 시작과 입지 조건 이해

(1) 캠핑장 사업을 위한 첫걸음

대자연 속에서 휴식을 취하고 가족과 친구 등 소중한 사람들과 행복한 시간을 보낼 수 있는 공간을 제공하는 일은 다른 사업과 비교해 매우 매력적이고 보람이 있는 일일 것이다. 더욱이 캠핑장을 운영하면서 사람과 만나고 그 안에서 또 다른 관계와 인연을 만든다는 것은 사업을 떠나 또 다른 특별한 삶의 경험이 될 수도 있다.

이러한 캠핑장 사업을 영위하기 위해서는 캠핑산업에 대한 이해와 함께 캠핑 레저 문화에 대한 기본 개념의 이해, 철저한 시장 분석이 선행되어야 한다. 우선 캠핑 레저산업에 대한 상황과 환경, 배경에 대한 학습이 필요하다.

그다음으로 중요한 것이 바로 적확한 '시장 분석'이다. 비용적으로, 규모적으로 비슷한 캠핑장이라 하더라도 지역에 따라, 캠핑장 콘셉트에 따라 그리고 주변 자연경관이나 편의 시설 유무에 따라 투자해야 할 비용이 결정되며, 운영 마인드도 달라지기 때문이다.

(2) 캠핑장 입지 최적의 조건은?

캠핑산업에 대한 이해와 함께 시장 분석이 끝나면 기획 단계에 들어가는 데 기획 단계에서 간과하지 말아야 하는 것이 바로 입지 조건을 살피는 일이다. 캠핑장의 좋은 입지 조건은 캠핑장 사업의 성패와도 직결되는 매우 중요한 요건이라 할 수 있다.

캠핑장 최적의 입지 조건은 도심에서 차로 2시간 이내에 자리한 곳으로 자연경관이 뛰어나며, 접근성이 좋아야 하는 곳이어야 한다. 이와 함께 캠핑장 부지 인근에 연계해 관광할 수 있는 관광지가 있다면 금상첨화이다.

더불어 적정한 가격, 진입 도로 및 연결 교통망이 편리하고 지역사회 주민들과의 불협화음 없이 긴밀한 협조로 인·허가를 얻을 수 있는 곳이어야 하며, 「관광진흥법」상 야영장으로 등록하는 데 결격 사유, 즉 법적 하자가 없는 곳이어야 한다.

그 외에 대중교통 이용이 가능한지, 인근에 경쟁 캠핑장이 있는지, 소음이 발생하는 요소가 있는지 등도 고려해야 할 것들이다.

▶ **캠핑장 입지 조건**
- 도심과 가깝고 접근성이 좋아야 한다.
- 진입 도로 및 연결 교통망이 편리해야 한다.
- 인·허가에 문제가 발생하지 않도록 인근 지역사회 주민의 협조가 필수적이다.
- 부지 인근에 연계할 관광지가 있으면 너 좋다.
- 기타 캠핑장 운영에 큰 문제가 없어야 한다.

3. 캠핑장 사업 프로세스, 입지 선정부터 운영까지

캠핑장 사업을 위한 입지가 선정되면 캠핑장 운영에 필요한 인프라를 구축해야 한다. 일반 캠핑장 기준으로 텐트를 설치할 덱과 더불어 텐트 시설 등 기본 시설과 취사 시설, 샤워 시설과 화장실 등 위생 시설, 각종 편익 시설과 체육 시설 등 「관광진흥법」에서 규정하고 있는 시설들을 설치해야 한다.

더불어 자연환경을 보존하기 위해 생태계 보호 및 쓰레기 처리를 위한 인프라도 마련해야 하며 온라인 예약 시스템, 관리 인력 배치 등 캠핑장 운영 관련 행정적 관리 기반을 구축해야 한다.

글램핑장의 경우 글램핑 시설, 즉 침대를 비롯한 숙박 시설과 냉장고 등 전기설비, 냉난방 시스템, 욕실과 주방 시설 등 고급 편의 시설의 인프라를 추가로 구축해야 한다. 글램핑장은 일반 캠핑장에 비해 높은 수준의 서비스와 유지 보수가 필요하므로 비용적 측면에서 불리한 면이 있다.

입지를 선정한 후 캠핑장 시설을 설치하는 등 관련 인프라를 구축하더라도 필수로 거쳐야 할 단계가 있다. 바로 캠핑장 등록 절차를 통한 인·허가 과정이다. 입지에서부터 시설 설비, 등록 후 운영 등 캠핑장 운영과 관련한 모든 단계에서 법적인 기준과 규정을 지켜야 캠핑장 운영이 가능하다. 이를 위반하게 되면 벌칙이나 과징금을 받게 되고 최악의 경우 등록 취소로 문을 닫아야 하는 사례도 있다.

캠핑장 운영을 위한 인·허가 과정과 내용은 다음과 같다.

〈캠핑장 운영 관련 기준 및 인·허가 과정과 내용〉

단 계	구 분	세부 내용
입지확인	입지 기준 확인	용도지역별 야영장 입지기준 확인
	개발행위허가	토지형질변경
	환경허가	소규모환경영향평가, 사전재해영향성검토
	건축허가	건축허가, 건축물 용도변경
시설설비	필수시설 설비 기준	공통기준
		개별기준 : 일반야영장 / 자동차야영장
	기타시설 설비 기준	놀이시설, 물놀이장, 글램핑, 카라반 등
등록절차	신규·변경 등록신청	제출서류, 등록권자
	서류심사	구비서류, 결격사항 확인
	현장확인	서류접수 후 3일 이내
	등록처리	등록증 발급, 등록대장 관리 및 등록 후 안내사항
		승계 및 휴업· 폐업
안전·위생기준 관리감독	안전관리규정	점검 주체, 점검표 구비, 체크리스트
	세부항목별 법적기준	소방, 전기, 가스, 급수, 화장실, 기타 시설물(놀이시설 등) 설치 기준
위반사업제재		벌칙, 등록취소, 과징금

캠핑 레저 시설 사업 마케팅 활성화 방법

1. 캠핑장 마케팅의 필요성

'마케팅(marketing)'이란 '소비자에게 상품이나 서비스를 효율적으로 제공하기 위한 체계적인 경영 활동'을 의미하는 것으로, 최근에는 이익만을 전제로 한 활동이라기보다는 수비자와 관련된 모든 활동으로 그 의미가 확대되었다. 그렇지만 경영의 최고 목표는 이익 창출이기 때문에, 마케팅의 궁극적 목적은 역시 수익을 올리기 위한 활동이 되어야 한다.

캠핑장 사업에 드는 초기 투자 비용은 야영장 부지를 제외하고도 적게는 수천만 원에서 많게는 수억 원에 이를 정도로 막대하다. 이처럼 적지 않은 비용을 들여 캠핑장을 열었는데 이용객이 적어 손실을 본다면 참으로 난감할 것이다.

일반적으로 캠핑장은 날씨가 따뜻하고 선선한 봄과 가을이 성수기이다. 네이버와 다음 등 포털 사이트의 캠핑장 검색량을 보면 봄과 가을에 캠핑장을 키워드로 하는 검색량이 여름과 겨울과 비교해 상대적으로 증가하는 것을 알 수 있다.

따라서 캠핑 성수기와 비수기 혹은 캠핑장의 여건과 다양한 분야의 환경 조건에 따라 이익 창출을 위한 적합한 마케팅 활동이 이뤄져야 할 것이다.

2. 캠핑장 마케팅 활성화를 위한 조건과 실제

캠핑이 새로운 레저 문화로 정착하면서 캠핑장도 폭발적으로 증가했다. 이런 상황에서 기존의 캠핑장을 운영하는 사업자는 더 나은 서비스와 인프라를 구축해 새롭게 도전하는 캠핑장에 뒤지지 않게, 새롭게 출발하는 신규 캠핑장이라면 기존의 캠핑장을 뛰어넘어 시장에 안착할 수 있는 마케팅이 필요하다.

▶ AI 시대의 필수조건, 디지털 마케팅

'디지털 마케팅(digital marketing)'이란 인터넷을 기반으로 하는 장치를 통해 온라인 광고로 소비자에게 제품과 서비스를 알리고 판매하는 행위이다. 온라인 마케팅 혹은 모바일 마케팅도 같은 개념이다. 스마트폰이 일반화된 현재, 디지털 마케팅은 선택이 아니라 필수가 되었다.

캠핑장 운영 과정에서 온라인 예약 시스템 구축과 함께 포털 등의 검색 노출량을 극대화하기 위해서는 디지털 마케팅을 시도하는 것도 사업 성패의 결정적인 요소가 될 수 있다.

디지털 마케팅에는 유인형(pull)과 강요형(push) 등 두 유형이 있는데 인터넷 웹사이트, 블로그 등을 활용하는 유인형 마케팅이, 포털 배너 혹은 이메일이나 뉴스 피드에 광고를 전송하는 강요형 마케팅보다 캠핑장 마케팅에서는 더 효율적이라고 판단된다.

▶ 인플루언서 마케팅

캠핑장은 호텔, 펜션 등 숙박 시설보다 접근성이 상대적으로 떨어지기 때문에 더 많은 이용객을 확보하기 위해 가장 좋은 홍보 방법이 바로 '이용 후기'를 통해 잠재 고객의 시선을 잡는 것이다. 최근 인기를 끄는 존재인 인플루언서를 활용한 마케팅이 대표적이다.

'인플루언서(influencer)'란 '인터넷상에서 수천, 수만 명에서 수십만 명에 달하는 구독자(follower)를 보유한 인터넷 셀럽으로 상품 구매 등에 엄청난 영향력을 지닌 사람'을 지칭한다. 인터넷이 생활화하기 시작한 2000년대 이후 자신이 창작한 글, 그림, 영상 또는 이들의 조합으로써 인기와 큰 수익을 올리는 이들은 특히 스마트 기기가 보급되고 난 후부터 여론이나 마케팅에서 매우 중요한 축으로 인식되고 있다.

캠핑장 선택에 중요한 요소가 바로 인터넷 검색을 통한 결정이기에 인플루언서의 생생한 체험 후기를 통한 마케팅은 이용객 유치에 큰 도움이 될 수 있을 것이다.

수영장이 있는 강원도 횡성 글램핑&펜션 클럽프리모, 불멍맛집

체크인아웃CHECKINOUT 2023. 7. 14. 14:47   URL 복사 +이웃추가

안녕하세요
체크인아웃입니다.

오늘은 강원도 횡성에 위치한
수영장이 있는 클럽프리모
펜션&글램핑 입니다.

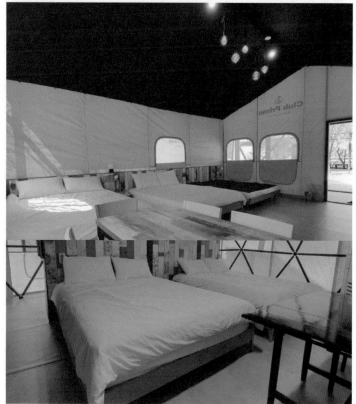

캠핑장 인플루언서 마케팅 예시

출처: https://blog.naver.com/check_in_out/223156063153

캠핑 레저 산업의 발전 방향

1. 새로운 레저 문화로 주목받는 캠핑

우리나라의 국민 소득 수준이 높아지면서 여가를 즐기는 레저 문화도 선진국형으로 변화하는 추세다. 그 가운데 하나가 캠핑으로, 복잡하고 바쁜 일상에서 잠시 벗어나 스트레스를 풀고 대자연 속에서 자신을 발견하고 재충전을 할 수 있는 수단으로 자리하기 시작한 것이다.

2024년 기준으로 우리나라 캠핑 인구는 이미 600만 명을 넘어 지속해서 증가 추세에 있다. 특히 가족 단위 혹은 싱글족 캠퍼가 급속히 늘면서 건전하고 유익한 레저 문화의 하나로 인식되고 있다.

이렇듯 캠핑 문화가 확산하면서 동시에 관련 산업의 파이도 커지고 있다. 2023년 기준 우리나라의 캠핑장은 3,700여 개로 증가하면서 사상 최대치를 기록했다. 캠핑 장비를 생산하는 관련 산업의 성장 역시 캠핑이 새로운 레저 문화로 굳건히 자리매김하고 있음을 방증한다.

특히 텐트를 치고 숙박하는 기존의 캠핑 개념에서 오토 캠핑, 캐러밴 캠핑, 글램핑, 백패킹 등 자신의 스타일에 맞는 방식으로 캠핑이 진화하면서 미래 사회로 나아갈수록 캠핑은 더욱 그 가치를 인정받는 레저 문화로 자리를 잡을 것이다. 캠핑의 목적과 동기에 따라 더 다양화된 방식의 캠핑 문화가 생겨날 것이며, 이와 더불어 관련 산업의 활황도 예견된다.

2. 캠핑 산업의 미래와 전망

캠핑 레저 산업은 최근 몇 년간 빠른 성장세를 보였으며, 특히 대면 접촉이 한동안 어려웠던 코로나 19 팬데믹의 영향으로 급성장을 이뤘다. 건강과 웰빙에 대한 관심이 높아지면서 캠핑 레저 산업이 이러한 수요를 견인하고 있는 측면도 없지 않다.

이와 함께 캠핑 문화가 다양화, 고급화하면서, 캠핑장과 캠핑카를 비롯해 캠핑 장비, 차박 용품, 캠핑 먹거리 제품과 캠핑 관련 감성 소품, 캠핑 차량용 디바이스 등 관련 산업계도 동반 성장하고 있으며, 이는 캠핑 레저 문화에 새로운 기회를 제공하고 있기도 하다.

캠핑 레저 산업은 우리나라뿐만 아니라 전 세계적인 열풍을 보여주고 있다. 즉 밀레니얼 세대를 중심으로 물질 소비보다 경험적 소비를 중시하는 풍토가 두드러지면서 이른바 '아웃도어 어드벤처(outdoor adventure)'에 대한 경험 수요가 캠핑으로 이어지고 있기 때문이다.

이 때문에 정부와 지자체는 물론 산업계가 앞다퉈 캠핑 문화 확산에 앞장서고 있으며, 캠핑을 대표하는 기업들이 다수 참가해 다양한 볼거리와 즐길 거리로 즐거움을 더하는 캠핑 박람회도 해마다 성대하게 개최되고 있다. 더불어 캠핑 산업의 발전을 위해 정부와 지자체가 다양한 행정적인 지원 방안을 모색해 나가고 있다.

최근의 성장세와 함께 정부의 제도적 뒷받침이 뒤따르는 현재의 환경 속에서 캠핑 레저 산업의 장래는 매우 밝다고 할 수 있다. 더욱이 캠핑 산업이 4차 산업혁명 시대에 여가 문화의 '뉴 패러다임'을 이끌, 새로운 고부가가치 신성장 동력 산업으로 자리매김할 전망이어서 캠핑 산업의 미래가 매우 기대된다고 할 수 있다.

캠핑 레저 산업의 장래는 매우 밝다

NOTE

캠핑장 안전관리사 자격증
예상 문제집

캠핑 레저 문화의 이해

 캠핑의 정의와 역사

1. 캠핑과 관련해 바르지 <u>않은</u> 것은?

① 캠핑 역사를 볼 때 넓은 의미에서 캠핑은 인간의 생존과 직결된 행위였다.
② 우리나라 캠핑 인구는 해마다 증가하고 있으며, 2024년 현재 캠핑장 수는 사상 최고를 기록하고 있다.
③ 캠핑은 일부 마니아층을 위주로 성장하고 있다.
④ 앞으로 캠핑 수요도 매우 증가할 전망이다.

> **해설**

캠핑은 전 국민의 레저생활로 성장하고 있다.

2. 캠핑하는 이유 중 바른 설명이라 볼 수 <u>없는</u> 것은?

① 복잡한 사회 속에서 스트레스 해소를 위한 여가활동
② 신체적, 정신적, 정서적 치유를 위한 힐링
③ 우리 사회의 작은 공동체인 가족을 위한 배려와 화목
④ 좋은 공기 마시고 술과 음악을 들으며 노래를 편하게 하는 장소

> **해설**

캠핑은 개인의 휴식과 정서적 안정과 가족의 의미와 가치를 재확인하는 가족사랑으로 음주와 고성방가로 유흥을 즐기는 것이 아니다.

3. 캠핑의 역사가 <u>잘못</u> 표현된 것은?

① 유목 원시인들이 정착을 위해 이동식 숙소를 만들어 생존을 위한 생활
② 전쟁하기 위해서 산과 들에서 야영하던 기술이 현재의 캠핑으로 발전
③ 실크로드를 오가던 상인들의 야영 기술이 캠핑 수준을 끌어올린 주체
④ 미국으로 건너간 영국의 청교도들이 서부를 여행하기 위해 만든 문화

📖 **해설**

미국으로 건너간 청도교들이 서부개척을 하던 시대에 생존을 위한 캠핑이었으나 이후 생존이나 전쟁이 아닌 청소년의 정신건강을 위해 캠핑장을 운영하기 시작함.

📝 캠핑 환경의 이해

4. 우리나라의 지형의 특징이 <u>아닌</u> 것은?

① 동고서저의 경동 지형　　② 고산성 산지　　③ 구릉성 산지　　④ 잔구

📖 **해설**

우리나라 지형은 해발고도가 대부분 500m 미만인 저산성 산지이다.

5. 다음 중 기상에 대한 설명으로 <u>옳지 않은</u> 것은?

① 캠핑은 야외에서 이루어지는 활동으로, 기상을 이해해야만 안전하고 쾌적한 캠핑을 즐길 수 있다.
② 캠핑에서 가히 필수라고 봐도 무방하다.
③ 어느 지형이든 기상현상은 동등하게 나타난다.
④ 산의 존재는 평지와 달리 기류의 흐름을 바꾸는 장애물 역할을 하기 때문에 평지와 다른 특이한 기상현상을 만들어 낸다.

📖 **해설**

지형적 특성에 따라 기상현상이 다르게 나타난다.

6. 기상 변화에 대한 이해에 대한 설명으로 옳지 <u>않은</u> 것은?

① 기상 변화는 항상 균형을 이루고자 하는 자연의 법칙을 따른다.
② 수증기가 물로 바뀌는 응결 현상에서는 잠열이 수증기에서 빠져나와 주위를 냉각시킨다.
③ 기압은 대기가 누르는 힘으로 특정한 높이 위쪽에 있는 모든 공기의 무게를 말한다.
④ 기압 차이는 공기의 온도 차이로 생기기 때문에 결국 바람은 높이에 따른 온도의 불균형 때문에 일어난다.

> 📖 **해설**
>
> 수증기가 물로 바뀌는 응결 현상에서는 잠열이 수송기에서 빠져나와 주위를 가열시킨다.

7. 산악기상의 특성 중 산바람과 골바람에 대한 설명으로 옳지 <u>않은</u> 것은?

① 산은 평지보다 단면적이 크기 때문에 태양 에너지를 받는 낮에는 평지보다 더 많은 에너지를 흡수할 수 있고, 밤에는 평지보다 많은 에너지를 방출한다.
② 산바람은 산에서 평지로 부는 바람이다.
③ 산바람은 낮에 나타난다.
④ 낮에는 골짜기에서 산꼭대기를 향한 바람이 부는데, 이를 골바람이라고 한다

> 📖 **해설**
>
> 산바람은 밤에서 새벽에 걸쳐 나타난다.

8. 산악기상의 특성 중 산바람과 골바람에 대한 설명으로 옳지 <u>않은</u> 것은?

① 태양 에너지를 받는 곳과 받지 못하는 곳의 지역적 차이는 미미하다.
② 기온이 낮아짐에 따라 공기가 무거워져 하강하면서 주 계곡을 따라 산에서 평지로 바람이 분다.
③ 골바람은 낮에 산이 평지보다 빨리 가열되어 산의 공기가 상승하기 때문에 이를 보충하기 위해 평지에서 산 쪽으로 바람이 부는 현상이다.
④ 산은 평지보다 쉽게 가열되고 쉽게 식는 특징이 있다. 또 태양 에너지를 받는 곳과 받지 못하는 곳의 지역적 차이가 크다. 이러한 특징 때문에 산바람과 골바람이 생긴다.

> 📖 **해설**
>
> 태양 에너지를 받는 곳과 받지 못하는 곳의 지역적 차이가 크다.

9. 푄(foehn) 현상에 대한 설명으로 옳지 않은 것은?

① 산에서 참여 내리는 건조하고 기온이 높은 바람을 푄이라 한다.
② 푄은 원래 알프스 산중에서 발생하는 국지적인 바람의 명칭이었으나, 현재는 일반적으로 사용되고 있다.
③ 산을 넘은 바람이 산을 넘기 전보다 고온 다습하게 된다.
④ 바람이 사면을 따라 불어 올라갈 때는 습도가 100% 전까지는 높이 100m당 약 1도씩 온도가 떨어지다가 수증기가 포화 상태에 이른 다음에는 수증기의 잠열 방출에 따라 100m당 약 0.5도씩 더디게 떨어진다.

> **해설**
>
> 산을 넘은 바람이 산을 넘기 전보다 고온 건조하게 된다.

10. 다음 중 강풍에 대한 설명으로 옳지 않은 것은?

① 바람은 체감온도를 떨어뜨리고 풍압에 의해 균형을 잃게 한다.
② 강풍은 캠핑의 위협적인 요인이 되진 못한다.
③ 강풍은 캠퍼들이 구축해 놓은 사이트를 날려버릴 정도의 위험이 되기도 한다.
④ 바람은 기압 차이가 클수록 강하게 불지만, 산에서는 지형에 따라 달라진다.

> **해설**
>
> 요즘은 캠핑 장비가 좋아져 체감온도 하강은 어느 정도 견딜 수 있지만, 아직도 강풍은 캠핑의 위협적인 요인이 된다.

11. 다음 중 안개에 대한 설명으로 옳지 않은 것은?

① 안개는 캠핑 중 시야를 가려 위치를 파악하기 어렵게 만든다.
② 산 때문에 발생하는 안개로는 골안개와 산안개가 있다.
③ 산안개는 말 그대로 산에 생기는 안개로 바람이 부는 쪽 경사면을 오르는 공기가 냉각되면서 발생하는 안개지만 구름과 특별한 구분은 없다.
④ 봄과 가을 맑고 바람 없는 새벽에 형성되는 산안개와 달리 골안개는 언제든지 발생할 수 있다.

> **해설**
>
> 봄과 가을 맑고 바람 없는 새벽에 형성되는 골안개와 달리 산안개는 언제든지 발생할 수 있다.

12. 다음 중 폭우와 폭설에 대한 설명으로 옳지 <u>않은</u> 것은?

① 폭우나 폭설은 캠핑 중에 가장 위험한 기상 조건이다.

② 비나 눈이 오는 기상학적 원인은 여러 가지가 있다.

③ 종종 평상시에는 내리지 않는 비나 눈이 산에 내릴 때는 등반에 큰 위험 요소가 될 수 있으니 주의해야 한다.

④ 캠핑에 위협을 가하는 집중호우나 폭설은 산뿐만 아니라 평지도 많은 양의 비나 눈을 뿌린다. 이 경우 산은 바람이 부는 방향에 따라 지역으로 강수량을 조절하는 역할을 한다.

> **🔖 해설**
>
> 종종 평상시에는 내리지 않는 비나 눈이 산에 내릴 때는 등반에 직접적인 위험을 줄 정도의 양은 아니다.

13. 다음 중 천둥과 번개에 대한 설명으로 옳지 <u>않은</u> 것은?

① 번개는 구름 중에 축적된 양(+)전하와 음(−)전하 사이 또는 구름과 지면 사이의 불꽃 방전을 통칭한다.

② 번개는 우리나라에서 여름철 대기 상하층의 기온 차이가 크고, 햇볕이 강한 날 하층 공기가 가열되어 대기가 불안정할 때 소나기구름이 형성되면서 주로 발생한다.

③ 아래쪽에 차고 건조한 공기가 놓여있고, 위쪽에 따뜻하고 습한 공기가 놓여 대기가 불안정할 때 나타난다.

④ 산에서는 복잡한 지형 때문에 강한 상승 및 하강기류 생성이 촉진되어 번개가 발생하기 쉬운 조건을 제공한다.

> **🔖 해설**
>
> 아래쪽에 따뜻하고 습한 공기가 놓여있고, 위쪽에 차고 건조한 공기가 놓여 대기가 불안정할 때 나타난다.

14. 다음 중 캠핑과 기상에 대한 설명으로 옳지 <u>않은</u> 것은?

① 캠핑 가기 전 꼭 체크해야 하는 기상으로는 크게 세 가지가 있다. 기온, 강수 확률 그리고 바람이다.

② 캠핑을 떠나기 전날, 혹은 당일 오전에 체감온도와 최저기온을 확인 후 그에 맞는 적절한 캠핑 장비를 준비해야 한다.

③ 캠핑에 있어 온도와 강수 확률 확인도 중요하지만, 가장 중요한 것은 바람이다.

④ 보퍼트 풍력 계급표에서는 계급이 1에서 12까지 있다.

> **🔖 해설**
>
> 보퍼트 풍력 계급표에서는 계급이 0에서 12까지 있다.

15. 캠핑 과정에서 큰 피해를 유발할 수 있는 폭우와 폭설에 대한 설명이다. 다음 중 옳지 않은 것은?

① 바람이 부는 사면에서는 상승기류가 작용하여 강수량을 증가시키고, 반대편 사면에는 하강기류에 의해 강수량이 약해진다.

② 폭우나 폭설은 산의 기상학적 요인보다는 주로 지형적 요인에 의해 발생하므로 기상청 예보를 참고하는 것이지 최선의 방법은 아니다.

③ 폭우로 인해 주변의 산지에서 토사가 유출될 수 있으며, 계곡의 불어난 물로 인해 고립되는 경우가 많다.

④ 폭설의 경우에는 텐트 위에 쌓이게 되어 텐트를 무너뜨릴 수 있으며, 많은 눈으로 이동로가 폐쇄되어 고립되는 경우가 생길 수 있으니 주의해야 한다.

> **📖 해설**
>
> 폭우나 폭설은 산의 지형적 요인보다는 주로 기상학적 요인에 의해 발생하므로 기상청 예보를 참고하는 것이 최선의 방법이다.

16. 다음 기상 설명 중 틀린 설명은?

① 공원의 새벽 기온은 봄에도 영하로 내려간다.

② 비 올 확률을 확인하지 않고 방수 기능이 없는 텐트를 설치했다가 2차 사고를 유발할 수 있으므로 사전에 강수량뿐만 아니라 강수 확률을 꼭 확인해야 한다.

③ 강한 바람은 내가 구축해 놓은 시설을 한순간에 날려버리기도 하므로 주의해야 한다.

④ 보퍼트 풍력 계급 기준 7등급으로 풍속이 이를 때는 평소보다 팩을 더 단단히 박아야 한다.

> **📖 해설**
>
> 보퍼트 풍력 계급 기준 4등급으로 풍속이 이를 때는 평소보다 팩을 더 단단히 박아야 한다.

17. 다음 중 국·공립시설 캠핑장에 대한 설명으로 옳지 않은 것은?

① 지자체들의 캠핑장은 많은 사람이 찾는 주요 캠핑장으로 각광받고 있다.

② 인터넷 예약도 가능하고, 시설도 훌륭하다.

③ 초보 캠핑족들을 위해 전기 공급을 비롯한 부대시설이 잘 갖춰져 있다.

④ 캠핑의 진정한 묘미를 느낄 수 있는 부분이다.

> **📖 해설**
>
> 해당 내용은 캠핑 장소로써 휴양림, 산 등에 대한 설명이다.

캠핑장 안전관리사 자격증 예상문제집

18. 다음 중 캠핑 시 비가 올 때 대처법에 대한 설명으로 옳지 <u>않은</u> 것은?

① 비는 캠퍼들에게 낭만을 선사하기도 하지만 자연의 많은 부분을 바꾸어 버릴 정도로 엄청난 힘을 숨기고 있다.

② 계곡이나 강가의 범람선 위쪽으로 사이트를 구축해야 혹시라도 모를 고립에 대처할 수 있다.

③ 물이 고였다가 마른 자리에 텐트를 친다.

④ 하늘이 흐린 상태에서 더 어두워졌다면 오래 올 소나기일 가능성이 크니 타프를 먼저 펴고 그 아래에서 텐트를 세팅하는 방법으로 재빠르게 사이트를 완성하는 것이 좋다.

📖 해설

물이 고였다가 마른 자리에는 텐트를 치지 않는다.

19. 다음 중 우중 캠핑시 옳지 <u>않은</u> 내용은?

① 계곡 상류 쪽이라면 물이 급격히 불었다가 순식간에 빠지기 때문에 계곡과 조금 떨어져 있다면 웬만한 비에는 안심해도 좋다.

② 계곡과 거리가 있더라고 계곡보다 지대가 낮다면 비가 2시간 이상 거세게 내릴 때는 철수하는 것이 안전하다.

③ 계곡 중하류의 물은 여러 상류의 물이 합쳐지기 때문에 불어나는 속도가 예상을 훨씬 웃돈다.

④ 계곡이나 강가의 범람선 아래쪽으로 사이트를 구축해야 혹시라도 모를 고립에 대처할 수 있다.

📖 해설

계곡이나 강가의 범람선 위쪽으로 사이트를 구축해야 혹시라도 모를 고립에 대처할 수 있다.

20. 겨울철 동계 캠핑의 주의할 사항이 <u>아닌</u> 것은?

① 동상으로 인한 사고 대비를 위해 패션은 잠시 접어두시고 따뜻한 기능복을 선택한다.

② 동상에 걸렸다면 38~42도 정도의 따뜻한 물에 20~40분 정도 담그는 것이 좋다.

③ 상처가 있고 물집이 생긴 경우 소독된 거즈 등으로 응급조치를 한 후 바로 병원에 가서 치료를 받는 것이 좋다.

④ 동상 부위를 뜨거운 것으로 직접 마사지해 준다.

📖 해설

동상 부위를 뜨거운 곳에 직접 닿으면 더 좋지 않으니 주의하여야 한다.

21. 동계 캠핑의 주의할 사항을 바르게 설명하지 않은 것은?

① 텐트에서 캠핑할 때 종이상자나 비닐 등을 이용해 바닥의 냉기를 최대한 막는 것이 중요하다.
② 잠자리는 땅에 가까이 있는 것보다 캠핑 침대를 사용하시는 것이 더 좋다.
③ 텐트 내에서는 되도록 난로 사용을 자제하며, 전기요나 핫팩으로 난방을 대신하는 게 좋다.
④ 캠핑 준비를 위해 장시간 장비들을 만질 때는 맨손으로 하는 게 좋다.

📖 **해설**

겨울철에는 장시간 장비들을 만지면 동상에 걸리기 쉬우며, 손이 무디어져 장비를 놓치어 다치는 경우가 많으니 꼭 장갑을 끼어 장비를 다루어야 한다.

22. 겨울 캠핑 시 주의할 사항이 아닌 것은?

① 옷이나 양말, 신발 등은 건조하게 유지하고, 젖었다면 바로 갈아입는 것이 좋다.
② 얼음 위 놀이를 위해서는 얼음이 20cm 정도 두께가 되어야 안전하다.
③ 눈이 많이 내린 날에는 텐트 지붕에 눈이 쌓여 눈 무게로 텐트가 무너질 수 있으니 수시로 텐트 위에 쌓인 눈을 치워야 한다.
④ 겨울철에 주로 사용하는 연소형 난로의 경우 텐트 내에서 사용하지 않는 것이 원칙이며, 부득이 사용하고자 할 때는 취침 시에만 사용한다.

📖 **해설**

연소형 난로는 질식사 사고의 가장 큰 원인이므로 연소형 난로는 텐트 내에서 사용하지 않은 것이 원칙이며, 특히 취침 시에는 될 수 있으면 사용하지 않는 것이 좋다.

23. 더위로 인한 사고 대비에 대하여 틀린 것은?

① 여름철 캠핑에서 그늘을 만들어 주고 비를 피하게 하는 타프(Tarp)는 선택이 아닌 필수이다.
② 외부 활동 시 강한 햇빛에 장시간 노출될 경우 일사병과 열사병이 올 수 있다.
③ 땀을 많이 흘린 경우에는 시원한 찬물을 많이 마시어 수분 보충을 해주어야 한다.
④ 강한 햇빛에 직접적인 노출을 피하기 위해서 모자를 쓰는 것도 일사병을 방지하는 방법이기도 하다.

📖 **해설**

땀을 많이 흘린 경우에는 적당량의 염분을 보충해 주어야 하며, 덥다고 찬물을 많이 마시는 것은 건강에 해롭다.

24. 보퍼트 풍력 계급표에서 명칭과 지상의 상태, 및 지상 10m의 풍속(m/s)에 대한 설명으로 옳지 <u>않은</u> 것은?

① 고요: 연기가 똑바로 올라간다. 0.0~0.2
② 실바람: 풍향계에는 기록되지 않지만 연기가 날리는 모양으로 보아 알 수 있다. 0.3~1.5
③ 남실바람: 얼굴에 바람을 느낄 수 있고, 나뭇잎이 살랑인다. 1.6~3.3
④ 흔들바람: 나뭇잎과 가느다란 가지가 흔들리고 깃발이 가볍게 날린다. 3.4~5.4

25. 다음 중 사설 캠핑장에 대한 설명으로 옳지 <u>않은</u> 것은?

① 사설 캠핑장 중에서도 오토 캠핑족의 꾸준한 사랑을 받는 곳이 많다.
② 유명한 사설 캠핑장은 발 디딜 틈이 없다.
③ 인터넷을 통해 정보를 구할 때, 캠핑장 홍보를 위해 다소 과장이 심한 글들도 많으니 여러 후기를 잘 비교해 보는 것이 필요하다.
④ 해당 캠핑장이 야영장 등록이 되어있는지 확인할 필요는 없다.

26. 다음 중 캠핑 장소의 중요성에 대한 설명으로 옳지 <u>않은</u> 것은?

① 캠핑의 장소는 캠핑의 목적과 자신의 취향에 알맞은 장소를 선택하는 것이 매우 중요하다.
② 우수한 시설이 꼭 필수조건이다.
③ 캠핑장을 선정하기에 앞서 캠핑의 목적, 장소, 시설, 위치 등을 자신과 동반자의 취향, 상황 등에 잘 맞춰봐야 한다.
④ 안전을 소홀히 한다면 휴식과 더불어 즐거움을 위해 떠난 캠핑장에서 불의의 사고가 발생할 수도 있다.

27. 다음 중 캠핑과 기상에 대한 설명으로 옳지 <u>않은</u> 것은?

① 막 캠핑을 시작한 캠퍼들에게 날씨는 아주 중요한 고려 요인이 된다.

② 비가 온다는 예보만 있으면 계획했던 캠핑을 취소하기 바쁜 초보 캠핑족들은 어떻게 보면 오랜 기간 캠핑해 온 자칭 캠핑 고수들보다 현명한 캠퍼일지도 모른다.

③ 웬만한 날씨는 다 겪어봤다며 위험한 상황이 다가올 때도 자만에 움직이지 않다가 봉변을 당하기 쉬운 쪽은 자칭 캠핑 고수들이다.

④ 갑자기 변덕을 부린 날씨가 심상치 않다면 오래 준비를 해왔던 캠핑이니 과감하게 강행하는 것이 좋다.

📖 해설

갑자기 변덕을 부린 날씨가 심상치 않다면 아무리 오래 준비를 해왔던 캠핑이라도 과감하게 돌아서서 다음 기회를 기약하는 것이 안전하다.

28. 다음 중 캠핑 장소로써 휴양림과 산 등에 대한 설명으로 옳지 <u>않은</u> 것은?

① 캠핑의 진정한 묘미를 느낄 수 있는 부분이다

② 부대시설은 없지만, 자연과 함께하며 여유로운 휴식을 취하고 싶을 때는 최적이다

③ 부대시설이 부족한 만큼 만반의 준비가 필요하다.

④ 단점이라고 한다면 좋은 부대시설을 갖춘 만큼 자연환경이 조금 부족한 때도 있는데, 이런 경우에는 주변 관광지와 연계하는 캠핑을 추천한다.

📖 해설

해당 내용은 국·공립 시설 캠핑장에 대한 설명이다.

29. 다음 중 캠핑 장소로써 바다에 대한 설명으로 옳지 <u>않은</u> 것은?

① 인터넷을 통해 정보를 구할 때, 캠핑장 홍보를 위해 다소 과장이 심한 글들도 많으니 여러 후기를 잘 비교해 보는 것이 필요하다.

② 봄, 여름, 가을, 겨울 4계절 언제 방문해도 속이 탁 트이는 바다도 좋은 장소이다.

③ 유명한 해변은 언제나 사람들로 붐벼 조용한 휴식을 취하기는 조금 어렵다.

④ 해변과 가까운 다양한 캠핑 장소가 있지만, 해수욕장 이용객이 많은 여름에는 깨끗하지 않거나 혼잡한 탓에 불편한 예도 있으니 이 시기를 피하는 것도 방법이다.

📖 해설

해당 내용은 사설 캠핑장에 대한 설명이다..

30. 캠핑장 입지 조건, 시설 설치의 안전 사항과 관련해 바르지 <u>않는</u> 것은?

① 인터넷을 통해 정보를 구할 때, 캠핑장 홍보를 위해 다소 과장이 심한 글들도 많으니 여러 후기를 잘 비교해 보는 것이 필요하다.
② 봄, 여름, 가을, 겨울 4계절 언제 방문해도 속이 탁 트이는 바다도 좋은 장소이다.
③ 유명한 해변은 언제나 사람들로 붐벼 조용한 휴식을 취하기는 조금 어렵다.
④ 해변과 가까운 다양한 캠핑 장소가 있지만, 해수욕장 이용객이 많은 여름에는 깨끗하지 않거나 혼잡한 탓에 불편한 예도 있으니 이 시기를 피하는 것도 방법이다.

📖 해설

캠핑장에서 계곡이나 하천으로 이어지는 길을 정비하고, 배수로에는 덮개를 설치하며 절벽이나 낭떠러지가 있는 곳에는 울타리를 설치하여 추락을 방지한다.

31. 대기 안정도와 상승기류에 대한 설명으로 옳지 <u>않은</u> 것은?

① 야외는 갑작스레 안개가 끼고 비가 내리다가도 금세 맑은 날씨가 되기도 한다.
② 대기 속의 공기 분자는 중력의 힘을 받아 무거운 공기부터 가벼운 공기 순으로 차곡차곡 쌓이게 된다.
③ 대기 중의 상하운동은 중력의 영향 때문에 수평운동인 바람에 비해 약하게 일어난다.
④ 하강기류가 일어난다고 전부 악천후로 연결되는 것은 아니지만, 모든 악천후는 반드시 하강기류와 연관되어 있다.

📖 해설

상승기류가 일어난다고 전부 악천후로 연결되는 것은 아니지만, 모든 악천후는 반드시 상승기류와 연관되어 있다.

32. 다음은 캠핑과 기상의 연관 관계에 대한 설명이다. 사실과 다른 하나는?

① 체감온도란 습도나 바람 등을 고려해서 사람이 체감적으로 느낀다고 가정하는 추상적인 온도다.
② 우리나라 기상청에서는 온도, 풍속, 체감온도 등도 제공하니 기상청 예보를 확인하는 것이 중요하다.
③ 풍속을 확인할 때 보퍼트 풍력 계급을 참고한다.
④ 보퍼트 풍력 계급 기준 4등급 이하인 날은 꼼꼼히 모든 팩을 다 박고, 가벼운 용품들은 텐트 안에 넣어둔다.

📖 해설

보통 바람이 잔잔한 날에는 텐트의 팩을 좀 덜 박기도 하는데, 보퍼트 풍력 계급 기준 4등급 이상인 날은 꼼꼼히 모든 팩을 다 박고, 가벼운 용품들은 텐트 안에 넣어둔다.

33. 우리나라를 비롯해 대다수 국가에서 캠핑장을 따로 설치해 운영하게 하는 이유가 <u>아닌</u> 것은?

① 화재 사고 위험을 낮추고 환경오염을 최소화하기 위해
② 재난 발생 시 매뉴얼에 따라 조기 대처하기 위해
③ 이용자의 편의 증대를 위해
④ 국가 재정의 확충을 위해

📖 **해설**

국가 재정 확충은 캠핑장 운영의 목적이 아니다.

34. 이용 형태별 캠핑장의 분류에 속하지 <u>않은</u> 것은?

① 경유형 캠핑장
② 단기 체류 캠핑장
③ 저시설형 캠핑장
④ 자연 캠핑장

📖 **해설**

경유형 캠핑장은 이용 목적별로 분류되는 캠핑장 유형이다.

35. 이용 형태별 캠핑장 분류에서 환경 문제와 관련되지 <u>않은</u> 캠핑장 유형은?

① 자연 캠핑장
② 정규 캠핑장
③ 수목원 캠핑장
④ 저시설형 캠핑장

📖 **해설**

정규 캠핑장은 야영객에게 최대한의 서비스를 제공할 수 있는 야영장으로 환경과는 무관한 캠핑장 분류이다.

36. 캠핑의 유형 가운데 다양한 편의 시설과 서비스를 갖춘 고급스러운 캠핑을 의미하는 것은?

① 노지 캠핑   ② 오토 캠핑   ③ 글램핑   ④ 비바크

37. 오토캠핑이라 볼 수 없는 것은?

① 일반 차량에 캠핑트레일러를 달고 다니는 캠핑
② 숙박 시설이 설치된 캠핑카를 이용한 캠핑
③ 레저 차량을 이용하여 자유롭게 이동하는 캠핑
④ 바이크에 배당을 실고 다니는 아무 곳에서 숙박하는 캠핑

> 📖 **해설**
>
> 일반적으로 차량을 숙박으로 이용하는 캠핑을 오토 캠핑이라고 한다. 바이크를 이용하여 텐트를 가지고 다니는 캠핑을 오토 캠핑이라고 하지 않는다.

38. 글램핑에 대한 잘못된 설명은?

① 정박형 텐트 안에 TV, 침대, 소파, 냉장고 등이 준비된 숙박 시설
② 조립식 건축물로 튼튼하게 지은 세컨하우스 개념
③ 캠핑장 내에 대형 텐트를 설치 실내를 럭셔리하고 고급스럽게 꾸민 텐트
④ 캠핑 장비와 도구들 이미 갖춰져서 캠핑 용품을 따로 준비할 필요 없는 숙박 시설

> 📖 **해설**
>
> 글램핑은 주택용 건축물이 아니며 세컨하우스 개념으로는 적당하지 않다.

39. 백패킹에 대한 잘못된 설명은?

① 캠핑에 필요한 최소한의 장비를 배낭에 짊어지고 자유롭게 다니는 캠핑
② 차량을 갈 수 없는 곳까지 깊은 산속의 아름다운 경관을 보는 감성 캠핑
③ 국립공원에 입산 금지 구역에 혼자만의 낭만을 즐길 수 있는 캠핑
④ 불편함을 감수하고 최소한의 장비로 자연 속에서 즐기는 솔로 캠핑

> 📖 **해설**
>
> 국립공원 내 입산 금지 구역은 야생동물의 출연 등 캠핑하기에 위험한 지역으로 지정된 곳으로 캠핑하는 것은 위법이다.

40. 캠핑에 필요한 장비를 배낭에 짊어지고 자유롭게 다니는 캠핑으로 트램핑(Tramping), **부시워킹**(bushwalking)**이라고도 불리는 캠핑은?**

① 글램핑   ② 차박 캠핑   ③ 백패킹   ④ 오토 캠핑

> 📖 **해설**
>
> 경유형 캠핑장은 이용 목적별로 분류되는 캠핑장 유형이다.

41. 차박 캠핑에 대한 틀린 설명은?

① 일반 승용차를 이용하여 숙식하며 즐기는 캠핑
② 승용차, 화물차, 특수 차량을 개조해서 차로 이동하는 캠핑
③ 운전면허 소지자라면 누구나 차량을 이용한 캠핑
④ 폐기할 차량을 산속에 넣어두고 숙박하는 캠핑

> 📖 **해설**
>
> 폐기할 차량을 산속에 넣어두고 숙박하는 것은 불법이다.

42. 다음 중 취침용 캠핑 장비가 <u>아닌</u> 것은?

① 매트리스   ② 침낭   ③ 텐트   ④ 해먹

> 📖 **해설**
>
> 해먹은 취침용 장비는 아니다.

43. 방수포를 의미하는 것으로, 방수 처리된 그늘막을 지칭하는 캠핑 장비는 무엇인가?

① 타프   ② 침낭   ③ 스토브   ④ 그릴

> 📖 **해설**
>
> 타프는 방수포를 의미하는 '타폴린(Tarpaulin)'에서 유래했다.

44. 침낭의 소재로 적절치 <u>아닌</u> 것은?

① 발수, 투습, 방풍이 뛰어난 원단 소재
② 압축한 후 풀었을 때 부풀어 오르는 복원력이 뛰어난 다운 소재
③ 열선이 촘촘하게 분포된 부드러운 전기담요 원단
④ 가볍고 통기성이 좋은 폴리에스터, 나일론, 코듄 소재

📖 해설

전기를 이용한 침낭은 합선과 과열로 인하여 화상의 위험이 있고, 화재의 원인이다.

45. 매트리스 종류와 기능에 대하여 틀리게 설명한 것은?

① 땅에서 올라오는 냉기와 습기를 차단해 준다.
② 매트리스는 발포 스펀지형과 공기 주입형이 있다.
③ 매트리스는 침대의 기능을 하기에 포근해야 한다.
④ 단열성이나 부피 등을 고려할 때 공기주입형이 편리하다.

📖 해설

매트리스는 부피가 적고 단열과 냉기와 습기를 차단하는 기능이 우선이지 포근함은 침낭의 기능이다.

46. 캠핑 시 취사용 필수 장비가 <u>아닌</u> 것은?

① 코펠, 버너. 그릴
② 조리대, 조리도구, 식기
③ 그릴, 석쇠, 불판
④ 이소가스, 숯, 부탄가스

📖 해설

이소가스, 숯, 부탄가스는 취사 시 연료이지 필수 장비는 아니다.

47. 바베큐 취사 연료로 사용하기에 적절하지 <u>않은</u> 것은?

① 참숯   ② 참나무장작   ③ 야자숯   ④ 번개탄

📖 해설

번개탄으로 바로 바비큐에 음식에 가열하는 것은 음식에 독성물질이 붙어서 몸에 해롭다.

48. 텐트 설치 시 잘못된 설명은?

① 텐트와 타프를 고정하는 팩은 타격으로 인하여 헤드 부분이 날카로울 수 있으므로 헤드 부분만 남기고 땅속에 깊이 박아야 한다.
② 땅속에 바위나 기타 장애물질로 인하여 깊이 박지 못할 때 팩의 헤드 부분을 확인할 수 있는 표시를 하여야 한다.
③ 타프나 텐트에 묶는 스트링(당김줄)이 보행로에 설치되어 있다면 이 또한 표시해 두어 걸려서 넘어지는 것을 방지하여야 한다.
④ 텐트는 야광 텐트를 사용히여야 안전하다.

📖 해설

텐트가 꼭 야광 텐트일 필요는 없다. 밤에 위험한 것은 텐트보다는 스트링으로 인한 사고도 잦으므로 스트링에 야광 표시를 하는 것이 안전하다.

49. 노지 캠핑 장비가 아닌 것은?

① 텐트, 침낭, 캠핑 의자
② 간이식탁, 아이스박스, 난로
③ 스토브, 코펠, 식기
④ 손전등, 핸드폰, 충전기

📖 해설

손전등, 핸드폰, 충전기는 캠핑에 필요하기보다는 일상생활에 필요한 제품이다.

정답 chapter. 1 캠핑 레저문화의 이해									
1. ③	2. ④	3. ④	4. ②	5. ③	6. ②	7. ③	8. ①	9. ③	10. ②
11. ④	12. ③	13. ③	14. ④	15. ②	16. ④	17. ④	18. ③	19. ④	20. ④
21. ④	22. ④	23. ④	24. ④	25. ④	26. ②	27. ④	28. ④	29. ①	30. ③
31. ④	32. ④	33. ④	34. ①	35. ②	36. ③	37. ④	38. ②	39. ③	40. ③
41. ④	42. ④	43. ①	44. ③	45. ③	46. ④	47. ④	48. ④	49. ④	

PART

2

캠핑 레저 시설의 위험 요소와
야영장 안전사고 주요 사례

 안전사고 인식

---

50. 안전사고에 대한 설명으로 옳지 <u>않은</u> 것은?

① 안전사고 예방을 위한 투자, 손실이라는 인식을 바꿔야 한다.

② 인간은 흔히 안전사고와 같은 손실 상황에서 위험을 감수하는 소극적 방안을 선호하는 경향이 있으므로 소극적 방안에 대한 강력한 규제와 처벌이 현실적으로 필요하다.

③ 궁극적으로는 안전사고 예방에 드는 비용을 손실로 보는 인식을 바꿀 필요가 있다.

④ 생명을 구하고, 환경을 살리고, 미래의 큰 이익을 보장하는 이득의 관점으로 인식해 스스로 위험한 선택을 하게 해야 한다.

> **📖 해설**
>
> 생명을 구하고, 환경을 살리고, 미래의 큰 이익을 보장하는 이득의 관점으로 인식해 스스로 안전한 선택을 하게 해야 한다.

---

51. 캠핑장에서 발생하는 내과 질병에 속하지 <u>않는</u> 것은?

① 복통과 설사   ② 유행성 출혈열   ③ 식중독   ④ 골절

> **📖 해설**
>
> 골절은 외과 질병이다.

52. 페덱스사의 1:10:100 법칙(재해 비용의 법칙)에 대한 설명으로 옳지 않은 것은?

① 불량이 생길 경우 즉각적으로 고치는 데에는 1의 원가가 든다.
② 책임소재나 문책 등의 이유로 이를 숨기고 그대로 기업의 문을 나서면 10의 원가가 든다.
③ 이것이 고객 손에 들어가 클레임으로 되면 100의 원가가 든다는 법칙이다.
④ 비용이 나중에 대처하면 아주 저렴하지만 이를 방치하고 무시하면 눈덩이처럼 불어나 감당하기 어렵게 된다.

> 📖 **해설**
>
> 비용이 초기 단계에서 대처하면 아주 저렴하지만, 이를 방치하고 무시하면 눈덩이처럼 불어나 감당하기 어렵게 된다.

53. 하인리히 법칙에 대한 설명으로 옳지 않은 것은?

① 큰 사고 뒤에는 항상 전조 증상의 작은 사고가 있다.
② 대형 재난 사고가 일어나기 전 작은 징조나 사고를 우리가 무시하고 인지하지 못한다.
③ 1번의 대형 사고, 10번의 작은 사고, 100번의 사소한 징후
④ 야영장 업계뿐만 아니라 정부, 지자체, 장비업체 등 모든 관계자가 합심하여 야영장 내 안전사고 예방을 위해 최선의 노력을 해야 한다.

> 📖 **해설**
>
> 하인리히 법칙(1:29:300)은 1번의 대형 사고, 29번의 작은 사고, 300번의 사소한 징후를 말한다.

54. 야영장 내에서 예상 가능한 위험 요인 중 안전 관리로 사고 및 피해 경감 가능한 분야와 그 예시로 적절하지 않은 것은?

① 전기: 감전, 누전, 과부하
② 화재: 화로, 난로, 담배, 불꽃, 캠프파이어
③ 시설: 텐트 내부 가스 질식, 중독
④ 위생: 전염병, 식중독, 쓰레기, 식당의 위생

> 📖 **해설**
>
> 텐트 내부 가스 질식, 중독 등은 '시설'이 아닌 '질식' 분야이다.

55. 다음 중 차박 시 안전 수칙에 해당하지 <u>않는</u> 것은?

① 소화기, 바람막이, 손전등, 쓰레기봉투 등을 필수적으로 준비한다.
② 태풍 및 집중호우 예보에 주의를 기울인다.
③ 차량 침수 시에는 시동을 걸지 말고 가까운 보험회사나 견인업체에 연락한다.
④ 비가 올 때 차량 침수 우려 지역에서는 비교적 높은 곳에 주차한다.

> 📖 **해설**
>
> 비 올 때 차량 침수 우려 지역에는 주차하면 안 된다.

56. 캠핑장에서 발생하는 질식 사고의 원인이 <u>아닌</u> 것은?

① 바비큐 전용 브리켓인 차콜
② LPG 가스
③ 폭설로 인한 외부 공기 차단
④ 자동차 배기가스

57. 안전 관리로 사고 및 피해 경감 가능한 분야와 그 예시가 <u>잘못</u> 짝지어진 것은?

① 교통: 오토 캠핑장 내 어린이 교통사고
② 질식: 발암물질 바닥재
③ 위생: 전염병, 식중독, 쓰레기, 식당의 위생
④ 기타: 추락, 응급 환자, 곤충

> 📖 **해설**
>
> 발암물질 바닥재 등은 '질식'이 아닌 '시설' 분야이다.

58. 캠핑장 안전사고와 관련 <u>없는</u> 사고는?

① 요리 중 화상 사고　② 욕실 낙상 사고　③ 전기 감전 사고　④ 익사 사고

> 📖 **해설**
>
> 욕실 사고는 집에서 일어나는 사고 종류이다.

59. 차량 안전사고에 예방에 바른 설명이 <u>아닌</u> 것은?

① 휴대전화가 되지 않는 오지와 같은 곳으로 캠핑을 갈 때는 반듯이 차량의 배터리나 예비 타이어와 같은 것을 점검하고 떠나야 한다.

② 소나기가 내려 흙탕물이 된 개울을 건널 때는 물의 깊이나 바닥의 상태를 확인하여야 한다.

③ 하천이나 계곡 가에는 소나기가 내릴 경우 급류가 형성될 수 있으므로 주차 장소로 적합하지 않다.

④ 사륜구동 자동차라면 엔만한 개울이나 하천은 통과하므로 오시 캠핑에 석합하다.

> **📖 해설**
>
> 사륜구동 차량이라도 진흙탕에서 빠져나올 수 없는 경우가 많으므로 우중에는 흙길이나 개울의 깊이를 맨눈으로 판단하여 무시하고 지나치면 안 된다.

60. 산불 화재로 인한 사고 대비 중 <u>틀린</u> 것은?

① 텐트를 선택할 때는 난연 또는 불연재로 제작된 텐트를 선택하면 화재로 인한 인명 피해를 줄일 수 있다.

② 겨울철 산불 방지를 위해서 화로대 사용에 주의를 기울이며, 화로대 주변에 물을 뿌려서 불티로 인한 화재를 예방한다.

③ 임야 주변에 위치한 캠핑장은 산불이 발생하기 쉬우므로 사계절 내내 산불 방지를 위해서 캠퍼와 캠핑장 운영자의 철저한 관리가 필요하다.

④ 캠핑에 있어 취사는 장작불로 하는 게 캠핑의 낭만으로 필수적으로 해야 한다.

> **📖 해설**
>
> 취사를 꼭 장작불을 이용할 필요는 없다. 오히려 취사에는 장작불보다는 일반적인 버너나 전열 기구가 더 효율적이고 안전하다.

61. 캠핑장에서 발생하는 안전사고 가운데 가장 빈번히 일어나는 사고는?

① 교통사고　　② 익사 사고　　③ 골절상　　④ 화상

> **📖 해설**
>
> 캠핑장에서 가장 빈번하게 일어나는 안전사고는 화상이다.

62. 다음 중 안전을 위해 숙지해야 할 기본 원칙이 <u>아닌</u> 것은?

① 타인의 안전을 먼저 생각한다.
② 손쉬운 방법부터 생각한다.
③ 행동 단계를 파악한다.
④ 응급조치는 최소한의 조치일 뿐이다.

> 📖 **해설**
>
> 응급 상황이 되면 구조자는 자신의 안전을 먼저 생각해야 한다.

63. 야영장 내에서 예상 가능한 위험 요인 중 자연 재난 및 입지 조건에 의한 불가항력적인 위험 예방을 위해 안전시설 확보가 필요한 유형이 <u>아닌</u> 것은?

① 위생: 전염병, 식중독, 쓰레기, 식당의 위생
② 산지: 산사태, 토사류, 독충 및 야생동물 출몰, 산불
③ 강, 계곡: 침수, 토사류, 전기 시설 누전
④ 바다: 해일, 이상 파랑에 의한 피해

> 📖 **해설**
>
> '위생' 요인은 안전시설 확보가 필요한 유형이 아니다.

64. 화상 사고와 관련 <u>없는</u> 내용은?

① 화로는 화상과 화재의 주요 원인이다.
② 캠핑장 안전사고 가운데 가장 빈번히 발생하는 사고이다.
③ 텐트 안에서는 화로보다 스토브를 사용하는 것이 좋다.
④ 모닥불을 끌 때는 물을 이용해서 불기가 완전히 제거되게 해야 한다.

> 📖 **해설**
>
> 스토브를 텐트 속에서 작동시키는 것은 절대 삼가야 한다.

65. 여름철 캠핑장에서 수상 사고가 났을 때 대처법으로 잘못된 것은?

① 물에서 조난자가 발생하면 누구든 재빨리 헤엄을 쳐서 구조한다.
② 조난자가 발생했을 때 가장 좋은 방법은 긴 막대나 낚싯대, 줄을 던져주는 것이다.
③ 조난자가 의식이 있을 경우 조난자가 처한 상황을 소리를 쳐서 알려주는 방법도 있다.
④ 주변에 사람이 많고 수심이 성인의 가슴을 넘지 않으면 인간사슬을 만들어 구조한다.

> **📖 해설**
>
> 직접 수영을 해 조난자를 구하는 것은 고도의 숙련된 이들만 가능하다.

66. 물놀이 사고 예방법으로 옳지 않은 것을 고르시오.

① 수영을 못 하면 수심이 배꼽 이상인 곳은 들어가지 않는다.
② 아이들은 수심과 관계없이 구명조끼를 입는다. 구명조끼는 꽉 조여야 안전하다.
③ 아이들을 혼자 물가에 두지 않으며, 3~4명 이상의 아이들이 함께 수영할 수 있게 한다.
④ 물놀이 전 준비운동은 반드시 해야 하며, 1시간 물놀이 후 10분 정도 휴식한다.

> **📖 해설**
>
> 아이들끼리만 수영하도록 하면 안 되고, 반드시 보호자가 동반되어야 한다.

67. 다음 중 물놀이할 때 사고를 막기 위해 바람직한 행동은?

① 반소매 티셔츠를 입고 물놀이를 하면 체온 유지와 햇볕에 의한 화상을 방지할 수 있다.
② 유속이 빠른 곳은 몸을 가누기가 힘들므로, 수심이 가슴 높이 이상이면 들어가지 않는다.
③ 루어낚시 등 물속에서 낚시할 때는 구명조끼를 입지 않아도 된다.
④ 취하지 않을 정도의 음주 후의 수영은 가능하다.

> **📖 해설**
>
> 유속이 빠른 곳은 무릎 이상 수심은 위험하며, 낚시 등 레저활동에도 구명조끼를 착용한다. 음주 후 수영은 절대 금물이다.

📝 전기 화재 사고

68. 전기 화재의 방지 대책으로 옳지 <u>않은</u> 것은?

① 전기기구를 사용하지 않을 때도 스위치를 켜고 플러그를 꽂아둔다.
② 개폐기는 과전류 차단 장치를 설치하고 습기나 먼지가 없는 사용하기 쉬운 위치에 부착한다.
③ 각종 전기공사 및 전기 시설 설치 시 전문 면허 업체에 의뢰하여 정확하게 규정에 따른 시공을 하도록 한다.
④ 누전으로 인한 화재를 예방하기 위해서 누전차단기를 설치하고 한 달에 1~2회 작동 여부를 확인한다.

> 📖 **해설**
>
> 전기기구를 사용하지 않을 때는 스위치를 끄고 플러그를 뽑아 둔다.

69. 다음 중 전기 화재 원인으로 옳지 <u>않은</u> 것은?

① 접선의 합선 또는 단락에 의한 발화
② 누전에 의한 발화
③ 과전류(과부하)에 의한 발화
④ 점화 미확인으로 누설 폭발

> 📖 **해설**
>
> 점화 미확인으로 누설 폭발은 가스 화재의 원인이다.

70. 전기용품 안전 사용과 관련해 <u>틀린</u> 설명은?

① 캠핑장에서 전기를 사용하기 위해서는 외부 전기를 끌어올 릴선(리드선)을 사용해야 한다.
② 릴선을 사용할 때는 전선이 감겨있는 채로 사용하면 발열로 인해서 전선의 피복이 녹으면서 누전으로 인한 화재가 발생할 수 있으므로 반드시 전선 전체를 풀어서 사용하여야 한다.
③ 전기장판과 같은 전열 기구는 사용하지 않을 때는 전원을 차단하여 과열로 인한 화재를 예방한다.
④ 캠핑장의 전기는 영업용으로 여러 개의 전열 기구를 사용하여도 문제가 없다.

> 📖 **해설**
>
> 캠핑장이라고 해도 다 같은 대용량의 전기를 사용하는 것이 아니다. 또한 과도한 전열 기구 사용은 화재에 위험이 있다.

71. 휴대용 부탄가스 폭발 사용 예방 대책으로 옳지 <u>않은</u> 것은?

① 무겁거나 넓은 불판을 사용한다.

② 부탄가스를 끼워넣은 후 가스가 새지 않는지 냄새를 맡아 확인한다.

③ 부탄가스 연소기 옆에 다른 화기를 두지 않는다.

④ 더운 여름철 부탄가스를 차 안에 두면 차 안 내부 온도 상승으로 폭발 위험이 있으니 차 안에 부탄가스를 넣어놓으면 안 된다.

> **해설**
>
> 무겁거나 넓은 불판을 사용하지 않는다. (과대 불판 사용 금지)

72. 다음 중 가스 화재 원인으로 옳지 <u>않은</u> 것은?

① 실내에 용기 보관 가스 누설

② 과전류(과부하)에 의한 발화

③ 가스 사용 중 장기간 자리 이탈

④ 성냥불로 누설 확인 중 폭발

> **해설**
>
> 과전류(과부하)에 의한 발화는 전기 화재의 원인이다.

73. 가스 화재의 예방 대책 중 사용 전에 해당하지 <u>않는</u> 것은?

① 주변의 불씨를 없애고 전기기구는 조작하지 말아야 한다.

② 가스 불을 켜기 전에 새는 곳이 없는지 냄새를 맡아 확인한다.

③ 가스 연소 시에는 많은 공기가 필요하므로 창문을 열어 실내를 환기한다.

④ 가스레인지 주위에는 가연물을 가까이 두지 않도록 한다.

> **해설**
>
> 해당 내용은 가스가 누설되었을 때에 해당한다.

74. 가스 화재의 예방 대책 중 사용 중에 해당하지 <u>않는</u> 것은?

① 점화용 손잡이를 천천히 돌려 점화시키고 불이 붙어있는지 꼭 확인한다.
② 사용 중에는 자리를 뜨지 않도록 한다.
③ 가스 연소 시에는 파란 불꽃이 되도록 공기 조절기를 조절하여 사용한다.
④ 가스 누설을 발견한 즉시 코크와 중간 밸브, 용기 밸브(도시가스는 메인 밸브)까지 잠근다.

📖 해설

해당 내용은 가스가 누설되었을 때 해당한다.

75. 가스 화재의 예방 대책 중 사용 후에 해당하지 <u>않는</u> 것은?

① 가스 사용 후에는 코크와 중간 밸브를 반드시 잠근다.
② 주변의 불씨를 없애고 전기기구는 조작하지 말아야 한다.
③ 장기간 사무실을 비울 때는 용기 밸브(LPG 경우)나 메인 밸브(도시가스)까지 잠가두는 것이 안전하다.
④ 가스 용기는 자주 이동하지 말고 한곳에 고정하여 사용한다.

📖 해설

해당 내용은 가스가 누설되었을 때에 해당한다.

76. 가스 화재의 예방 대책 중 평상시에 해당하지 <u>않는</u> 것은?

① 연소 시 버너 노즐이 막히지 않도록 항상 깨끗이 청소하고, 호스(배관)와 이음새 부분에서 혹시 가스가 새지 않는지 비눗물이나 점검액 등으로 수시 누설 여부를 확인한다.
② LPG 용기는 직사광선을 피해 보관하도록 한다.
③ 휴대용 가스레인지를 사용할 경우 그릇의 바닥이 삼발이보다 좁은 것을 사용하지 않도록 한다.
④ 다 쓰고 난 가스 캔은 반드시 구멍을 뚫어 잔류 가스를 제거하고 버리도록 한다.

📖 해설

휴대용 가스레인지를 사용할 경우 그릇의 바닥이 삼발이보다 넓은 것을 사용하지 않도록 한다.

77. 다음 중 가스 화재의 예방 대책에 해당하지 <u>않는</u> 것은?

① LPG 용기는 직사광선에 보관하도록 한다.
② 이동식 야영용 천막 내 전기가스 시설 및 화기 사용을 금지한다.
③ 가스 용기는 환기가 양호한 옥외 보관 및 보관 기준 준수한다.
④ 위험물은 접근이 어려운 장소에 보관 및 경고 표지를 부착한다.

> **🔖 해설**
>
> LPG 용기는 직사광선을 피해 보관하도록 한다.

 유류 화재 사고

78. 다음 중 유류 화재 원인에 해당하지 <u>않는</u> 것은?

① 실내에 용기 보관 가스 누설
② 석유난로에 불을 끄지 않고 기름을 넣을 때
③ 주유 중 새어 나온 유류의 유증기가 공기와 적당히 혼합된 상태에서 불씨가 닿을 경우
④ 난로 가까이에 불에 타기 쉬운 물건을 놓았을 때

> **🔖 해설**
>
> 실내에 용기 보관 가스 누설은 가스 화재의 원인이다.

79. 다음 중 유류 화재의 방지 대책에 해당하지 <u>않는</u> 것을 고르시오.

① 유류는 이외의 다른 물질과 함께 저장하지 않도록 한다.
② 한 개의 콘센트나 소켓에서 여러 선을 끌어 쓰거나 한꺼번에 여러 가지 전기기구를 꽂는 문어발식 사용을 하지 않는다.
③ 급유 중 흘린 기름은 반드시 닦아내고 난로 주변에는 소화기나 모래 등을 준비해 둔다.
④ 휘발유 또는 신나(희석제)는 휘발성이 극히 강해 낮은 온도(겨울철)에서도 조그마한 불씨와 접촉하게 되면 순식간에 인화하여 화재를 일으키기 때문에 절대로 담뱃불이나 불씨를 접속해서는 안 된다.

> **🔖 해설**
>
> 해당 내용은 전기 화재의 방지 대책에 해당한다.

80. 다음 중 유류 화재 진압 방법에 대한 설명으로 옳지 않은 것은?

① 절대적으로 불이 붙은 기름이거나 뜨거운 기름은 물로 소화할 수 없다.
② 반드시 질식소화(산소 공급을 중단) 방법을 사용해야 한다.
③ 바비큐 장비의 덮개나 철판으로 덮어 산소를 차단해야 한다.
④ 흔히 주위에서 보는 소화기는 A, B, C 적용 소화기로 전기 화재에는 사용할 수 없다.

> **해설**
>
> 흔히 주위에서 보는 소화기는 A, B, C 적용 소화기로 일반 화재(A급 화재), 유류 화재(B급 화재), 전기 화재(C급 화재)에 범용적으로 사용할 수 있다.

81. 다음 중 유류 화재 대처 방안으로 옳지 않은 것은?

① 화로가 없다고 땅바닥이나 풀숲 위에 불을 피우지 말고, 꼭 화로를 사용한다.
② 불을 피우는 위치도 중요한데, 설치한 텐트 주변이 아닌 최대한 멀리 떨어진 곳이 안전하다.
③ 아이들이 있는 경우에는 화로 주위를 둘러쌀 수 있는 전용 테이블을 배치하는 것도 좋다.
④ 불을 피우고 남은 재는 아무 곳에나 버리면 안 되고, 전용 폐기물 함에 분리해서 수거해야 한다.

> **해설**
>
> 화로가 없다고 땅바닥이나 풀숲 위에 불을 피운다면 그것 자체로 불이 날 수 있는 위험한 행위이며 자연을 해치는 행동이므로, 최근에는 부피가 작고 중량이 가벼운 화로대도 많이 출시되고 있어 이를 이용하면 좋다.

82. 모닥불 안전 관리 방법으로 옳지 않은 것은?

① 땅바닥이 아닌 반드시 화로에 피워야 한다.
② 화로대는 텐트와 멀리 떨어진 곳에 설치한다.
③ 아이들이 있을 경우, 화로 전용 테이블을 설치한다.
④ 남은 재는 종량제봉투에 담아서 버린다.

> **해설**
>
> 남은 재는 반드시 버리는 곳에 버린다.

83. 일산화탄소 중독에 대한 설명으로 옳지 <u>않은</u> 것은?

① 이동식 부탄연소기 사고의 99%가 사용자 부주의에 의한 사고였다.

② 일산화탄소는 감지하기 쉬운 기체이다.

③ 여러 원인으로 불완전 연소가 일어나면 발생한 일산화탄소가 혈액 중의 헤모글로빈과 결합한다.

④ 체내에서의 산소의 운반을 저해해, 의식하기 전에 혼수상태에 빠져 죽을 수 있다.

📖 해설

일산화탄소는 무미 무취, 무자극으로 감지하기 어려운 기체이다.

84. 다음 중 공기 중 일산화탄소 농도와 흡입 시간과 중독 증상으로 옳지 <u>않은</u> 것은?

① 0.02%: 2~3시간에 전두부에 경도의 두통

② 0.04%: 1~2시간에 이마통구토, 2.5~3.5시간에 후두통

③ 0.08%: 45분간으로 두통현기증구토경련, 2시간에 실신

④ 0.16%: 5~10분간으로 두통현기증, 30분에 사망

📖 해설

0.16%에는 20분간으로 두통현기증구토, 2시간에 사망에 이른다. 보기는 0.32%에 대한 설명이다.

85. 가스 중독 사고와 관련된 내용으로 옳지 <u>않은</u> 것은?

① 이산화탄소의 비중은 공기보다 가벼우므로, 밀폐 공간에서는 위에 모이고 이를 과호흡하게 된다.

② 최대의 원인은 밀폐 공간에서의 연소나 환기 부족이다.

③ 밀폐 상태로 연소 기구를 사용하면 당초는 정상적으로 연소를 계속한다.

④ 랜턴, 버너, 난로 등 기구의 비정상에 의한 불완전 연소(검댕이) 시 일산화탄소가 발생한다.

📖 해설

이산화탄소의 비중은 공기보다 무거우므로, 밀폐 공간에서는 아래에 모이고 이를 과호흡하게 된다.

86. 텐트 내 질식 사고 대처 방안으로 옳지 않은 것은?

① 텐트 내부는 절대 옥외가 아님을 알아야 한다.
② 대부분 가스 및 석유 관련 연소 기구는 옥외용으로 설계되고 있다.
③ 텐트 내 또는 차내는 옥외가 아니기 때문에 환기에 특히 주의를 기울여야 한다.
④ 전열기, 난방기를 텐트 내부에서 사용한다.

> 📖 **해설**
>
> 전열기, 난방기를 텐트 내부에서 절대 사용해서는 안 된다.

87. LPG 가스로 인한 질식 사고를 막기 위한 예방법이 아닌 것은?

① 텐트 내에서 보온용으로 사용할 수 있다.
② 밀폐된 곳에서는 불완전 연소로 인한 산소 부족 현상이 나타날 수 있기에 사용하지 않는다.
③ 밸브를 제대로 잠근다.
④ 잠자리에 들 때는 가스등이나 렌즈에 부착된 부탄가스를 분리해 놓는 것을 습관화한다.

> 📖 **해설**
>
> 밀폐된 곳에서 가스 사용은 절대로 금한다.

✏️ 캠핑 장비 사용 관련 사고

88. 캠핑 장비 사용 관련 사고에 대한 것으로 옳지 않은 것은?

① 화재에 취약한 폴리에스터 계열 텐트 재질, 매트, 침낭 관련 사고
② 텐트, 타프 설치 시 깊게 박은 팩, 스트링으로 일어나는 안전사고
③ 가솔린 버너 사용 시 가솔린이 새면서 화재 발생
④ 연소형 랜턴의 사용 부주의 사용으로 생기는 텐트 화재, 화상, 질식 사고

> 📖 **해설**
>
> 텐트, 타프 설치 시 깊게 박지 않은 팩, 스트링으로 일어나는 안전사고

89. 캠핑 장비의 위치의 <u>잘못된</u> 설명은?

① 흉기가 될 수 있는 망치나 도끼, 칼과 같은 캠핑 장비는 사용 후에 어린이들의 손이 닿지 않는 곳에 보관하여야 한다.
② 가스 랜턴과 같은 화석 연료를 사용하는 랜턴은 아이들의 손이 닿지 않는 높은 곳에 매달거나 놓아야 한다.
③ 특히 연소형 난로는 보호망을 설치하여야 화상 및 화재를 방지하며, 난로 주위에 소화기를 비치하여야 한다.
④ 숯 또는 압축 성형탄은 연소 과정에서 일산화탄소(연탄가스)가 발생하나 환기상치만 되어 있으면 실내(텐트)에서 사용해도 상관없다.

> 📖 **해설**
>
> 숯 또는 압축 성형탄은 연소 과정에서 일산화탄소(연탄가스)가 발생하므로 실내(텐트)에서 이용을 엄격히 금한다.

✏️ 태풍, 호우, 강풍, 산사태 등 자연재해

90. 폭염 시 행동 요령으로 옳지 <u>않은</u> 것은?

① 기상 상황을 수시로 확인하고, 물을 많이 마신다.
② 적정 실내 냉방 온도는 24~26 ℃이다.
③ 냉방이 되지 않는 실내에서는 자주 환기해야 한다.
④ 창문이 닫힌 자동차 안에 어린이, 노약자, 반려동물을 혼자 두지 않는다.

> 📖 **해설**
>
> 적정 실내 냉방 온도는 26~28℃이다.

91. 황사 시 행동 요령으로 옳지 <u>않은</u> 것은?

① 외출 시 마스크와 보호 안경을 착용한다.
② 실내용 공기정화기, 가습기를 활용해 실내 공기를 관리한다.
③ 부득이하게 외출 시 땀이 나지 않도록 반팔 옷을 입는다.
④ 채소나 과일, 생선 등은 충분히 씻어서 섭취해야 한다.

> 📖 **해설**
>
> 긴소매 옷을 입어 피부를 보호하는 것이 좋다.

92. 지진 발생 시 행동 요령으로 옳지 <u>않은</u> 것은?

① 실내에 있을 때 탁자 아래로 들어가면 머리를 다칠 수 있으니 탁자 아래로 들어가지 않는다.
② 전기와 가스를 차단하고 문을 열어 출구를 확보한다.
③ 건물과 거리를 두고 운동장, 공원 등 넓은 공간으로 대피한다.
④ 엘리베이터에 있을 때는 모든 층의 버튼을 눌러 가장 먼저 열리는 층에서 내린 후 밖으로 탈출한다.

📖 해설

실내에 있을 때는 탁자 아래로 들어가 몸을 보호해야 한다.

93. 대설 시 행동 요령으로 옳지 <u>않은</u> 것은?

① 공장 등의 가설 패널은 눈을 막아주는 역할을 하므로 치우지 않는다.
② 집 앞의 눈은 미리 치운다.
③ TV, 라디오, 인터넷 등으로 기상 정보를 파악한다.
④ 자가용 이용을 자제하고 대중교통 수단을 이용한다.

📖 해설

공장 등의 가설 패널은 무게에 취약하므로 미리 치워두어야 한다.

94. 계곡 옆 야영장 수난 사고 원인과 대처 방안으로 옳지 <u>않은</u> 것은?

① 경기, 강원 지역에는 산간 계곡 주변을 중심으로 펜션과 민박, 야영장이 즐비하여 폭우 시 대피 및 구난 계획 또한 잘 갖춰졌다.
② 펜션이나 야영장은 폭우 시 자체 안내 방송을 통해 안전지대로 대피할 것을 유도해야 하나 그 시설이 갖춰진 곳이 별로 없다.
③ 교통 인프라가 제대로 갖춰지지 않은 외진 곳에 들어선 야영장을 이용할 경우 위험은 더 크다.
④ 계곡 인근에서는 야영을 금하고, 악천후에 대비해 비상 대피로와 안전시설을 미리 확인하는 것이 중요하다.

📖 해설

경기, 강원 지역에는 산간 계곡 주변을 중심으로 펜션과 민박, 야영장이 즐비하지만, 폭우 시 대피 및 구난 계획은 아직 미비한 실정이다.

95. 다음은 계곡 옆 야영장 수난 사고 원인과 대처 방안이다. 바르지 않게 기술한 것은?

① 여름 국지성 폭우 시에는 물이 급격히 불어나 휩쓸림과 고립의 위험이 항상 상존한다.
② 교통 인프라가 제대로 갖춰지지 않은 외진 곳에 들어선 야영장을 이용할 경우 위험은 더 크다.
③ 방송해도 야영객의 안전 불감증으로 인해 피서객들이 잘 따라주지 않아 종종 계곡 물에 고립되는 등 위험이 발생한다.
④ 또한 일반 교량과는 달리 강물이 불어나면 잠겨 버리는 잠수교 식 저상 교량은 잘 설계되어 폭우 시 통행하여도 문제가 없다.

📖 **해설**

또한 일반 교량과는 달리 강물이 불어나면 잠겨 버리는 잠수교 식 저상 교량을 폭우 시 통행하는 것이 큰 사고의 원인이다.

96. 비, 바람, 번개로 인한 사고 대비 중 틀린 것은?

① 강풍이나 돌풍에 견디는 텐트와 타프는 없으므로 안전을 위해서 텐트와 타프를 철수하여야 한다.
② 텐트 폴대의 소재로 사용하는 카본(탄소) 소재는 전도율이 높은 금속이므로 낙뢰가 있는 날에는 다른 건물 내부로 대피하여야 한다.
③ 하천 범람 등 위험하다는 방송을 듣게 되면 즉시 하천 주변에서 철수하고 캠핑장의 관리동으로 대피하여야 한다.
④ 허가된 캠핑장 주차장 내에 캠핑카는 강풍이나 돌풍에도 안전하니 신경 쓸 필요가 없다.

📖 **해설**

허가된 캠핑장이나 캠핑카라고 해도 산속의 하천이나 강변에 위치하였다면 안전하다고 할 수 없다.

97. 자연 재난 원인과 대처 방안에 대한 설명으로 옳지 않은 것은?

① 계곡 및 강가 모래밭 및 여름철 물가: 장마나 집중호우 시 대단히 위험하다.
② 정사가 급한 골짜기나 절벽 밑: 비 온 후에 산사태가 나거나 절벽이 무너질 위험이 있고, 갑자기 물이 불어날 수 있는 곳은 피해야 한다.
③ 큰 나무 밑: 악천후일 때는 비를 피하기 용이하여 체온 조절에 도움을 준다.
④ 무성한 풀이 있는 곳: 아침 이슬에 젖은 땅이 미끄럽기 때문에 행동에 지장을 주며 모기나 해충이 많다.

📖 **해설**

큰 나무 밑은 악천후일 때는 큰 가지가 부러질 가능성이 있으며, 벼락의 위험이 크다.

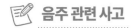

98. 다음 중 캠핑장 음주가 위험한 이유에 대한 설명으로 옳지 <u>않은</u> 것은?

① 캠핑의 경우 여름의 경우 더운 날씨로, 겨울에는 추운 날씨로 인해 다른 계절에 비해 술에 늦게 취한다.

② 높은 습도와 온도 때문에 땀이 많이 나 몸속 수분과 전해질이 부족해지기 쉽다. 여름에는 체온 조절을 위해 말초혈관이 확장되는데, 이미 확장된 혈관을 따라 알코올이 더 확산하기 때문에 심장박동이 빨라져 알코올 흡수도 빨라진다.

③ 캠핑장에서 술은 빠지지 않는 준비물이다. 야외에서 기분을 내기 위해 가볍게 마시는 한 잔 술은 문제가 되지 않지만, 캠핑장에서의 과음은 사고를 유발할 수 있어 특히 위험하다.

④ 캠핑장에서는 대개 숯불에 바비큐를 하거나 음식 재료를 직접 구워 먹는 경우가 많아 화상 우려가 있다.

> **해설**
>
> 캠핑의 경우 여름의 경우 더운 날씨로, 겨울에는 추운 날씨로 인해 다른 계절에 비해 술에 빨리 취한다.

99. 음주의 위험성과 대처 방안에 대한 설명으로 옳지 <u>않은</u> 것은?

① 과도한 음주는 안전 캠핑을 방해하는 최대의 위협이다.

② 매년 가장 빈도수도 높고, 사망 건수도 많은 텐트 내 질식, 가스 중독에 의한 사망 경우도 피해자가 음주와 관련된 경우가 대부분이다.

③ 발열기를 개방된 공간에서 연소시켜 급격한 산소 결핍, 호흡 곤란, 일산화탄소 중독 등으로 사망에 이르고 있다.

④ 만취 상태가 된 운전자가 텐트를 덮쳐 3명이 사상하는 등 야영장 교통사고도 음주와 깊은 연관이 있다.

> **해설**
>
> 음주 후 주의력이 떨어지고, 안전 의식이 결여된 상태에서 추우니까 발열기(버너, 난로, 온수 매트, 숯불 등)를 텐트 내에서 연소시켜 이로 인해 밀폐된 텐트 내에서 연소로 인한 급격한 산소 결핍, 호흡 곤란, 일산화탄소 중독 등으로 사망에 이르고 있다.

100. 캠핑장서 지켜야 할 음주 허용선에 대한 설명으로 옳지 않은 것은?

① 세계보건기구(WHO)가 권고하는 1일 알코올 적정 섭취량은 남성 70g, 여성 50g이다.

② 맥주의 경우 1캔(355ml)에는 13g의 알코올이 들어있다.

③ 알코올 해독 능력과 음주량은 개인차가 크기 때문에 각자 음주 후 나타나는 증상을 살펴보고 판단하는 것이 좋다.

④ 술을 마실 때마다 조절하지 못하고 만취하거나 실수를 반복하는 사람은 알코올 중독을 의심해 볼 수 있으므로 아예 술을 금해야 한다.

📖 해설

세계보건기구(WHO)가 권고하는 1일 알코올 적정 섭취량은 남성 40g, 여성 20g이다.

101. 다음은 음주와 관련된 내용이다. 옳지 않은 설명은?

① 소주의 경우 한 잔에 들어있는 알코올 양은 5g 정도이다.

② 맥주의 경우 남성은 캔 3개, 여성은 1개 반 이하를 적정 음주량으로 볼 수 있다.

③ 단 한 잔만 마셔도 얼굴이 붉어지거나 심장이 두근거리는 증상이 나타난다면 알코올 해독 능력이 낮은 사람이라는 것을 의미하니 되도록 음주 자체를 피하는 것이 좋다.

④ 휴가의 절반은 음주로, 남은 절반은 숙취로 보내는 사람들이 의외로 많은 것이 현실이며 진정한 휴가를 위해서는 되도록 '술 없는 휴가'를 보내야 한다는 인식이 요구된다.

📖 해설

소주의 경우 한 잔에 들어있는 알코올 양은 8g 정도이다.

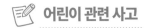

102. 다음 중 <u>틀린</u> 설명은?

① 어린이 안전사고가 일어나지 않게 책임지고 주의를 기울일 사람은 일차적으로 부모이다.

② 어린이 안전사고 유형 중 가장 많은 경우는 화재 사고이다.

③ 영아의 경우는 부모의 팔이 닿을 수 있는 거리에서 수영하게 한다.

④ 화로, 바비큐 등 불씨에 의한 화상을 조심해야 한다.

> **해설**
>
> 어린이 안전사고 유형 중 가장 많은 경우는 물놀이 사고이다.

103. 다음 중 야영장 내 어린이 안전사고 수칙으로 옳지 <u>않은</u> 것은?

① 야영장에 도착해서 부모는 일차적으로 안전 위해 요소가 없는지 확인하고, 자녀에게 조심할 것을 알려줘야 한다.

② 얕은 물가에서는 어린이가 혼자 수영하여 자립심을 기를 수 있도록 한다.

③ 어린이가 캠핑장 주변을 뛰어다니다 텐트나 타프의 스트링 줄에 다치지 않도록 주의시킨다.

④ 자녀를 동반한 가장의 경우 자녀의 안전을 위해서라도 과도한 음주는 절대 자제해야 한다.

> **해설**
>
> 절대 어린이 혼자 수영하게 하지 말고, 수시로 움직임을 체크해야 한다.

104. 물놀이 사고 대비에 올바른 설명이 <u>아닌</u> 것은?

① 물놀이할 때는 계곡이라도 수면이 깊으면 반드시 구명조끼를 입어야 한다.

② 어린이가 계곡이나 하천에서 물놀이할 때는 보호자가 지켜보는 가운데 하도록 한다.

③ 깊은 계곡에서는 갑자기 내리는 소나기로 인해서 급류에 휘말리는 경우가 많으므로 소나기가 내릴 때는 물놀이를 하지 않아야 한다.

④ 물놀이 사고는 갑자기 깊어지는 지형을 가진 계곡이나 하천에서 빈번하게 발생하므로 튜브만 갖추면 문제없다.

📖 **해설**

물놀이에 튜브는 필수이나 튜브가 안전을 보장하지는 않는다.

정답 chapter. 2 캠핑 레저 시설의 위험 요소와 야영장 안전사고 주요 사례

50. ④	51. ④	52. ④	53. ③	54. ③	55. ④	56. ④	57. ②	58. ②	59. ④
60. ④	61. ④	62. ①	63. ①	64. ③	65. ①	66. ③	67. ①	68. ①	69. ④
70. ④	71. ①	72. ②	73. ①	74. ④	75. ②	76. ③	77. ①	78. ①	79. ②
80. ④	81. ①	82. ④	83. ②	84. ④	85. ①	86. ④	87. ①	88. ②	89. ④
90. ②	91. ③	92. ①	93. ①	94. ①	95. ④	96. ④	97. ③	98. ①	99. ③
100. ①	101. ①	102. ②	103. ②	104. ④					

PART

3

안전 관리와 재난 대응

 안전 관리 및 재난 대응

105. '안전'의 사전적 정의와 범위에 해당하지 <u>않는</u> 것은?

① 사건이나 사고가 생길 상황에도 대책이 마련되어 있는 상태
② 위험이나 사고가 날 염려가 없는 상태
③ 사건이나 사고에 대해 대비가 되지 않은 상태
④ 위험에 대한 이해가 잘 되어 있는 상태

> **📖 해설**
>
> 사건이나 사고에 대해 대비가 되지 않으면 안전한 상태가 아니다.

106. '안전'과 관련한 내용 중 바르지 <u>않은</u> 것은?

① 안전은 크게 '공공 안전'과 '직업 안전' 등 두 개의 영역으로 구분된다.
② 공장과 사무실, 건설 현장 등 일과 관련된 위험과 안전은 공공 안전에 영역이다.
③ 내재적, 외재적 요인에 따라 안전을 유형화하면 '물리적 안전', '심리적 안전'으로 구분된다.
④ 심리적 안전은 물리적 안전보다 요구 수준의 폭이 넓다.

> **📖 해설**
>
> 공장과 사무실, 건설 현장 등 일과 관련된 안전은 직업 안전의 영역이다.

107. 다음 중 물리적 안전의 특징으로 볼 수 있는 것은?

① 장기적이며 다양한 방법으로 접근해야 확보할 수 있다.

② 인지적, 정서적 상태이므로 직접 눈으로 확인이 어렵다.

③ 개개인 별로 느끼는 정도가 다르다.

④ 상대적으로 단기간, 단편적인 방법으로 확보할 수 있다.

> 📖 **해설**
>
> 정답 외의 세 문항은 심리적 안전의 특징이다.

108. 우리나라 안전 교육의 특징에 해당하지 <u>않는</u> 것은?

① 우리나라 안전 교육은 소방의 개념 아래 이뤄져 왔다.

② 생활 안전과 관련한 전반 분야와 안전을 위한 모든 활동과 민생 지원 활동까지 확대되어 오고 있다.

③ 의무소방대, 의용소방대 등 다양한 소방 단체의 조직과 활동으로 이어지고 있다.

④ 소방 관련 공무원을 중심으로 교육이 이뤄지고 있다.

> 📖 **해설**
>
> 우리나라 소방 교육은 모든 국민이 대상이다.

109. '재난'의 분류와 관련해 <u>잘못</u> 연결된 것은?

① 자연재해–기후성 재해–화산 폭발 등

② 자연재해–지진성 재해–지진, 해일 등

③ 인위재해–사고성 재해–교통사고, 방사능 재해 등

④ 인위재해–계획적 재해–폭동, 테러 등

> 📖 **해설**
>
> 화산 폭발은 지진성 재해이다.

110. '재난'의 특성으로 볼 수 없는 것은?

① 재난 발생 원인은 한 가지만 있는 것이 아니다.
② 재난의 발생 과정은 도발적이며 강력한 충격파를 보인다.
③ 2차 피해의 위험이 크므로 사전 예방이 무엇보다 중요하다.
④ 장소와 시간, 기술, 환경 등 요소에 따라 발생 빈도와 피해 규모가 다 다르다.

해설

재난은 사전 예방이 어렵다.

111. 다음의 사고 발생 이론 중 설명이 잘못된 것은?

① 도미노이론: 경제학자 피터 드러커가 주창한 것으로, 대형 사고가 발생하기 전 수많은 가벼운 사고와 징후가 존재한다는 이론
② 재해 및 사고 발생 5단계론: 사고 발생 요인에 대해 인적 요인 외에도 통제, 관리 측면까지 확대했다.
③ 깨진 유리창 이론: 사소한 무질서나 결함을 방치하면 후에 더 큰 피해가 온다는 이론
④ 스위스 치즈 모델: 사고나 재난은 한 가지 요소가 아닌 여러 위험 요소가 동시다발적으로 발생해야 일어난다는 이론

해설

도미노이론을 주창한 이는 미국 산업안전 전문가 하인리히이다.

112. '자연 재난'의 종류로 맞게 연결된 것은?

① 사회적 재난-특정 지역의 풍토병
② 생물 재난-병충해
③ 지변 재난-오랜 가뭄으로 인한 한해
④ 기상 재난-미세먼지

해설

특정 지역 풍토병은 생물 재난, 한해는 기상 재난, 미세먼지는 사회적 재난이다.

113. 영·유아 안전과 관련해 **잘못된** 설명은?

① 영·유아 안전은 신체는 물론 정신적, 정서적 안정과 행복한 삶을 영위하는 데까지 의미가 확장된다.

② 영·유아 안전은 성인이 되기까지 행복하고 건강하게 성장하고 발달하는 데 기본적인 조건이 된다.

③ 영·유아는 심신이 건강하고 안정되어야 타인과 긍정적 관계를 형성해 나갈 수 있다.

④ 영·유아 안전에서 중요한 것은 성인의 역할이 없이 주체적으로 이뤄져야 한다.

📖 해설

영·유아 안전에서 가장 중요한 것은 성인 보호자의 역할이다.

114. 영·유아 안전사고 사망 원인으로 가장 많은 것은?

① 교통사고   ② 추락 사고   ③ 익사 사고   ④ 화재 사고

📖 해설

영·유아 사망 사고의 40%가 교통사고이다.

115. 영·유아 안전사고의 특징을 바르게 설명한 것은?

① 영아들의 경우 보행 사고가, 유아의 경우 질식, 추락 사고가 많다.

② 나이가 많아질수록 영·유아는 타인을 인식함으로써 위험 인지가 급격히 용이해진다.

③ 영·유아에게 위험한 자연환경, 화로 등 환경이 열악한 캠핑장에서 영·유아 사고가 상대적으로 많다.

④ 나이가 많아질수록 영·유아는 호기심이 줄어든다.

📖 해설

질식, 추락 사고는 영아에게서, 보행 사고는 유아에게서 많이 발생한다.

116. 영·유아 안전관리상 물놀이 수칙에 포함되지 <u>않는</u> 것은?

① 물놀이 전 준비운동을 하고 영·유아는 반드시 구명조끼를 착용한다.
② 물에 들어갈 때는 심장에 먼저 물을 묻힌 후 들어간다.
③ 장시간 수영하거나 호수, 강 등에서 혼자 물놀이하지 않는다.
④ 영·유아가 물놀이할 때는 반드시 보호자가 함께해야 한다.

> 📖 **해설**
>
> 물에 들어갈 때는 심장에서부터 먼 부분부터 들어가야 한다.

 화재 예방 및 소화기 사용법

117. 화재의 분류 및 표시 방법으로 적절하지 <u>않은</u> 것은?

① 일반 화재─백색
② 유류 화재 및 가스 화재─황색
③ 전기 화재─청색
④ 금속 화재─빨간색

> 📖 **해설**
>
> 금속 화재는 빨간색이 아닌 무색으로 표시한다.

118. 일반 화재 예방 요령으로 옳지 <u>않은</u> 것은?

① 모닥불은 지정된 장소에서 피울 수 있도록 하고, 주변에는 방화수 또는 방화사를 비치하여 화재를 대비할 수 있도록 한다.
② 모닥불 주변에서 아이들이 불장난하지 않도록 관리한다.
③ 화목 보일러는 연료 투입구, 연통 및 굴뚝 연결부의 상태를 주의 깊게 관찰하고 관리한다.
④ 담배는 지정된 장소에서 피울 수 있도록 하고, 꽁초는 함부로 버려도 된다.

> 📖 **해설**
>
> 꽁초를 함부로 버리면 안 된다.

119. 전기 화재 예방 요령으로 옳지 <u>않은</u> 것은?

① 누전으로 인한 화재를 예방하기 위해서는 누전차단기를 설치하고 기기 외함에는 접지한다.
② 노후 배선에서 선이 벗겨져 합선되는 경우가 많으므로 관리에 주의한다.
③ 과전류 발생 시 전기를 차단하는 퓨즈 또는 차단기를 설치할 필요는 없다.
④ 전기담요 등은 밟거나 접어서 사용하면 위험하며 전선 등은 말아서 사용하지 않는다.

📖 해설

퓨즈 또는 차단기를 설치하면 전기 화재 예방이 용이하다.

120. 가스별 특성으로 알맞지 <u>않은</u> 것은?

① 액화석유가스(LPG): 프로판과 부탄이 주성분으로, 공기보다 약 2~3배 정도 무거움
② 액화석유가스(LPG): 누설되면 낮은 곳에 체류하며, 순수한 LPG는 무색무취나 사용하는 LPG는 마늘 썩는 냄새가 남
③ 액화천연가스(LNG): 메탄이 주성분으로 공기보다 약 0.65배 가벼워 누설되면 높은 곳에 체류하며 주로 도시가스로 공급됨
④ 도시가스: 도시가스는 LNG, LPG, 납사 등을 주원료로 파이프라인을 통해 가정에 공급되며, 현재 도시는 천연가스, 기타 지역은 LPG에 공기를 혼합하여 사용함

📖 해설

LPG는 공기보다 약 1.5~2배 정도 무겁다.

121. 가스 화재의 유형으로 옳지 <u>않은</u> 것은?

① 실내용 보관 용기의 가스 누설
② 점화 확인으로 누설 폭발
③ 환기 불량에 의한 질식사
④ 가스 사용 중 장시간 자리 비움

📖 해설

점화 미확인으로 누설 폭발

122. 다음의 가스 화재 발생 원인으로 바르지 않은 것은?

① 연결 호스 접속 불량 방치
② 인화성 물질 동시 사용
③ 점화 코크 조작 능숙
④ 휴대용 부탄가스 과열로 인한 폭발

해설

점화 코크 조작 미숙

123. 가스 화재 예방 요령으로 옳지 않은 것은?

① 사용 전에는 가스 불을 켜기 전에 새는 곳이 없는지 냄새로 확인한다.
② 장시간 외출 후에는 창문을 열어 실내를 환기한다.
③ 가스레인지 주변에는 가연물을 가까이 두어도 상관없다.
④ 사용 중에는 점화 코크를 돌려 점화시키고 불이 붙었는지 확인한다.

해설

가스레인지 주변에는 가연물을 가까이 두지 않도록 한다.

124. 휴대용 가스레인지 사용 시 주의 사항으로 옳지 않은 것은?

① 밀폐된 텐트 안이나 좁은 방에서 사용 금지한다.
② 요리판이 삼발이보다 넓지 않은 것을 사용한다.
③ 용기(캔) 접속 시 완전히 결합되도록 한다.
④ 무허가 제품이라도 사용엔 이상 없으므로 사용한다.

해설

무허가 제품을 사용하지 않는다.

125. 유류 화재의 특성으로 옳지 <u>않은</u> 것은?

① 유류는 인화성 물질로 석유류 등을 말한다.
② 순식간에 확대되어 위험성이 대단히 높다.
③ 특히 야영장에서는 아이들도 쉽게 접할 수 있다.
④ 운영자(관리자)는 특히 세심한 주의를 기울일 필요는 없다.

📖 **해설**

운영자(관리자)는 특히 세심한 주의를 기울여야 한다.

126. 유류 화재가 발생 가능한 환경이 <u>아닌</u> 것은?

① 튀김 요리 중 식용유 등이 가열되었을 경우 갑자기 물을 뿌릴 때
② 난로에 기름을 넣을 때 유증기가 발생, 이때 주변에 불씨가 없을 때
③ 석유난로에 불을 끄지 않고 기름을 넣을 때
④ 모닥불의 원활한 연소와 화력을 키우기 위하여 유류(휘발유)를 사용할 때

📖 **해설**

난로에 기름을 넣을 때 유증기가 발생, 이때 주변에 불씨가 있으면 발화되기 쉬워 위험하다.

127. 유류 화재 예방 요령으로 올바르지 <u>않은</u> 것은?

① 유류 저장소는 밀폐된 공간에 설치한다.
② 가솔린 등 인화물질은 용도에 맞게 사용한다.
③ 급유 시 실외에서 하도록 하고, 급유 중 흘린 기름은 닦아낸다.
④ 난로 주변에는 소화기나 모래 등을 준비한다.

📖 **해설**

유류 저장소는 환기가 잘되도록 한다.

128. 화재 발생 시 행동 요령으로 옳지 않은 것은?

① 불을 발견하면 질식의 위험이 있으므로 큰 소리를 내지 말고 신속히 대피한다.
② 화재 경보 비상벨을 누른다.
③ 119에 신고한다.
④ 소화기 등 소방시설을 이용하여 신속한 초기 진화를 실시한다.

📖 해설

불을 발견하면 '불이야!' 하고 큰 소리로 외쳐 사람들에게 알린다.

129. 야영장 내의 안전한 전기 사용을 위한 기준으로 옳지 <u>않은</u> 것은?

① 각종 전기 시설 등은 법령에 적합하게 설치하고, 안전 인증 제품을 사용한다.
② 야외 누전차단기는 방수형 단자함에 설치한다.
③ 옥외용 전선은 가요전선관을 통해 적정 깊이(50cm 이상 권고)에 매설한다.
④ 옥외용 전선은 충분한 높이(200cm 이상 권고)에 설치하고, 피복이 손상되지 않도록 한다.

📖 해설

가요전선관은 합성수지로 제작된 제품으로 운반이 간편하고 결로가 없으며, 온도에 따른 변화가 없다.

130. 소화기의 중요성으로 옳지 <u>않은</u> 것은?

① 화재 발생 후 5분이 지나면 프레시 오버 현상이 발생한다.
② 화재 발생 후 5~10분 경과 시 대형 화재로 진행된다.
③ 가장 중요한 것은 최초 발견자에 의한 초기 소화이다.
④ 화재 초기에 소화기 1개는 소방차 1대보다 효과가 작다.

📖 해설

화재 초기에 소화기 1개는 소방차 1대보다 효과가 크다.

131. 다음 중 소화기 종류에 따른 약제 주성분으로 옳지 <u>않은</u> 것은?

① 분말소화기: 인산암모늄
② 이산화탄소 소화기: 이산화탄소
③ 하론 소화기: 탄소, 불소, 염소, 브롬
④ 청정 약제 소화기: 이산화탄소, 수소

> **해설**
>
> 청정 약제 소화기는 탄소, 수소, 불소가 주성분이다.

132. 축압식 소화기 압력 게이지에 대한 설명 중 옳지 <u>않은</u> 것은?

① 적색: 과압
② 녹색: 정상
③ 황색: 압력 부족
④ 흑색: 사용 불가

> **해설**
>
> 소화기 압력 게이지에는 흑색이 없다.

133. 다음 중 소화기 사용법으로 옳지 <u>않은</u> 것은?

① 손잡이를 잡은 상태에서 소화기를 든다.
② 소화기 밑바닥을 손으로 받쳐 든다.
③ 바람을 등지고 화점 부근으로 접근한다.
④ 소화기는 불과 인접하여 사용할수록 좋다.

> **해설**
>
> 너무 가까이하여 화상을 입지 않도록 주의한다.

134. 다음 중 소화기 점검 절차로 옳지 <u>않은</u> 것은?

① 소방대상물에 대한 소화 기구의 층별 설치 개수를 파악할 필요는 없다.
② 적응성을 확인한다.
③ 설치 제한을 확인한다.
④ 보행 거리를 확인한다(사람이 제일 가까운 거리로 걸어서 약 20m).

> **해설**
>
> 소방대상물에 대한 소화 기구의 층별 설치 개수를 파악한다.

135. 다음 중 소화기의 세부 점검 방법으로 옳지 <u>않은</u> 것은?

① 설치 높이가 1.5m 이하이고, 보기 쉬운 곳에 비치되어 있는지 확인한다.
② 부식되거나 파손된 부분이 없어야 하고, 안전핀이 적정하게 꽂혀있어야 한다.
③ 눈에 쉽게 띌 수 있도록 한곳에 모아놓는다.
④ 검정 제품인지 라벨을 보고 확인한다.

> **해설**
>
> 한곳에 모아놓지는 않았는지 확인하고, 보행 거리에 맞게 분산 배치한다.

✏️ 약물 중독 및 감염병 예방

136. 인체 유해 물질의 종류와 부작용을 <u>잘못</u> 연결한 것은?

① 의약품-지사제-현기증, 구토
② 가정 화학제품-살충제-호흡 곤란, 홍분, 떨림
③ 흡입제-헬륨가스-호흡 곤란, 신진대사 장애
④ 기타-담배-구토, 현기증

> **해설**
>
> 헬륨가스는 유해 물질에 해당하지 않는다.

137. 감염병과 전파 경로가 <u>잘못</u> 연결된 것은?

① 결핵, 수두−공기 전파
② 세균성 이질, 노로바이러스 감염증−접촉 전파
③ 수두, 풍진, 인플루엔자−비말 전파
④ 일본뇌염, 말라리아−성관계 전파

📖 **해설**

일본뇌염, 말라리아의 전파 경로는 모기에 의한 매개체 전파이다.

138. 다음 중 감염병 예방법으로 올바르지 <u>않은</u> 것은?

① 사람이 많이 모이는 곳을 굳이 피할 필요는 없다.
② 생활환경을 청결히 하고 실내 환기를 자주 한다.
③ 손 씻기를 생활화하고 더러운 손으로 코나 입을 만지지 않는다.
④ 야외 활동 시 잔디에 눕거나 잠자지 않으며 적절한 의복과 보호 장비를 착용한다.

📖 **해설**

감염병이 창궐할 때는 사람이 많이 모이는 곳은 되도록 피한다.

정답 chapter. 3 안전 관리와 재난 대응

105. ③	106. ②	107. ④	108. ④	109. ①	110. ③	111. ①	112. ②	113. ④	114. ①
115. ③	116. ②	117. ④	118. ④	119. ③	120. ①	121. ②	122. ③	123. ③	124. ④
125. ④	126. ②	127. ①	128. ①	129. ④	130. ④	131. ④	132. ④	133. ④	134. ①
135. ③	136. ③	137. ④	138. ①						

PART 4

응급조치와 구조·구급법

 응급처치개요

139. 다음 중 응급처치의 정의로 옳지 않은 것은?

① 위급한 상황의 환자에게 우선 생명을 구하기 위하여 의료상의 조처를 하는 행위이다.

② 응급 의료 체계에 신고한 후 도움을 받기 전까지 현장에서의 신속한 처치이다.

③ 환자의 생명을 구하고 장애를 최소화한다.

④ 충분한 회복을 위해 치료 시간을 연장하는 것을 말한다.

> **📖 해설**
>
> 치료 시간을 단축하는 것을 말한다.

140. 응급처치의 목적으로 옳지 않은 것은?

① 환자의 생명을 구하고 유지한다.

② 질병 등 병세의 악화를 방지한다.

③ 환자의 고통을 경감시킨다.

④ 환자가 충분한 시간을 두고 치료받을 수 있도록 한다.

> **📖 해설**
>
> 환자의 치료, 입원 기간을 단축한다.

141. 응급처치 교육의 목적으로 옳지 <u>않은</u> 것은?

① 응급처치 기술을 익히면 손상의 악화를 방지하고 회복에 도움을 주긴 어렵다.
② 응급처치를 배우면 발병 원인을 알고 위급 상황에 대한 대처 능력을 갖추게 된다.
③ 생활 안전에 대한 높은 의식을 갖게 되어 항상 자신과 다른 사람의 안전에 관심을 두고 대비할 수 있다.
④ 적절한 응급처치 기술을 습득할 수 있다.

> 📖 **해설**
>
> 응급처치 기술을 익히면 손상의 악화를 방지하고 회복에 도움을 줄 수 있다.

142. 응급 상황에서의 행동 중 '현장 조사' 단계에서 알맞지 <u>않은</u> 것은?

① 현장의 안전 상태와 위험 요소를 확인한다.
② 사고 상황과 환자 및 부상자의 수를 파악한다.
③ 응급처치에 도움을 줄 수 있는 사람을 확인한다.
④ 아무리 긴급한 상황이라도 자신보다 다른 사람에게 먼저 주의를 기울여야 한다.

> 📖 **해설**
>
> 아무리 긴급한 상황이라도 자신의 안전에 주의를 기울여야 한다.

143. 응급 상황에서의 행동 중 '구조 요청' 단계에서 알맞지 <u>않은</u> 것은?

① 현장 조사와 함께 응급 의료 체계에 육하원칙에 따라 신고한다.
② 환자의 위치를 정확히 알려야 한다.
③ 신고하는 사람의 이름과 전화번호를 알릴 필요는 없다.
④ 일어난 상황에 관해서 설명한다.

> 📖 **해설**
>
> 전화가 끊겼을 때, 119에 필요한 정보를 확인하기 위해 신고하는 사람의 이름과 전화번호를 알려줘야 한다.

144. 응급 상황에서의 행동 중 '응급처치' 단계에서 알맞지 않은 것은?

① 환자의 생명이 위급한지 평가한 후 적절한 응급처치를 시행한다.
② 심장, 폐, 뇌, 척추 등 생명이 위급한 부위의 평가가 중요하다.
③ 부상자를 운반할 때는 손상 부위에 충격이 없도록 주의한다.
④ 간헐적인 응급처치를 시행한다.

> 📖 **해설**
>
> 지속적인 응급처치를 시행한다.

145. 응급 상황에서의 행동 요령으로 옳지 않은 것은?

① 환자로 의심되는 사람이 보이면 무작정 접근하여 환자의 상태를 우선 확인한다.
② 환자에게 다가가 어깨를 가볍게 두드리며 '괜찮으세요?'라고 물어본다.
③ 환자의 반응은 있으나 진료가 필요한 상태이면 119에 연락한다.
④ 환자의 상태를 자주 확인하면서 응급 의료 상담원의 지시를 따른다.

> 📖 **해설**
>
> 환자에게 접근하기 전에 구조자는 현장 상황이 안전한지를 우선 확인한다.

146. 응급 상황에서 119 신고 시 행동 요령으로 옳지 않은 것은?

① 심정지 상태임을 인지하면 바로 119에 신고한다.
② 만약 신고자가 자동제세동기 교육을 받은 구조자면 자동제세동기를 즉시 사용한다.
③ 순서에 따라 심폐소생술을 시행한다.
④ 본인의 판단에 따라 응급처치를 시행한다.

> 📖 **해설**
>
> 응급 의료 상담원의 지시를 따를 수 있도록 한다.

147. 119에 신고할 때 구조자의 행동으로 옳지 <u>않은</u> 것은?

① 응급 의료 상담원의 질문에 대답하기보다 상황을 알리도록 한다.
② 발생 장소와 상황을 알린다.
③ 환자의 숫자와 상태를 알린다.
④ 필요한 도움을 요청한다.

> 📖 **해설**
>
> 응급 의료 상담원의 질문에 대답을 할 수 있도록 한다.

148. 응급 상황 행동 가운데 '응급처치' 단계에서 밟아야 할 행동이 <u>아닌</u> 것은?

① 응급 의료진이 도착하면 환자 상태에 대하여 정확히 알려야 한다.
② 자신이 응급처치자임을 알릴 필요는 없다.
③ 의식이 없는 환자에게는 경구에 아무것도 투여하지 않도록 한다.
④ 부상자를 옮길 때는 적절한 운반법을 활용한다.

> 📖 **해설**
>
> 자신이 응급처치자 임을 알려야 한다.

149. 응급 상황에서 심폐소생술은 매우 중요한 과정이다. 다음 설명 중 옳지 <u>않은</u> 것은?

① 산소가 인체로 들어와 세포로 운반되기 위해서는 기도가 폐쇄되어 있어야 한다.
② 호흡이 먼저 중지되면 심장박동도 곧 멈출 것이다.
③ 응급처치에 있어 기도를 매우 강조하고 있다.
④ 기도가 개방되어 있어도 환자가 호흡할 수 없다면 산소가 인체 내로 들어갈 수 없어 세포로의 산소 공급이 중단되어 사망에 이르게 된다.

> 📖 **해설**
>
> 산소가 인체로 들어와 세포로 운반되기 위해서는 기도(입과 코에서 폐로 연결되는 통로)가 개방되어 있어야 한다.

150. 심정지 의심 환자를 발견했을 때 초기 대처는 무척 중요하다. 심정지 의심 환자 발견 시 조치로 옳지 않은 것은?

① 일반인의 경우 응급의료전화상담원의 전화 도움을 받아 심폐소생술을 시행한다.
② 5~6cm 미만의 깊이로 최소 분당 100~120회 이내의 속도로 가슴 압박을 하도록 권장한다.
③ 가슴 압박의 중단을 최대화하여야 한다.
④ 2006년 지침에서부터 일반인의 맥박 확인 행위는 삭제된 바 있다.

> **해설**
>
> 가슴 압박의 중단을 최소화하여야 한다.

151. 캠핑 시 필수적으로 갖춰야 할 구급상자와 관련한 설명 중 올바른 것은?

① 뱀이나 벌 등 독이 있는 생물에 물리거나 쏘였을 때 독을 제거하기 위해 거즈를 사용한다.
② 구급상자는 다른 캠핑 용품을 모두 갖춘 후 구비하는 것이 좋다.
③ 구급상자 속의 약은 1년에 한 번씩 점검해서 유통기간이 지난 것은 새 약으로 갈아준다.
④ 밴드는 세균에 의한 2차 피해를 예방하기 위한 필수품이다.

> **해설**
>
> ①은 포이즌 리무버, ④는 소독약에 대한 설명이며, 구급상자는 필수적으로 챙겨야 한다.

152. 구급상자에 들어가는 품목이 아닌 것은?

① 붕대와 거즈
② 호루라기
③ 밴드
④ 가위

> **해설**
>
> 호루라기는 구급 용품이 아니다.

153. 구급 용품과 용도가 <u>잘못</u> 짝 지워진 것은?

① 소독약– 타박상이나 염좌 같은 상처를 입었을 때 환부의 열을 급속히 식혀준다.
② 붕대와 거즈– 피가 날 때 출혈이나 세균의 감염을 막는 데 필요하다.
③ 핀셋– 가시나 벌침을 빼낼 때 유용하다.
④ 위생 면봉– 환부에 소독약이나 연고를 바를 때 사용된다.

📖 해설

타박상이나 염좌 같은 상저를 입었을 때 환부의 열을 급속히 식혀수는 것은 스프레이이나.

환자 평가

154. 현장 조사의 네 가지 요소가 <u>아닌</u> 것은?

① 현장 안전 확인
② 감염 방지 조치
③ 외상에 대한 손상 기전 파악
④ 구급차 도착 시간 파악

📖 해설

구급차 도착 시간 파악이 아닌 환자 수 파악이다.

155. 현장 조사에 관한 설명 중 옳지 <u>않은</u> 것은?

① 현장에 접근하기 전 현장의 위험 요소를 파악하여 처치자, 환자, 목격자의 안전을
   확보한 후 접근해야 한다.
② 환자의 신체 분비물은 신경 쓰지 않아도 된다.
③ 외상 환자의 경우 사고 현장에서 손상 기전을 파악함으로써 초기에 손상의 부위형태정도를
   예측할 수 있다.
④ 현장에는 여러 명의 환자가 있을 수 있으므로 주위를 둘러보고 사고와 관련된 사람에
   물어봄으로써 정확한 환자 수를 파악할 수 있다.

📖 해설

환자의 신체 분비물로부터 적절한 개인 보호 장비를 착용해야 한다.

156. 다음 일차 평가의 순서에서 내용이 올바르지 <u>않은</u> 것은?

① 현장 상태 확인
② 기도 개방(A-Airway)
③ 호흡 상태 평가(B-Breathing)
④ 순환 상태 평가(C-Circulation)

📖 **해설**

현장 상태 확인이 아니라 의식 상태 확인이다.

157. 일차 평가에 대한 설명으로 옳지 <u>않은</u> 것은?

① 일차 평가의 목적은 심장, 폐, 뇌 그리고 척추와 같이 생명에 직결되는 부위의 이상 여부를 신속히 평가하는 것이다.
② 일차 평가를 하는 동안 생명을 위협하는 상태를 발견했을 때도 일차 평가 후 응급처치를 한다.
③ 일차 평가를 하는 동안 기도가 막혔거나 심한 출혈이 있는 경우는 반드시 해당 응급처치를 하고 나서 다음 평가를 계속한다.
④ 일차 평가는 ㉠ 의식 상태 확인 ㉡ 기도 개방 ㉢ 호흡 상태 평가 ㉣ 순환 상태 평가 순으로 실시한다.

📖 **해설**

일차 평가를 하는 동안 생명을 위협하는 상태를 발견했을 경우 반드시 응급처치를 시행하고 나서 다음 평가를 계속한다.

158. 의식 상태 확인 방법(AVPU 척도)으로 알맞지 <u>않은</u> 것은?

① 의식 명료(Alert): 깨어있고 자신의 이름, 장소, 현재 시각에 대해 명료하게 대답
② 목소리 반응(Voice): 이름, 장소, 현재 시각을 모를 수 있으나 목소리에 반응
③ 통증 반응(Painful): 눈을 뜨지 않고 질문에 답하지 않음. 피부를 꼬집는 등 통증에 반응
④ 무반응(Unresponsive): 눈을 뜨지 않고 통증 자극 등 어떤 자극에도 반응하지 않음

📖 **해설**

AVPU 척도 중 V는 '언어 반응(Verbal): 이름, 장소, 현재 시각을 모를 수 있으나 언어 자극에 반응'이다.

159. 다음 중 일차 평가에 대한 설명으로 옳지 <u>않은</u> 것은?

① 의식 상태 확인은 환자에게 자기를 알림으로써 간단히 환자의 의식 상태를 확인함과 아울러 치료 및 이송에 대한 동의를 구할 수 있다.

② 척추 손상이 의심되는 환자는 환자를 움직이지 않게 고정한 상태에서 상악 견인법을 실시하여 기도를 개방하여 준다.

③ 호흡 상태 평가 시 가슴이 올라갔다 내려갔다 하는지 본다.

④ 골골하거나 코 고는 소리와 비슷한 비정상적인 숨소리나 호흡 곤란 증세가 있는지 관찰한다.

📖 해설

척추 손상이 의심되는 환자는 환자를 움직이지 않게 고정한 상태에서 하악 견인법을 실시하여 기도를 개방하여 준다.

160. 일차 평가 시 취해야 할 행동으로 <u>잘못된</u> 것은?

① 맥박이 없고 순환의 증거가 있으면 심폐소생술(CPR)을 시작한다.

② 피부 상태는 요골 맥박을 확인하면서 동시에 피부 상태(색, 온도, 습도)를 평가하여 혈액순환을 평가한다.

③ 호흡 상태 평가 시 환자의 코와 입에서 내 쉬는 공기의 흐름을 느껴본다.

④ 심한 출혈 환자는 1~2분 이내에 사망에 이를 수 있을 정도로 혈액을 잃을 수 있다.

📖 해설

맥박이 없고 순환의 증거(스스로 호흡, 기침, 움직임)가 없으면 심폐소생술(CPR)을 시작한다.

161. 일차 평가와 관련 바르지 <u>않은</u> 내용은?

① 순환 상태는 순환의 증거(환자 스스로 호흡, 기침, 움직임), 맥박, 피부 상태, 출혈을 확인한다.

② 기도가 개방된 것이 확실하면 호흡을 확인한다.

③ 외상환자의 경우 기도 개방 시 목등뼈를 고정하면 안 된다.

④ 환자에게 출혈이 있을 경우 신속하게 지혈한다.

📖 해설

외상환자의 경우 기도 개방 시 손으로 계속 목등뼈를 고정해야 한다.

심폐소생술(가슴 압박, 인공호흡), 자동제세동기(AED)

162. 심폐소생술에 대한 설명으로 옳지 <u>않은</u> 것은?

① 인체의 세포가 살기 위해서는 산소가 반드시 있어야 한다.
② 호흡과 심장박동은 상호 보완적이다.
③ 환자의 기도 폐쇄는 매우 쉽고, 흔하게 일어난다.
④ 만약 기도가 개방되어 있지 않다면 공기가 폐로 들어갈 수 없다.

> **해설**
>
> 호흡과 심장박동은 매우 의존적이다.

163. 심정지가 의심되는 환자를 발견했을 때의 조치로 옳지 <u>않은</u> 것은?

① 2015년 한국 심폐소생술 지침은 5년 주기 미국심장협회(AHIA) 등에서 제정된 공용 심폐소생술 가이드라인을 근거로 하고 있다.
② 가슴 압박 소생술을 하면 심정지 환자의 생존율을 높일 수 있다.
③ 심정지의 즉각적인 확인은 무반응과 비정상적인 호흡의 여부로 판단한다.
④ 가슴 압박을 지연해서라도 맥박 유무를 꼭 확인한다.

> **해설**
>
> 맥박 유무를 확인하기 위해 가슴 압박을 지연해서는 안 된다.

164. 인공호흡 방법으로 옳지 <u>않은</u> 것은?

① 1초에 걸쳐 인공호흡을 한다.
② 가슴 상승이 눈으로 확인될 정도의 1회 호흡량으로 호흡한다.
③ 가슴 압박 동안에도 인공호흡을 멈추지 않고 계속 시행한다.
④ 인공호흡을 과도하게 하여 과 환기를 유발하지 않는다.

> **해설**
>
> 가슴 압박 동안에 인공호흡이 동시에 이루어지지 않도록 주의한다.

165. 인공호흡(심폐소생술)**에 대한 설명으로 옳지 않은 것은?**

① 2011년 심폐소생술 지침의 중요한 변화는 가슴 압박을 하기 전에 인공호흡을 우선으로 시행할 것을 권장한 것이다.

② 가슴 압박을 우선하는 심폐소생술 순서는 가슴 압박의 중요성을 강조하고 가슴 압박을 신속히 시작하도록 하기 위한 것이다.

③ 인공호흡은 심폐소생술에서 중요한 요소이다.

④ 효율적인 인공호흡은 심정지 환자의 생존에 필수적인 요소이다.

> 📖 **해설**
>
> 2011년 심폐소생술 지침에서의 중요한 변화는 인공호흡을 하기 전에 가슴 압박을 우선으로 시행할 것을 권장한 것이다.

166. 일반인 구조자의 기도 유지에 대한 설명으로 옳지 않은 것은?

① 일반인 구조자는 머리 기울임-턱 들어 올리기(head till-chin lif) 방법을 사용하여 기도를 개방하도록 권장한다.

② 머리 기울임-턱 들어 올리기(head till-chin lif) 방법은 한 손을 심정지 환자의 이마에 대고 손바닥으로 압력을 가하여 환자의 머리가 뒤로 기울어지게 하면서, 다른 손의 손가락으로 아래턱의 뼈 부분을 머리 쪽으로 당겨 턱을 받쳐주어 머리를 뒤로 기울이는 것이다.

③ 머리 기울임-턱 들어 올리기(head till-chin lif) 시 턱 아래 부위의 연부조직을 깊게 누르면 오히려 기도를 막을 수 있으므로 주의해야 한다.

④ 기도가 열리면 심정지 환자의 입을 열어 입-입 인공호흡을 준비한다.

> 📖 **해설**
>
> 가슴 압박과 인공호흡을 자신 있게 수행할 수 있도록 훈련된 일반인 구조자는 머리 기울임-턱 들어 올리기(head till-chin lif) 방법을 사용하여 기도를 개방하도록 권장한다.

167. 응급 의료 종사자의 기도 유지에 대한 설명으로 옳지 <u>않은</u> 것은?

① 응급 의료 종사자는 머리나 목에 외상의 증거가 없는 심정지 환자의 기도를 확보할 때, 반드시 머리 기울임-턱 들어 올리기 방법으로 기도를 유지해야 한다.

② 척추 손상 위험이 의심되는 때는 먼저 구조자의 손으로 척추 움직임을 제한하는 것보다 척추 고정 장치를 적용하는 것을 고려한다.

③ 만약 경축 손상이 의심되는 때는 머리를 신전시키지 않는 턱 들어 올리기 방법을 사용하여 기도를 확보해야 한다.

④ 구조자는 심정지의 머리 쪽에서 두 손을 각각 환자 머리의 양옆에 두고, 팔꿈치는 바닥에 닿게 한다.

> **해설**
>
> 척추 손상 위험이 의심될 때는 척추 고정 장치를 적용하는 것보다 먼저 구조자의 손으로 척추 움직임을 제한하는 것을 고려한다.

168. 가슴 압박(심폐소생술)에 대한 설명으로 옳지 <u>않은</u> 것은?

① 효과적인 가슴 압박은 심폐소생술 동안 심장과 뇌로 충분한 혈류를 전달하기 위한 필수적 요소이다.

② 가슴 압박 이후 다음 압박을 위한 혈류가 심장으로 충분히 채워지도록 각각의 압박 이후 가슴의 이완이 충분히 이루어지도록 한다.

③ 2011년 지침에서는 심폐소생술 교육을 받은 적이 없거나 할 수 있는 자신이 없는 일반인은 가슴 압박 소생술(hands-only CPR)을 하도록 권장한다.

④ 심폐소생술의 일관적인 질 유지와 구조자의 피로도를 고려하여 3분마다 가슴 압박과 인공호흡을 교대할 것을 권장한다.

> **해설**
>
> 심폐소생술의 일관적인 질 유지와 구조자의 피로도를 고려하여 2분마다 가슴 압박과 인공호흡을 교대할 것을 권장한다.

169. 응급 상황에서의 행동 순서로 옳은 것은?

① 환자 반응 확인 ⋯ 위험 여부 확인 ⋯ 주위에 도움 요청 ⋯ 기도 확보와 호흡 확인 ⋯ 구조 요청

② 위험 여부 확인 ⋯ 환자 반응 확인 ⋯ 주위에 도움 요청 ⋯ 기도 확보와 호흡 확인 ⋯ 구조 요청

③ 구조 요청 ⋯ 위험 여부 확인 ⋯ 환자 반응 확인 ⋯ 주위에 도움 요청 ⋯ 기도 확보와 호흡 확인

④ 환자 반응 확인 ⋯ 주위에 도움 요청 ⋯ 환자 반응 확인 ⋯ 구조 요청 ⋯ 기도 확보와 호흡 확인 ⋯ 위험 여부 확인

📖 해설

위급 상황에서는 위험 여부 확인 ⋯ 환자 반응 확인 ⋯ 주위에 도움 요청 ⋯ 기도 확보와 호흡 확인 ⋯ 구조 요청 순서에 따라 조치한다.

170. 심폐소생술 진행 순서로 옳은 것은?

① 호흡 등 환자 상태 확인 ⋯ 환자의 반응 확인 ⋯ 기도 개방 ⋯ 가슴 압박 30회 시행 ⋯ 인공호흡 2회 시행 ⋯ 119 신고

② 119 신고 ⋯ 환자의 반응 확인 ⋯ 호흡 등 환자 상태 확인 ⋯ 기도 개방 ⋯ 가슴 압박 30회 시행 ⋯ 인공호흡 2회 시행

③ 환자의 반응 확인 ⋯ 119 신고 ⋯ 호흡 등 환자 상태 확인 ⋯ 기도 개방 ⋯ 가슴 압박 30회 시행 ⋯ 인공호흡 2회 시행

④ 환자의 반응 확인 ⋯ 119 신고 ⋯ 호흡 등 환자 상태 확인 ⋯ 기도 개방 ⋯ 인공호흡 2회 시행 ⋯ 가슴 압박 30회 시행

📖 해설

심폐소생술은 환자의 반응 확인 ⋯ 119 신고 ⋯ 호흡 등 환자 상태 확인 ⋯ 기도 개방 ⋯ 가슴 압박 30회 시행 ⋯ 인공호흡 2회 시행의 순서로 진행한다.

171. 다음 중 옳지 않은 것은?

① 정상인에게서는 산소화와 이산화탄소 배출을 유지하기 위해 1kg당 8~10mL의 1회 호흡량이 필요하다.
② 기도 폐쇄 또는 폐유 순도가 저하된 환자들은 적절한 환기(가슴 팽창의 확인 가능)를 위해 높은 압력이 필요할 수 있다.
③ 심폐소생술 동안 심정지 환자에게 과도한 인공호흡을 시행하여야 한다.
④ 심폐소생술 첫 몇 분 동안은 혈액 내 산소 함량이 적절하게 유지된다.

📖 해설

심폐소생술 동안 심정지 환자에게 과도한 인공호흡을 시행해서는 안 된다.

172. 심폐소생술과 관련한 다음 설명 중 옳지 않은 것은?

① 심폐소생술 중에는 정상적인 1회 호흡량이나 호흡수보다 더 적은 환기를 하여도 효과적인 산소화와 이산화탄소의 교환을 유지할 수 있다.
② 과도한 환기는 불필요하며, 위 팽창과 그 결과로써 역류, 흡인 같은 합병증을 유발할 수 있다.
③ 갑작스러운 심실세동 심정지가 발생한 직후 몇 분 동안 가슴 압박은 인공호흡보다 중요하지 않다.
④ 심정지가 지속된 환자(심정지로부터 경과한 시간을 정확히 모를 경우에도 해당)에게는 인공호흡과 가슴 압박 모두가 중요하다.

📖 해설

갑작스러운 심실세동 심정지가 발생한 직후 몇 분 동안 인공호흡은 가슴 압박보다 중요하지 않다.

173. 가슴 압박법의 설명으로 옳지 않은 것은?

① 환자를 딱딱하고 평평한 곳에 눕힌 후 실시한다.
② 가슴 압박 시 온몸의 체중을 싣는 것이 아니라 팔과 어깨의 힘으로만 가슴을 압박한다.
③ 팔꿈치를 쭉 펴고 어깨가 환자의 가슴과 수직이 되도록 자세를 잡아야 한다.
④ 가슴이 최소 5cm 이상 깊이 눌릴 정도로 강하게 압박한다.

📖 해설

가슴 압박 시 팔과 어깨의 힘이 아니라 온몸의 체중을 실어 가슴을 압박해야 한다.

174. 다음 중 인공호흡에 대한 설명으로 옳지 <u>않은</u> 것은?

① 입–입 인공호흡을 하는 방법은 먼저 환자의 기도를 개방하고, 환자의 코를 막은 다음 구조자의 입을 환자의 입에 밀착한다.

② '보통 호흡'보다 '깊은 호흡'을 제공하는 것은 환자의 폐가 과다 팽창되는 것을 방지하고, 구조자가 과호흡할 때 발생하는 어지러움이나 두통을 예방할 수 있다.

③ 첫 번째 인공호흡을 시도했을 때 환자의 가슴이 상승하지 않는다면 머리 젖히고–턱 들기를 정화히 다시 한 다음에 두 번째 인공호흡을 시행한다.

④ 구조자는 입–입 인공호흡을 망설이는 때는 보호 기구 사용을 선호한다.

📖 해설

'깊은 호흡'보다 '보통 호흡'을 제공하는 것은 환자의 폐가 과다 팽창되는 것을 방지하고, 구조자가 과호흡할 때 발생하는 어지러움이나 두통을 예방할 수 있다.

175. 인공호흡 시 주의할 점으로 옳지 <u>않은</u> 것은?

① 인공호흡은 보통 호흡(구조자가 숨을 깊이 들이쉬는 것이 아니라 평상시 호흡과 같은 양을 들이쉬는 것)을 1초 동안 환자에게 불어넣는 것이다.

② 인공호흡이 실패하는 가장 흔한 원인은 부적절한 기도 개방에 있다.

③ 자발 순환이 있는 환자에게 호흡 보조가 필요한 경우에는 10초마다 한 번씩 인공호흡을 시행하거나 분당 5~6회의 인공호흡을 시행한다.

④ 입–입 인공호흡을 통해 질병이 전염될 위험성은 매우 낮은 것으로 알려져 있으므로, 보호 기구를 준비하기 위해 인공호흡을 지연시키지 않아야 한다.

📖 해설

만약 자발 순환이 있는 환자(예. 강하고 쉽게 맥박이 만져지는 경우)에게 호흡 보조가 필요한 경우에는 5~6초마다 한 번씩 인공호흡을 시행하거나 분당 10~12회의 인공호흡을 시행한다.

176. 자동제세동기(AED)와 관련된 설명으로 옳지 <u>않은</u> 것은?

① 갑자기 발생한 심정지 대부분은 심실세동에 의해 유발된다.
② 심실세동의 가장 중요한 치료는 전기적 제세동(electrical defibrillation)이다.
③ 제세동 성공률은 심실세동 발생 직후부터 1분마다 2~3%씩 감소한다.
④ 제세동은 심정지 현장에서 신속하게 시행되어야 한다.

📖 해설

제세동 성공률은 심실세동 발생 직후부터 1분마다 7~10%씩 감소한다.

177. 자동제세동기에 대한 설명으로 옳지 <u>않은</u> 것은?

① 자동제세동기는 심정지 환자의 심전도를 자동으로 분석하여 제세동 시행 여부를 알려준다. 설정된 제세동 에너지를 스스로 충전하여 구조자에게 제세동을 하도록 유도한다.
② 자동제세동기는 구조자에게 제세동을 유도하는 방법에 따라 세 가지 형태로 구분한다.
③ 완전 자동 제세동기(fully automated)는 전원을 켠 후 환자의 가슴에 패드를 부착하면 제세동기 스스로 환자의 심전도를 분석하고, 에너지를 충전하여 구조자에게 알린 뒤에 제세동을 실시한다.
④ 반자동 제세동기(semi automated)는 환자의 심전도를 분석하여 제세동이 필요한 경우에 구조자에게 제세동 시행 버튼을 누르도록 음성 또는 화면으로 제시한다.

📖 해설

자동제세동기는 구조자에게 제세동을 유도하는 방법에 따라 두 가지 형태로 구분한다.

178. 성공적인 일반인 제세동 프로그램의 조건으로 옳지 <u>않은</u> 것은?

① 일반인 제세동 프로그램이 성공하려면, 우선 자동심장충격기가 심정지 발생 위험이 큰 장소에 설치되어야 한다.
② 자동심장충격기는 작동 상태, 배터리 성능, 패드의 상태와 유효 기간 등을 항상 점검할 필요는 없다.
③ 관련된 일차 반응자들을 지속해서 교육하고, 지역 응급 의료 체계와 연계하여 신속한 목격자 심폐소생술, 제세동 및 병원-전 응급처치가 이루어지도록 해야 한다.
④ 병원 밖 심정지 환자에게 자동제세동기를 적용하는 구조자는 신속한 제세동의 시행뿐만 아니라 자동심장충격기의 도착 전과 제세동을 시행한 직후에 즉시 양질의 심폐소생술을 시행해야 한다.

📖 해설

자동심장충격기는 언제라도 사용될 수 있도록 작동 상태, 배터리 성능, 패드의 상태와 유효 기간 등이 항상 점검되어야 한다.

179. 성공적인 일반인 제세동 프로그램의 조건으로 옳은 것은?

① 실제로 병원 밖 심정지는 과거에 심정지 환자가 발생한 장소에서 다시 발생할 가능성이 적다.

② 심정지 환자에 대한 제세동 처치 시간이 단축되지 않은 일부 일반인 제세동 프로그램에서는 병원 밖 심정지 환자의 생존율이 증가한다.

③ 자동제세동기는 심실세동 및 심실빈맥 이외의 심장 리듬을 가진 심정지 환자에게 큰 도움이 되지 않는다.

④ 일반인 제세동 프로그램이 성공과 일차 반응자에 대한 반복적인 교육은 큰 관련성이 없다.

> 📖 **해설**
>
> 자동제세동기는 심실세동 및 심실빈맥 이외의 심장 리듬을 가진 심정지 환자에게는 큰 도움이 되지 않는다.

180. 다음 중 옳지 <u>않은</u> 설명은?

① 대부분의 일반인 제세동 프로그램은 2년 이내에 한 번 이상 병원 밖 심정지 환자가 발생하였거나, 하루에 16시간 이상을 거주하는 50세 이상의 성인이 250명 이상인 장소를 대상으로 시행되었다.

② 일반인 제세동 프로그램이 성공하려면 심정지 환자가 발생할 경우를 대비한 초기 대응 계획이 수립되어야 한다.

③ 심정지 환자는 제세동 처치를 시행 받은 직후에 대부분 비 관류 심장 리듬(non-perfusing thythm)을 보이는 경우가 많다.

④ 일차 반응자의 실행 능력, 실제 심정지 상황에서 일차 반응자가 시행한 응급처치의 적절성, 심정지 환자의 임상 결과 등에 대한 자료를 기록하고 피드백할 필요는 없다.

> 📖 **해설**
>
> 일차 반응자의 실행 능력, 실제 심정지 상황에서 일차 반응자가 시행한 응급처치의 적절성, 심정지 환자의 임상 결과 등에 대한 자료가 지속해서 기록되고 피드백해야 한다.

181. 자동제세동기에 대한 설명으로 옳은 것은?

① 우리나라에서는 현재 자동 제세동기가 주로 보급되고 있다.

② 과거에는 두 개의 패드가 자동제세동기의 본체에 이미 연결된 형태(pre-connected)의 자동제세동기가 판매되었으나, 최근에는 두 개의 패드를 한자의 가슴에 부착한 뒤에 자동제세동기 본체와 패드를 서로 연결해야 하는 행태의 자동제세동기가 주로 보급되어 배치되고 있다.

③ 자동제세동기는 사용 방법이 단순하여 일반인들도 쉽게 사용할 수 있다.

④ 목격자에 의해 시행되는 가슴 압박의 속도 및 깊이를 실시간으로 저장하는 기능을 갖춘 자동제세동기는 아직 개발 중이다.

> 📖 **해설**
>
> 자동제세동기는 전원을 켠 뒤에 환자의 가슴에 두 개의 패드를 부착하기만 하면 되므로 일반인들도 쉽게 사용할 수 있다.

182. 자동제세동기의 적용 방법으로 옳지 <u>않은</u> 것은?

① 자동제세동기의 적용 방법은 자동제세동기의 종류 및 제조회사에 따라 약간의 차이가 있으나 기본적인 적용 원칙은 대부분 비슷하다.
② 자동제세동기가 환자의 심전도를 분석하는 동안 혼선을 주지 않기 위해 환자와의 접촉을 피하고, 환자의 몸이 움직이지 않도록 한다.
③ 자동제세동기가 '제세동이 필요하지 않습니다.'라고 분석한 때도 마찬가지로 심폐소생술을 다시 시작한다.
④ 전후 위치법이 일반적으로 사용된다.

> **해설**
>
> 한 패드를 오른쪽 빗장뼈(쇄골) 아래에 위치시키고, 다른 패드를 왼쪽 젖꼭지 아래 중간 겨드랑선(mid axillary line)에 부착하는 전외 위치법(antero-lateral Placement)이 일반적으로 사용된다.

183. 자동제세동기(AED) 사용 순서로 <u>옳은</u> 것은?

① 패드를 붙인다 ⋯⋯▸ 전원을 켠다 ⋯⋯▸ 제세동을 시행한다 ⋯⋯▸ 분석을 진행한다
② 전원을 켠다 ⋯⋯▸ 패드를 붙인다 ⋯⋯▸ 제세동을 시행한다 ⋯⋯▸ 분석을 진행한다
③ 패드를 붙인다 ⋯⋯▸ 전원을 켠다 ⋯⋯▸ 분석을 진행한다 ⋯⋯▸ 제세동을 시행한다
④ 전원을 켠다 ⋯⋯▸ 패드를 붙인다 ⋯⋯▸ 분석을 진행한다 ⋯⋯▸ 제세동을 시행한다

> **해설**
>
> 자동제세동기는 전원을 켠다 ⋯⋯▸ 패드를 붙인다 ⋯⋯▸ 분석을 진행한다 ⋯⋯▸ 제세동을 시행한다 순으로 사용한다.

184. 자동제세동기의 적용 방법으로 <u>옳은</u> 것은?

① 자동제세동기의 두 개의 패드는 환자의 몸 아무 데나 단단히 부착한다.
② '제세동 버튼을 누르세요.'라는 음성 또는 화면지시가 나오면 바로 제세동 버튼을 누른다.
③ 구조자는 환자에게 자동제세동기를 적용한 상태로 119구급대가 현장에 도착하거나 환자가 회복되어 깨어날 때까지 심폐소생술과 제세동을 반복하여 실시해야 한다.
④ 패드를 위치시키는 방법으로는 한 패드를 흉골의 우측에 위치시키고, 다른 패드는 등의 견갑골 밑에 위치시키는 방법이 있다.

> **해설**
>
> 구조자는 환자에게 자동제세동기를 적용한 상태로 119구급대가 현장에 도착하거나 환자가 회복되어 깨어날 때까지 심폐소생술과 제세동을 반복하여 실시해야 한다.

185. 소아 심정지 환자의 경우 자동제세동기의 적용으로 옳지 <u>않은</u> 것은?

① 8세 이하의 소아에서는 성인과 비교해 심정지의 발생 빈도가 적으며, 더 다양한 원인에 의해 심정지가 유발된다.

② 소아 심정지 환자의 5~15%는 심실세동에 의한 것으로 보고되고 있으며, 이 경우에는 성인과 마찬가지로 제세동 처치를 시행해야 한다.

③ 소아 심정지 환자에게는 성인에 비해 적은 에너지인 241kg로 제세동을 하는 것이 권장된다. 일부 자동제세동기는 성인용 패드를 소아용 패드로 교체하거나 소아용 열쇠를 꽂음으로써 제세동 에너지를 줄이도록 설계되어 있다.

④ 8세 이하의 소아 심정지 환자에게도 성인과 동등한 제세동 용량으로 변경시킨 뒤에 자동제세동기를 적용하는 것이 바람직하다.

📖 해설

8세 이하의 소아 심정지 환자에게는 가능한 소아 제세동 용량으로 변경시킨 뒤에 자동제세동기를 적용하는 것이 바람직하다.

186. 일반인 제세동(public access defibrillation, PAD) 프로그램에 대한 설명으로 옳지 <u>않은</u> 것은?

① 병원 밖 심정지 환자의 생존율을 증가시키기 위해 많은 사람이 이용하는 공공장소(호텔, 백화점, 경기장, 항공기, 선박 등)에 자동심장충격기를 설치하고, 일반인에게 자동제세동기 교육을 시행하는 일반인 제세동(public access defibrillation, PAD) 프로그램이 세계적으로 시행되고 있다.

② 일반인 제세동 프로그램의 목적은 심정지 발생 위험이 큰 장소에 자동제세동기와 훈련된 일반인을 미리 배치하여 심정지 환자에게 신속한 가슴 압박술과 제세동 처치가 시행되도록 함으로써 궁극적으로 병원 밖 심정지 환자의 생존율을 증가시키는 것이다.

③ 실제로 공항과 카지노에 자동제세동기를 비치하고, 공항 직원과 경찰관들이 직접 자동제세동기를 사용하면서 병원 밖 심정지 환자의 생존율이 급격하게 증가한 것으로 알려졌다.

④ 지역사회에 대규모로 자동제세동기를 설치하고, 이를 사용할 가능성이 큰 일반 시민들을 집중적으로 교육한 일본의 일반인 제세동 프로그램은 결과적으로 큰 성취를 이루지 못했다.

📖 해설

지역사회에 대규모로 자동제세동기를 설치하고 이를 사용할 가능성이 큰 일반 시민들을 집중적으로 교육한 일본의 일반인 제세동 프로그램은 일반인에 의한 제세동 시행률을 증가시키고, 제세동까지의 시간을 단축했으며, 결과적으로 병원 밖 심정지 환자의 생존율을 2배 이상 증가시켰다.

187. 기도 폐쇄의 구분에 대한 설명으로 옳지 <u>않은</u> 것은?

① 이물질에 의한 기도 폐쇄는 부분 폐쇄와 완전 폐쇄로 구분한다.
② 기도가 부분적으로 폐쇄된 환자에게서는 일단 환자의 환기 상태를 평가해야 한다.
③ 환자가 의식이 있으면서 말을 할 수 있거나 기침을 할 수 있다면 기도가 부분적으로 폐쇄되어 있다고 판정하며 비교적 환기 상태가 양호하다고 판단할 수 있다.
④ 의식이 없거나 발성 혹은 기침할 수 없는 경우, 청색증이 발생할 때는 기도가 완전히 개방되어 있으며 환기 상태가 양호하다고 판단할 수 있다.

> **해설**
>
> 의식이 없거나 발성 혹은 기침할 수 없는 경우, 청색증이 발생할 때는 기도가 완전히 폐쇄되어 있으며 환기 상태가 불량하다고 판단할 수 있다.

188. 환기 상태가 비교적 양호한 경우로 옳지 <u>않은</u> 것은?

① 의식이 있는 환자
② 발성이나 기침할 수 없는 환자
③ 천명음이 들리는 환자
④ 청색증이 관찰되지 않는 환자

> **해설**
>
> 환기 상태가 비교적 양호한 경우는 발성이나 기침이 가능한 환자이다.

189. 환기 상태가 불량한 경우로 옳지 <u>않은</u> 것은?

① 의식이 없거나 혼미해지는 환자
② 청색증이 관찰되는 환자
③ 발성이나 기침할 수 없는 환자
④ 천명음이 들리는 환자

> **해설**
>
> 천명음이 들리는 환자는 환기 상태가 비교적 양호한 경우이다.

190. 기도 폐쇄 환자의 응급처치 방법으로 옳지 <u>않은</u> 것은?

① 이물이 입속에 위치하여 기도가 폐쇄된 환자에 대한 응급처치로는 환자의 입속으로 처치자의 손가락을 넣어서 이물을 직접 제거하는 방법(finger sweep)이 있다.
② 훈련된 의료인의 경우에는 이물을 제거할 수 있는 보조기구 대신 손가락을 사용할 수도 있다.
③ 소아에서는 환자를 거꾸로 들고 등을 두드리는 방법을 이용할 수도 있다.
④ 계속 인공호흡이 불가능하면 복부 밀어내기를 4~5회 시행하고 입속으로 나온 이물은 손가락으로 제거한 후에 인공호흡을 재차 시도한다.

> 📖 **해설**
>
> 훈련된 의료인의 경우에는 이물을 제거할 수 있는 보조기구(Kelly clamp 또는 Magill forceps)를 사용할 수도 있다.

191. 의식이 없는 영아의 기도 폐쇄에 대한 대처로 옳지 <u>않은</u> 것은?

① 반응 확인 후 반응이 없으면 119에 신고 후 기도 개방과 함께 2회의 숨 불어 넣는다.
② 인공호흡이 실패하면 등을 5회 두드린다.
③ 5회 가슴을 밀어낸다.
④ 입안의 이물질이 보여도 손가락으로 제거하지 말고 계속 등을 두드린다.

> 📖 **해설**
>
> 입안의 이물질이 보이면 손가락으로 제거(보지 않고 손가락 훑어내기 금지)한다.

✏️ **환자 운반법**
....

192. 단독 운반법에 해당하지 <u>않는</u> 것은?

① 안기법   ② 가마법   ③ 부축법   ④ 업기법

> 📖 **해설**
>
> '가마법'은 2인 운반법에 해당한다.

193. 다음 중 환자 운반법에 대한 설명으로 옳지 <u>않은</u> 것은?

① 안기법: 환자의 등을 감싸서 손을 어깨 아래 넣고 다른 팔은 환자의 무릎 아래 넣은 후 들어 올린다.

② 어깨 운반법: 부상에 지장이 없을 때 어깨에 환자를 걸치고 옮긴다면 보다 먼 거리를 갈 수 있다.

③ 매기 운반법: 누군가 한 구조원이 환자를 들어 올린다. 이때 다른 구조원은 환자의 위치가 잘 잡히도록 옆에서 도와준다.

④ 무릎-겨드랑이 들기법: 흉곽에 압박이 가해지기 때문에 환자가 어느 정도 불편을 느낄 수 있다.

> 📖 **해설**
>
> 해당 설명은 '2인 소방관 부축법'이다.

194. 다음 중 환자 운반법에 대한 설명으로 옳은 것은?

① 부축법: 환자의 옷이나 어깨 등을 잡고 환자가 안전하게 걸을 수 있게 도와준다.

② 2인 부축법: 환자의 팔을 두 구조자의 어깨에 걸친다. 각 구조자는 한쪽 팔로는 환자의 손을 잡고, 또 다른 팔은 환자의 허리에 두른 다음 환자가 안전하게 걸을 수 있게 도와준다.

③ 무릎-겨드랑이 들기법: 환자의 양손을 차렷 자세로 놓고 환자의 겨드랑이를 통해서 구조자의 팔을 집어넣어 양팔을 붙잡고 다른 구조자는 다리를 붙잡는다.

④ 수평 운반법: 의식불명인 환자의 두 손과 다리를 운반자 두 명이 각각 잡는다.

> 📖 **해설**
>
> 부축법은 환자의 손을 잡고 환자의 팔을 당신의 목 주위에 두르고, 다른 팔은 환자의 허리에 두르며, 환자가 안전하게 걸을 수 있게 도와주는 방법이다.
> 무릎-겨드랑이 들기법은 환자의 양손을 가슴 위로 엇갈리게 놓고 한자의 겨드랑이를 통해서 구조자의 팔을 집어넣어 양팔을 붙잡고 다른 구조자는 다리를 붙잡는다.
> 수평 운반법은 척추가 움직이지 않도록 하는 것이 중요하다.

195. 환자 끌기(Drags)에 대한 설명으로 옳지 않은 것은?

① 끌기(drags)라 불리는 몇 가지의 급박한 상황의 이동법이 있다.
② 옷이나 발, 어깨 또는 담요 등을 잡고 환자를 끌어당긴다. 이러한 이동은 목이나 척추 보호를 할 수 없으므로 긴급 시에만 사용된다.
③ 항상 누워있는 환자의 몸을 끌 때는 옆으로 움직이는 방향으로 끌어야 한다.
④ 절대 옆에서 끌지 말아야 하며, 아울러 이때 몸을 굽히거나 비틀어서는 안 된다.

📖 해설

항상 누워있는 환자의 몸을 끌 때는 머리에서 발까지의 긴 축 방향으로 끌어야 한다.

유형별 응급처치 요령

196. 외출혈 환자 처치에 대한 설명으로 옳지 않은 것은?

① 개방된 상처에서 피가 날 때 외출혈이라 한다.
② 지혈대를 잘못 사용하면 심한 경우 팔, 다리를 절단해야 할 수도 있다.
③ 출혈이 있는 사지를 심장보다 낮은 위치로 내린다.
④ 피가 순환하지 못할 정도로 압박붕대를 단단히 감지 않도록 한다.

📖 해설

출혈이 있는 사지를 심장보다 높은 위치로 들어 올린다.

197. 외출혈 환자 지혈법으로 옳지 않은 것은?

① 일차 평가 중 치료하여야 할 출혈이 있는지 확인한다.
② 감염 차단 조치(손수건 덮거나 장갑 착용)를 한다.
③ 출혈이 계속되면 처음 댔던 거즈 위에 소독된 거즈나 패드를 덧댄다.
④ 상처 부위에서 가까운 쪽의 맥박을 확인하여 혈액순환을 확인한다.

📖 해설

상처 부위에서 먼 쪽의 맥박을 확인하여 혈액순환을 확인한다.

198. 외출혈 환자 처치에 대한 설명으로 옳은 것은?

① 출혈이 심하면 즉시 상처 부위를 지혈하고 출혈 부위를 심장 높이보다 낮게 해야 한다.
② 지혈대를 사용한다.
③ 옷을 벗기거나 잘라서 상처 부위를 드러내면 안 된다.
④ 전문 의료시설로 이동을 기다리지 않고 그 자리에서 붕대를 감는다.

해설

그 자리에 붕대를 감는다(붕대를 감은 후 출혈이 계속되어도 절대 붕대를 상처에서 제거하지 말고 붕대를 덧대고 단단히 압박).

199. 외출혈 환자 발생 시 대처법으로 옳지 <u>않은</u> 것은?

① 지혈대가 필요한 경우는 거의 없다.
② 소독거즈나 패드로 출혈이 있는 상처를 직접 덮은 후 손으로 직접 압박한다.
③ 상처에서 계속 출혈이 있으면 정맥 압박점에 압박을 가한다.
④ 피가 순환하지 못할 정도로 압박붕대를 단단히 감지 않도록 한다.

해설

상처에서 계속 출혈이 있으면 동맥 압박점(상동맥, 대퇴동맥)에 압박을 가한다.

200. 외출혈 환자처치 시 주의 사항으로 옳지 <u>않은</u> 것은?

① 의료용 장갑이 없는 경우엔 거즈를 몇 장 겹치거나 비닐 랩, 비닐봉지, 그 밖의 방수가 되는 물질을 사용할 수 있다.
② 다른 방법이 없는 경우를 제외하고는 맨손으로 상처 부위를 만지지 않는다.
③ 출혈이 멈추고 처치가 끝나면 반드시 손을 비누로 깨끗이 씻는다.
④ 눈의 상처나 이물이 박혀 있는 상처 그리고 두개골 골절의 경우 직접 압박한다.

해설

눈의 상처나 이물이 박혀 있는 상처 그리고 두개골 골절의 경우엔 직접 압박하지 않는다.

201. 내출혈의 증상과 징후로 옳지 <u>않은</u> 것은?

① 개방된 상처에서 피가 날 때
② 중요 장기(흉부, 복부)의 통증 또는 부종(멍)
③ 통증이 있거나 부어오르거나 변형된 사지
④ 입, 직장, 질, 기타 체공으로부터의 출혈

📖 **해설**

개방된 상처에서 피가 날 때 외출혈이라 한다.

202. 내출혈 환자의 특징으로 옳지 <u>않은</u> 것은?

① 압통, 강직, 혹은 팽만한 복부
② 암적색이나 선홍색 구토물을 토하는 경우
③ 다리에서 출혈이 심한 경우
④ 어두운 흑색변 또는 선홍색의 혈변이 나오는 경우

📖 **해설**

외출혈에 대한 설명이다.

203. 내출혈에 대한 설명으로 옳지 <u>않은</u> 것은?

① 내부출혈은 겉으로는 출혈이 보이지 않지만, 신체 내부에는 출혈이 있는 경우를 말한다.
② 내출혈 환자 처치는 지혈에 중점을 둔다.
③ 내출혈의 최종 치료는 병원의 수술실에서만 가능하다.
④ 내출혈이 의심되는 환자는 즉시 병원으로 이송해야만 한다.

📖 **해설**

내출혈 환자 처치는 쇼크의 예방과 처치에 중점을 둔다.

204. 내출혈 환자의 처치에 대한 설명으로 옳지 <u>않은</u> 것은?

① 기도 개방, 호흡 유지. 혈액순환 등을 확인한다.
② 구토에 대비한다.
③ 손상된 사지에 내출혈이 의심되는 경우 부목을 적용한다.
④ 환자가 입고 있는 옷가지를 제거하여 체온을 낮춘다.

📖 **해설**

코트나 담요 등으로 환자를 덮어서 따뜻하게 해준다.

205. 내출혈 환자의 처치에 대한 설명으로 옳은 것은?

① 구토 시 구토물은 큰 위험 사항이 아니다.
② 다른 외출혈이 있어도 지혈하면 안 된다.
③ 쇼크에 대비하여 환자의 다리를 20~30cm 정도 올려준다.
④ 병원으로 이송보다는 그 자리에서 지혈을 우선으로 한다.

📖 **해설**

쇼크에 대비하여 환자의 다리를 20~30cm 정도 들어 올려준다.

206. 내출혈 환자 처치 시 주의 사항으로 옳지 <u>않은</u> 것은?

① 부상자에게 먹을 것이나 마실 것을 주지 않는다.
② 음식물을 섭취하면 메스꺼워 구토를 일으킬 수 있다.
③ 음식물이 폐로 들어갈 우려가 있다.
④ 음식물을 먹고 수술할 경우 환자가 빠르게 회복할 수 있다.

📖 **해설**

음식물을 먹고 수술할 경우 폐렴 등의 합병증을 유발할 수 있다.

207. 쇼크 환자의 처치에 대한 설명으로 옳지 <u>않은</u> 것은?

① 쇼크란 산소를 함유한 혈액이 인체의 각 부분에 충분히 전달되지 않아서 발생하는 순환계의 기능장애이다.
② 머리가슴 부상 환자, 호흡 장애, 의식이 없는 환자는 다리를 높인다.
③ 쇼크 환자의 경우 시간은 매우 중요하며 이송도 하나의 처치라는 사실을 기억해야 한다.
④ 부상자를 똑바로 눕힌다.

> **해설**
>
> 머리가슴 부상 환자, 호흡 장애, 의식이 없는 환자는 다리를 높이지 않는다.

208. 쇼크의 증상과 징후로 알맞지 <u>않은</u> 것은?

① 뇌에 산소 공급이 제대로 되지 않아 발생하는 의식 수준의 변화(불안, 긴장, 초조 등)
② 피부, 입술, 손톱이 창백하고 차고 축축한 피부 및 체온 저하
③ 오심과 구토, 심한 갈증
④ 느리고 강한 맥박

> **해설**
>
> 쇼크의 증상과 징후는 빠르고 약한 맥박, 불규칙하고 힘들며 낮은 호흡이다.

209. 쇼크는 순환혈액량 감소나 말초혈관의 확장, 심장 이상, 신경성, 아나필락시스 등의 원인에 의해 조직에 저산소증을 일으켜 탄산가스나 유산 등의 대사산물의 축적을 일으킨 상태를 말한다. 다음 쇼크 환자의 처치에 대한 설명 중 옳지 <u>않은</u> 것은?

① 대표적인 쇼크는 출혈성 쇼크로 출혈에 의한 혈액 소실로 심혈관계의 혈액량이 충분하지 못한 경우 발생한다.
② 쇼크 환자에 대한 가장 중요한 처치는 환자의 안정이다.
③ ABCs(기도, 호흡, 혈액순환)를 유지와 함께 환자를 안정시킨다.
④ 환자에게 담요를 덮어 체온 손실을 예방한다.

> **해설**
>
> 쇼크 환자에 대한 가장 중요한 처치는 처치자가 문제를 빨리 인지하고 결정적인 처치를 받을 수 있는 병원으로 이송하는 것이다.

캠핑장 안전관리사 자격증 예상 문제집

210. 다음은 찰과상에 대한 설명이다. 바르지 <u>않은</u> 하나는?

① 넘어지거나 사물에 부딪혀 피부가 벗겨지는 것을 말한다.
② 무릎, 팔꿈치, 얼굴 등의 부위에 주로 발생하며, 주의가 산만한 어린이들이 부상
　위험에 노출되는 경우가 많다.
③ 여름철이거나 습한 경우에는 세균에 의한 감염에 신경을 써야 한다.
④ 차가운 수건으로 냉찜질을 한 후 따뜻한 수건으로 온찜질을 한다.

> 📖 **해설**
>
> 타박상에 대한 설명이다.

211. 타박상과 찰과상은 구분하기 어렵다. 다음 중 타박상에 대한 올바른 설명은?

① 강한 충격으로 발생하는 상처이다.
② 일반적으로 피가 나지 않고, 통증이 일시적이다.
③ 일상적인 활동 중에 자주 발생한다.
④ 상처가 작고 표면적이며, 피부가 붓지 않는다.

> 📖 **해설**
>
> 나머지 셋은 찰과상에 대한 설명이다.

212. 연부조직 개방성 손상과 응급처치에 대한 설명으로 옳지 <u>않은</u> 것은?

① 신체의 연부조직은 피부, 지방조직, 근육, 혈관, 섬유조직, 막, 선, 신경을 포함하고
　치아, 뼈, 연골들은 경부조직으로 분류된다.
② 개방성 손상이란 표피나 신체의 주요 부분을 덮고 있는 점막이 손상되면서 내부
　조직까지 손상된 경우이다.
③ 상처의 노출을 최소화한다.
④ 주기적으로 출혈을 확인한다.

> 📖 **해설**
>
> 상처를 노출시킨다(가위를 이용하여 의복을 제거).

213. 연부조직 개방성 손상에 대한 설명으로 옳지 <u>않은</u> 것은?

① 피부는 2개의 주요한 층, 즉 표피, 피하조직으로 되어 있다.
② 개방성 손상이란 피부가 절단되고 파괴되어 아래에 있는 조직이 노출된 손상이다.
③ 상처에 꽂혀있는 조각이나 파편을 뽑으려 하지 않는다.
④ 원위부 감각, 운동, 기능을 평가한다.

> **📖 해설**
>
> 피부는 3개의 주요한 층, 즉 표피, 진피, 피하조직으로 되어 있다.

214. 개방성 손상의 유형으로 옳지 <u>않은</u> 것은?

① 찰과상(Abrasion): 피부가 단순히 벗겨지거나 긁혀서 표피와 진피의 일부가 떨어져 나간 것
② 열상(Laceration): 피부의 표피, 진피, 피하조직이 베이거나 들쑥날쑥하게 찢기는 것
③ 천자상(Punctures): 날카롭고 뾰족한 물체가 피부나 다른 조직을 뚫고 지나간 것
④ 박탈창(Avulsion): 사지(손가락, 발가락, 손, 발)의 일부가 완전히 잘리거나 잘린 후 피부에 파편처럼 달린 상태

> **📖 해설**
>
> 절단(Amputation)에 대한 설명이다.

215. 연부조직 개방성 손상의 주의 사항으로 옳지 <u>않은</u> 것은?

① 과산화수소를 사용하여 소독한다.
② 봉합이 필요한 상처나 자상에는 항생연고를 사용하지 않는다.
③ 상처나 드레싱에 대고 입으로 바람을 불지 않는다.
④ 움직임은 혈액순환을 증가시켜 다시 출혈이 일어날 수 있다.

> **📖 해설**
>
> 과산화수소는 용혈 작용으로 적혈구 파괴할 수 있으므로 사용하지 않으며 2차 소독용으로 권장한다.

216. 폐쇄성 손상의 유형과 설명으로 옳지 <u>않은</u> 것은?

① 타박상(Contusion): 표피는 손상되지 않았지만, 피하조직에 있는 세포와 작은 혈관들이 손상된다.
② 타박상(Contusion): 손상 시 많고 적은 출혈이 발생하고 상처 부위에 통증, 부종, 변색이 나타난다.
③ 혈종(Hematoma): 피부의 심부 조직 중 많은 양의 조직이 손상을 입으면 더 큰 혈관도 손상되어 많은 혈액 손실을 일으키게 되는데, 이때 혈관에서 나와 피부의 심부 조직에 고인 혈액 덩어리를 혈종이라 한다.
④ 압좌상(Crush injury): 신체 외부로부터 내부 구조로 강한 힘이 전달되어 멍뿐만 아니라 내부 장기를 으깨거나 파열시켜 내출혈을 유발하는 경우

> **해설**
>
> 표피는 손상되지 않았지만, 진피에 있는 세포와 작은 혈관들이 손상된다.

217. 절상의 응급처치와 관련해 <u>잘못된</u> 것은?

① 우선 환부의 상태를 확인 후 환부가 오염되지 않았다면 곧바로 지혈한다.
② 환부에 더러운 이물질이 있으면 수돗물이나 생수로 씻은 다음 지혈을 한다.
③ 지혈은 피가 나는 자리를 거즈나 붕대를 대고 누르는 간접 압박법을 쓴다.
④ 상처를 치료하는 과정에도 계속 압박을 가해 출혈을 막아줘야 한다.

> **해설**
>
> 절상은 피가 나는 자리를 직접 누르는 직접 압박법을 써야 한다.

218. 폐쇄성 손상 환자의 응급처치에 대한 설명으로 옳지 <u>않은</u> 것은?

① 환자의 기도, 호흡, 순환 처치를 한다.
② 얼음 주머니를 대서 최대한 오래 지혈을 한다.
③ 마치 내부 출혈이 있는 것처럼 다루고, 내부 손상의 가능성이 있다고 생각되면 쇼크 처치를 한다.
④ 통증과 부종이 있는 변형된 사지는 부목으로 고정한다.

> **해설**
>
> 얼음 주머니를 대서 지혈을 하되, 20분 이상 대지 않도록 한다.

219. 뾰족한 기구에 의해 베이거나 찔린상처, 큰 칼 상처 또는 총상 따위로 피부의 연속성이 파괴된 손상개방성 손상의 유형이 잘못 연결된 것은?

① 찰과상(Abrasion): 진피의 손상된 모세혈관에서 혈액이 스며 나올 수도 있지만, 출혈이 거의 없을 수도 있다.
② 열상(Laceration): 심부의 근육 그리고 연관된 신경과 혈관까지도 손상을 입을 수 있다.
③ 절단(Amputation): 피부판과 조직이 찢겨 늘어지거나 완전히 벗겨진 경우를 말한다.
④ 압좌상(Crush injury): 사지가 기계류와 같은 무거운 물체에 끼여 연부조직과 내부 장기가 심한 외부출혈과 내부출혈을 일으킨 정도로 압좌될 경우 발생한다.

> 📖 **해설**
>
> 박탈창(Avulsion)에 대한 설명이다.

220. 연부조직 폐쇄성 손상과 관련된 설명으로 옳지 <u>않은</u> 것은?

① 폐쇄성 손상은 뾰족한 물체가 몸에 부딪힐 때 생긴다.
② 피부가 찢어지지는 않지만, 표피 아래의 조직과 혈관이 파손되어 폐쇄된 공간에서 출혈이 생긴다.
③ 폐쇄성 손상이 있는 환자를 검사할 때 항상 손상 기전을 고려해야 한다.
④ 심각한 손상 기전을 갖는 환자는 119에 인계될 때까지 내출혈과 쇼크를 고려해야 한다.

> 📖 **해설**
>
> 폐쇄성 손상은 둔탁한 물체가 몸에 부딪힐 때 생긴다.

221. 이물질이 신체에 꽂힌 환자 처치에 대한 설명으로 옳지 <u>않은</u> 것은?

① 이물질을 신속히 제거한다.
② 상처 부위를 노출하고 상처 부위의 옷을 벗기거나 잘라낸다.
③ 물체 위를 직접 누르지 않도록 한다.
④ 계속 이물질을 고정한다.

> 📖 **해설**
>
> 이물질을 움직이거나 제거하지 않는다.

222. 환자에게 꽂힌 이물질이 있을 경우 처치 방법으로 옳은 것은?

① 가능하면 간접 압박으로 심한 출혈을 지혈하고 물체를 사이에 두고 거즈를 댄다.
② 지혈하는 동안 다른 처치자가 큼직한 드레싱이나 깨끗한 천 등으로 꽂힌 이물질을 뺀다.
③ 일반적으로 꽂힌 물체를 짧게 하려고 자르거나 부러뜨리지 않는다.
④ 꼭 필요한 경우에도 물체를 짧게 자르면 안 된다.

> **📖 해설**
>
> 일반적으로 꽂힌 물체를 짧게 하려고 자르거나 부러뜨리지 않지만, 꼭 필요한 경우에 한하여 짧게 자른다.

223. 절단 환자 처치에 대한 설명으로 옳지 않은 것은?

① 지혈의 가장 효과적인 방법은 최대한 강하게 압박하는 것이다.
② 오염 방지 조치 후 드레싱이나 큼직한 천을 몇 겹 댄다.
③ 절단된 부위를 찾아 119에 인계하여야 한다(환자와 함께 병원 이송).
④ 절단된 부위를 생리식염수에 적신 거즈나 기타 깨끗한 천으로 싼다.

> **📖 해설**
>
> 다른 외출혈 상황에서와 마찬가지로 지혈의 가장 효과적인 방법은 적절히 압박하는 것이다.

224. 절단 환자 대처법으로 옳지 않은 것은?

① 절단된 부위를 직접 압박하여 지혈하고 사지를 심장보다 높게 올린다.
② 다른 방법이 모두 실패한 경우에만 지혈대를 사용한다.
③ 절단된 신체 부위를 물로 씻는다.
④ 절단 부위를 비닐봉지나 플라스틱 주머니 등 방수 용기(컵, 유리잔)에 넣은 후 얼음 위에 놓는다.

> **📖 해설**
>
> 절단된 신체 부위를 생리식염수로 씻는다(오염 방지). 절단된 부위가 직접 물에 닿지 않도록 하고, 얼음에 닿거나 얼지 않도록 한다.

225. 화상 환자처치에 대한 설명으로 옳지 않은 것은?

① 화상 시 주로 손상되는 부위는 피부이다.
② 화상이 심할 때는 종종 근육, 뼈, 신경과 혈관을 포함하는 피부 속의 구조까지도 훼손한다.
③ 화상으로 눈이 손상되거나 호흡기계의 조직부종으로 인해 기도 폐쇄를 유발하고, 심지어 호흡 부전과 호흡 마비를 초래할 수 있다.
④ 화상으로 피부가 손상돼도 죽음에 이르지는 않는다.

📖 해설

인체의 피부는 세균 침입을 방지하고 수분의 침투와 소실을 막고, 체온을 조절한다. 화상으로 피부가 손상되면 세균의 침입에 의한 감염, 체액 손실, 온도 조절 장애 등으로 죽음에 이를 수도 있다.

226. 화상 환자의 응급처치에 대한 설명으로 옳은 것은?

① 의복을 신속히 제거하지 않는다.
② 화상으로 인한 심각한 손상이나 쇼크는 없기 때문에 화상 치료를 우선으로 한다.
③ 양쪽 눈을 멸균거즈 패드로 가린 후 눈동자를 움직이게 한다.
④ 통증이 가실 때까지 물을 대지 않는다.

📖 해설

의복은 제거하지 않는다(필요하면 벗기지 말고 가위로 제거)

227. 화상 환자의 응급처치를 잘못 설명한 것은?

① 찬물에 담그거나(10분 이내) 차가운 물수건을 대어 준다.
② 화상 부위를 붙지 않는 멸균 드레싱으로 덮는다.
③ 화학약품 화상은 흐르는 물로 5분 이내 화학약품을 씻어 낸다.
④ 찬물에 화상 부위를 담근다.

📖 해설

화학약품 화상은 흐르는 물로 20분 이상 화학약품을 씻어 내고 화상 부위를 건조한 소독 드레싱 또는 깨끗한 수건으로 덮는다.

228. 화상 처치에 대한 주의 사항으로 옳지 <u>않은</u> 것은?

① 화상 부위에 연고나 마취 스프레이, 버터를 바르지 않도록 한다.
② 피부에 물집이 생겼을 경우 조심히 터뜨린다.
③ 어떤 화상에도 얼음을 대어서는 안 된다.
④ 화학 화상 시 많은 양의 물로 씻는다.

📖 해설

피부에 물집이 생겼을 경우 터뜨리지 않는다.

229. 3도 화상에 대한 설명과 관련이 <u>없는</u> 하나는?

① 피부가 붉어지고 부어오르는 정도의 화상이다.
② 열에 의해 피부가 탄화된 경우이다.
③ 깨끗이 소독한 후 즉시 의사의 치료를 받아야 한다.
④ 피부 전체와 종종 그 밑에 있는 신체조직을 파괴한다.

📖 해설

피부가 부어오르고 붉어지는 상태는 1도 화상이다.

230. 일반 화상 유형에 따른 응급처치에 대한 설명으로 옳지 <u>않은</u> 것은?

① 흐르는 수돗물로 화상 부위를 충분히(약 15분 정도) 식혀준다.
② 옷을 벗기기가 어려우면 해당 부위의 옷을 가위로 잘라내는 것이 좋다.
③ 물집이 생겼으면 신속히 터뜨려 회복을 돕는다.
④ 몸의 상당한 부분에 화상을 입었을 때는 깨끗이 빤 큰 수건 등에 2%의 소다수나 물을 적셔 몸 전체를 감싸고 즉시 병원으로 가야 한다.

📖 해설

물집이 생겼으면 터뜨리지 말고 그냥 둔다. 저절로 쭈그러들어 속에서 새살이 나와 물집의 껍질이 자연히 벗겨지게 한다.

231. 진피까지 화상을 입어 수포가 형성된 경우로, 소독약으로 소독해 2차 감염을 예방하고 물집이 터지지 않도록 주의해야 하는 상태는 몇 도 화상인가?

① 1도 화상　　② 2도 화상　　③ 3도 화상　　④ 4도 화상

> 📖 **해설**
>
> 문제의 설명은 2도 화상을 가리킨다.

232. 다음은 일반화상 유형에 따른 응급처치에 대한 설명이다. 옳지 <u>않은</u> 것은?

① 옷을 입은 채 뜨거운 물에 데었을 때는 옷을 벗기기 전에 찬물로 충분히 식힌 후 벗긴다.
② 화상연고(실바딘)나 붕산연고를 거즈에 발라 화상 부위를 덮어주고 붕대를 가볍게 감아준다.
③ 화상의 부위는 공기가 통하게 하는 것이 좋다.
④ 아기들은 가벼운 화상이라도 곧 병원에 가는 것이 안전하다.

> 📖 **해설**
>
> 화상의 부위는 오랜 시간 공기에 노출되면 후에 흉터가 남게 되므로 공기로부터 차단하기 위해 붕대를 감는 것이 좋다.

233. 화학물질 화상 유형에 따른 응급처치에 대한 설명으로 옳지 <u>않은</u> 것은?

① 환자의 손상된 부위를 물로 씻어주고 옷은 제거하며 통증이 사라진 후에도 10분 이상 씻어준다.
② 마른 고형 화학물질은 따로 털어내지 말고 재빨리 물로 씻는다.
③ 눈 손상은 짧은 시간의 노출로 영구적인 실명을 초래할 수도 있으므로 빨리 물로 씻어준다.
④ 눈꺼풀을 벌려주어 세척이 잘되도록 하고, 다른 눈으로 오염 물질이 들어가지 않도록 주의한다.

> 📖 **해설**
>
> 마른 고형 화학물질은 물과 합쳐지면 더욱 심한 조직 손상을 유발하므로 씻기 전에 고형물을 털어낸 후 씻어준다.

234. 전기 화상 유형에 따른 응급처치에 대한 설명으로 옳지 <u>않은</u> 것은?

① 전기를 차단한다.
② 전원에서 떼어내면 조용히 눕힐 수 있는(낙뢰의 경우는 더 안전한) 장소로 옮긴다.
③ 환자의 의식이 분명하고 건전해 보인다면 병원에서 진찰을 받을 필요가 없다.
④ 낙뢰 사고가 등산 중에 발생하는 등 의사의 치료를 받을 수 없는 장소에서 일어나더라도 절대로 단념하지 말고 필요하다면 인공호흡, 심장 마사지 등의 처치를 계속한다.

> **해설**
>
> 환자의 의식이 분명하고 건전해 보여도, 감전은 몸의 안쪽 깊숙이까지 화상을 입힐 수 있으므로 빨리 병원에서 진찰을 받을 필요가 있다.

235. 근골격계 손상의 종류로 옳지 <u>않은</u> 것은?

① 골절: 뼈가 부러진 것으로 개방성과 폐쇄성으로 분류됨
② 탈구: 관절구조의 손상으로 관절이 분리되거나 분열된 상태
③ 염좌: 골격계를 지지하는 인대가 늘어나거나 파열되어 발생하는 것으로 일반적으로 관절 손상과 연관된 손상
④ 폐쇄성 골절: 근육이 과도하게 땅겨지거나 사용됨으로써 야기되는 근육 손상

> **해설**
>
> 근육이 과도하게 땅겨지거나 사용됨으로써 야기되는 근육 손상(관절의 손상은 없음)은 좌상 또는 근육 이완에 대한 설명이다.

236. 다음 중 골절에 대한 설명 중 <u>잘못된</u> 내용은?

① 골절 사고가 발생하면 우선 냉찜질을 시킨다.
② 뼈가 부러지는 큰 부상이다.
③ 대부분 높은 곳에서 추락하거나 넘어져서 발생한다.
④ 골절 사고가 발생하면 환자를 절대적으로 안심시켜 몸을 움직이지 못하게 한다.

> **해설**
>
> 골절사고가 발생하면 우선 부목을 대서 움직이지 않게 한다.

237. 골절은 단순골절과 복합골절로 나뉜다. 다음 중 복합골절에 해당하지 않는 내용은?

① 부러진 뼈가 피부를 뚫고 나와 출혈이 생긴 경우이다.
② 피부와 근육, 혈관, 골수 등이 손상을 입거나 세균에 오염될 수 있어 아주 위험하다.
③ 수술을 통해 치료한다.
④ 깁스 치료를 우선으로 한다.

238. 다음 중 골절에 대한 설명으로 옳지 않은 것은?

① 개방성 골절: 내부의 손상된 뼈 때문에 피부와 연부조직이 손상되어 골절 부위가 외부로 노출된 경우
② 폐쇄성 골절: 감염의 가능성이 크므로 심각한 상황이다.
③ 폐쇄성 골절: 골절 부위의 피부와 연부조직에 열상이나 창상이 없는 경우
④ 폐쇄성 골절: 폐쇄성 상처가 개방되지 않도록 적절한 부목으로 처치해야 한다.

> **📖 해설**
>
> 개방성 골절에 대한 설명이다. 맨눈으로 골절된 뼈가 관찰되지 않더라도 골절 부위에서 가까운 피부에 열상, 창상이 있는 경우에는 개방성 골절로 간주한다.

239. 근골격계 손상 환자의 증상과 징후에 대한 설명으로 옳지 않은 것은?

① 변형 또는 굴절: 외상력은 뼈를 부러지게 하여 변형되게 하거나 해부학적으로 굴곡 되게 한다.
② 동통과 압통: 골절 여부를 판단하는 가장 좋은 지표가 된다.
③ 멍(반상출혈): 뼈가 부러지고 연부조직이 찢어지면 변형의 비율이 증가할 부종을 일으키는 출혈이 발생한다. 부종이 발생하면 가능한 한 빨리 반지나 시계 등을 제거한다.
④ 고정된 관절: 관절이 탈구되었을 때, 정상 또는 비정상적인 해부학적 자세로 고정될 것이다.

> **📖 해설**
>
> 부종에 대한 설명이다. 부종이 발생하면 가능한 한 빨리 반지나 시계 등을 제거한다.

240. 근골격계 손상 환자의 응급처치에 대한 설명으로 옳지 <u>않은</u> 것은?

① 다친 곳의 옷을 조심스럽게 제거한다.

② 척추 손상이 의심되면 몸이 굳을 수 있으니 환자가 최대한 움직일 수 있도록 한다.

③ 생명을 위협하는 상태를 처리한 다음, 통증부종이 있는 사지 변형 환자에게 부목을 댄다.

④ 시간이 있고 필요하다면 개방된 상처를 멸균 드레싱으로 덮고 사지를 올려주고, 부종을 가라앉히기 위해 손상 부위에 냉찜질한다.

> **📖 해설**
>
> 척추 손상이 의심되면 추락, 부딪힘, 심한 낙상 등의 위험이 있으므로 환자를 절대 움직이게 해서는 안 된다.

241. 부목의 종류로 옳지 <u>않은</u> 것은?

① 경성 부목: 공기 부목

② 경성 부목: 패드 부목

③ 경성 부목: 성형 부목

④ 연성 부목: 진공 부목

> **📖 해설**
>
> 경성 부목은 패드 부목, 성형 부목, 철사 부목, 나무 부목 등이 있고, 연성 부목은 공기 부목, 진공 부목 등이 있다. 공기 부목은 연성 부목에 해당한다.

242. 다음 중 부목에 관한 설명으로 옳지 <u>않은</u> 것은?

① 부목 고정은 출혈의 방지와는 무관하다.

② 경성 부목은 견고한 재료로 만들어지며 손상된 사지의 측면과 전면, 후면에 부착할 수 있다.

③ 연성 부목은 부드러운 재질로 만들어지며 모양과 크기가 매우 다양하다.

④ 공기 부목은 환자에게 편안하며 접촉이 균일하고 외부 출혈이 있는 상처에 압박을 가해 지혈을 할 수 있다.

> **📖 해설**
>
> 골절이 있을 때는 골절된 골편(뼛조각)에 의하여 주위의 조직이 손상되어 출혈을 유발할 수 있으므로 부목 고정은 출혈을 방지하는 중요한 방법이 된다.

243. 다음 중 부목에 관한 설명으로 옳은 것은?

① 119대원들이 사용하는 제품화된 부목만 사용할 수 있다.
② 골격을 고정해 줄 수 있으면 부목 대용으로는 사용될 수 있다.
③ 골절이 있을 때는 골절된 골편(뼛조각)에 의하여 주위의 조직이 손상되어 출혈이 유발될 때 부목 고정은 출혈을 방지하지 못한다.
④ 일상에서 흔히 볼 수 있는 물건을 활용하여 부목 대용으로 사용할 수 없다.

📖 해설

뱀 환자나 골절 환자의 상처 부위에 골격을 고정해 줄 수만 있다면 나무젓가락(손가락 등), 배게(발목), 골판지 상자(사지), 판자, 나뭇가지, 신문지, 노트, 우산 등 일상에서 흔히 볼 수 있는 모든 것들이 부목 대용으로 사용될 수 있다.

244. 상처의 보호(드레싱 및 붕대법)에 대한 설명으로 옳지 <u>않은</u> 것은?

① 드레싱이란 상처 부위를 소독한 후 소독된 거즈를 덮고 붕대를 감아줌으로써 출혈을 억제하는 것이다.
② 드레싱이란 상처 부위의 감염을 예방하기 위하여 상처 부위를 간접적으로 치료하는 것이다.
③ 드레싱을 시행한 후에는 출혈이 되지 않도록 충분한 압력을 주며 붕대를 감아준다.
④ 붕대를 감아줄 때는 순환장애가 생기지 않도록 심장에서 먼 쪽의 맥박을 만져 순환 상태를 반드시 확인하여야 한다.

📖 해설

드레싱이란 상처 부위의 감염을 예방하기 위하여 상처 부위를 직접 치료하는 것이다.

245. 붕대법의 종류에 대한 설명으로 옳지 <u>않은</u> 것은?

① 환행대: 동일 부위에 겹쳐서 감는 것으로서 감는 붕대의 시작과 끝에는 반드시 사용하는 방법이다.
② 나선대: 환행대를 2~3회를 실시한 후 1회 감을 때마다 앞에 감은 붕대의 1/2 정도 겹치도록 감아 올라간다.
③ 나선절전대: 나선대로 감아 올라가다가 상처 부위에서 지혈하기 위해 압박이 필요할 때 사용한다.
④ 맥아대: 일정한 간격을 두고 감는 방법으로 부목과 피복 보호용 멸균 거즈 등을 급히 압박하거나 지지하기 위해서 사용하는 방법이다.

📖 해설

사행대에 관한 설명이다.

246. 붕대법의 종류와 설명이 잘못 짝지어진 것을 고르시오.

① 환행대: 환행대를 2~3회를 실시한 후 1회 감을 때마다 앞에 감은 붕대의 1/2 정도 겹치도록 감아 올라간다.

② 나선절전대: 나선대로 감아 올라가다가 상처 부위에서 지혈을 하기 위해 압박이 필요할 때 사용한다.

③ 사행대: 일정한 간격을 두고 감는 방법으로 부목과 피복 보호용 멸균거즈 등을 급히 압박하거나 지지하기 위해서 사용하는 방법이다.

④ 맥아대: 환행대를 2~3회 실시한 후 1회 감을 때마다 앞에 감은 붕대의 1/2~1/3 정도 겹치도록 교차하면서 감아 올라간다.

> **📖 해설**
>
> 나선대에 관한 설명이다.

247. 캠핑장에서 자주 발생하는 부상 가운데 하나로 유리나 칼에 베이는 상처는?

① 자상　② 절상　③ 열상　④ 창상

> **📖 해설**
>
> 자상은 날카로운 것에 찔려 발생하는 상처, 열상은 피부가 절단되는 상처, 창상은 피부 등의 표면이 찢어지거나 잘리는 상처를 말한다.

248. 다음은 자상과 관련된 설명이다. 사실과 다른 것은?

① 못이나 나뭇가지처럼 날카로운 것에 찔려서 발생하는 상처다.

② 찔린 정도에 따라 응급처치가 다르다.

③ 상처를 찌른 것이 깊이 박혔을 때는 신속히 제거해야 한다.

④ 녹슨 못에 찔렸을 때는 파상풍의 위험이 있으므로 얕게 찔렸다고 얕보지 말고 병원을 찾아 깨끗하게 소독해야 한다.

> **📖 해설**
>
> 상처를 찌른 것이 깊이 박힌 경우 억지로 빼내려 해서는 안 된다.

249. 다음 염좌에 대한 설명 중 잘못된 것은?

① 관절이 심하게 움직여 관절을 지탱하는 인대의 섬유가 늘어나거나 찢어진 것을 말한다.

② 심한 통증을 동반하며 관절 주변이 부어오른다. 때로는 관절 안으로 피가 흘러 피부가 시퍼렇게 변하기도 한다.

③ 대표적인 증상은 통증, 압통으로 골절된 부위의 신체 부분을 쓸 수 없게 되며 부어오름, 피부의 변색 등과 같은 징후를 보인다.

④ 보통 가벼운 염좌는 냉찜질과 압박붕대만으로도 상태가 호전된다.

> **해설**
>
> 골절의 증상이다.

250. 다음은 눈의 부상에 대한 설명이다. 관련이 <u>없는</u> 것은?

① 눈 부상의 정도는, 눈에 잡티가 들어가 통증을 일으키는 사소한 것에서부터 안구가 찢어지는 위급한 중상 등 다양하다.

② 잡티나 부유물질이 들어갔을 때 손으로 눈을 비비거나 물을 흘려내려 씻는다.

③ 눈 부상은 다른 응급상황에 비해 침착함이 요구된다.

④ 날카로운 것에 의해 눈을 찔렸을 때 가장 먼저 해야 할 조치는 다치지 않은 눈의 시계를 차단하는 일이다.

> **해설**
>
> 이물질이 눈에 들어갔을 때 손으로 눈을 문지르면 이물질이 자칫 각막에 손상을 입힐 수도 있다.

251. 내과적 질병의 특성과 관련이 <u>없는</u> 것은?

① 발열과 두통, 설사, 복통, 구토, 오한 등 원인은 다양하므로, 구급상자에는 해열제와 진통제, 지사제, 위장약, 감기약 등 현장에서 즉시 복용할 수 있는 약이 준비되어 있어야 한다.

② 내과적 질병은 우선 약으로 치료하는 것이 최선이다.

③ 내과적 질병 증세를 보일 때는 그 원인이 무엇인지를 따져보는 것이 필요하다.

④ 무엇보다 내과적 질병은 사전에 방비하는 것이 최선이다.

> **해설**
>
> 약을 먹는 것은 의사에게 진찰을 받기 전까지의 임시방편일 뿐이다.

252. 독버섯에 관한 설명 중 틀린 내용은?

① 버섯의 경우 인터넷에 나와있거나 민간에 전해지는 독버섯 구별법, 식용 방법 등은 잘못 알려진 게 많으므로, 자신이 알고 있는 독버섯 구별법을 맹신하지 않도록 한다.
② 독버섯을 섭취했을 경우 식용유를 먹여 토해낸 후 즉시 병원에 가야 한다.
③ 독버섯을 잘못 먹으면 구토와 복통, 설사, 마비 증세가 나타난다.
④ 안전을 위해서는 시장이나 마트에서 산 산나물이나 버섯만 쓰는 것이 최선이다.

📖 **해설**

독버섯을 먹었을 때는 소금을 한 움큼 먹여 토해낸 후 즉시 병원에 가 치료를 받아야 한다.

253. 독버섯 중독에 대한 설명으로 옳지 않은 것은?

① 먹어서 식중독을 일으키는 버섯은 수천 종이 있으나 국내에 분포된 독버섯은 약 50종류이다.
② 생명에 관계될 정도의 맹독을 가진 버섯으로는 개나리광대버섯, 노란길민그물버섯, 좀우단버섯, 파리버섯 등 다양하다.
③ 독버섯은 습기가 많고 기온이 20~25 ℃에서 주로 서식한다.
④ 겨울부터 봄에 걸쳐 발견된다.

📖 **해설**

여름부터 가을에 걸쳐 발견된다.

254. 독버섯 중독의 증상에 대한 설명 옳지 않은 것은?

① 독버섯을 먹었을 경우 대개 30분에서 12시간 안에 그 증상이 나타난다.
② 버섯 종류에 따라 차이는 있지만, 대부분은 메스꺼움, 어지러움, 복통, 구토, 설사 등이 나타난다.
③ 심할 때는 근육 경련, 혼수상태, 혈변이 발생할 수 있다.
④ 쇼크가 유발되지만, 사망에 이르지는 않는다.

📖 **해설**

쇼크가 유발되어 사망에 이를 수 있다.

255. 독버섯 중독의 응급처치에 대한 설명으로 옳지 <u>않은</u> 것은?

① 기도 유지, 호흡 및 순환 기능을 확인한다.
② 독버섯 섭취 시 소금물이나 이온음료를 먹여 토하게 한 후 따뜻한 차를 마시게 하면 독이 흡수되는 것을 방지할 수 있다.
③ 먹다 남은 버섯은 2차, 3차 피해가 발생하기 전에 버린다.
④ 신속히 가까운 병의원이나 보건소로 이송한다.

📖 **해설**

버섯에 따라 독소 물질이 다르므로 먹다 남은 버섯은 보관하며, 응급 의료 체계에 신고한다.

256. 다음 중 우리나라에서 접할 수 있는 독성 식물이 <u>아닌</u> 것은?

① 은행나무 열매   ② 옻나무   ③ 소나무   ④ 개옻나무

📖 **해설**

소나무는 독성 식물로 분류되지 않는다.

257. 다음 중 독성식물이 <u>아닌</u> 것은?

① 돌단풍   ② 독초   ③ 미나리아재빗과 식물   ④ 미치광이풀

📖 **해설**

돌단풍은 독성식물로 분류되지 않는다.

258. 다음 중 독성식물로 분류되지 <u>않는</u> 것은?

① 독미나리   ② 단풍잎돼지풀   ③ 산자고   ④ 족토리풀

📖 **해설**

단풍잎돼지풀은 독성식물로 분류되지 않는다.

259. 다음 중 우리나라에서 접할 수 있는 독성식물이 <u>아닌</u> 것은?

① 해오라기난초   ② 지리강활   ③ 꽃무릇   ④ 주엽나무

> **📖 해설**
>
> 해오라기난초는 독성식물로 분류되지 않는다.

260. 다음 중 우리나라에서 접할 수 있는 독성식물이 <u>아닌</u> 것은?

① 투구꽃   ② 붓순나무   ③ 금자란   ④ 협죽도

> **📖 해설**
>
> 금자란은 독성식물로 분류되지 않는다. 금자란은 멸종위기 야생식물 1급이다.

261. 독성 식물 중독 환자의 증상으로 옳지 않은 것은?

① 보통 10분 안에 가려움이나 발진, 작은 물집이나 농포 같은 것이 생기기 시작한다.
② 때로는 아프고 따끔거리기도 하며, 점차 물집들이 터지면서 진물이 흘러나온다.
③ 이차적 감염으로 농양이 생기기도 한다.
④ 농양이 생기면 38 ℃ 이상의 열이 나고 화끈화끈 달아오르기 때문에 고통스럽다.

> **📖 해설**
>
> 독성 식물과 접촉하여 증상이 나타나는 시간은 각기 다르나 보통 12시간 안에 가려움이나 발진,
> 작은 물집이나 농포 같은 것이 생기기 시작한다.

262. 독성 식물 중독 환자의 응급처치에 대한 설명으로 옳지 <u>않은</u> 것은?

① 독성이 있는 식물을 만진다고 해서 알레르기를 일으킬 수는 없다.
② 독성 식물에 접촉하였을 경우 즉시 노출된 피부를 깨끗이 닦아낸다.
③ 액체는 독극물을 소장으로 보내 독극물이 더 빨리 흡수되도록 한다.
④ 구조자의 안전을 고려하여 보호 장비(마스크, 장갑, 보호의)를 착용 후 처치에 임한다.

> **📖 해설**
>
> 독성이 있는 식물은 사람에 따라서 만지기만 해도 심한 알레르기를 일으킬 수 있다.

263. 독성 식물 중독 환자의 응급처치에 대한 설명으로 옳은 것은?

① 독성 식물과 접촉 후 가려움이나 발진 증세가 있어도 물로 씻어내지 않는다.
② 독극물을 희석하기 위해 물이나 우유를 주지 않는다.
③ 왼쪽으로 눕히는 자세는 독성 물질의 흡수를 가속시키는 효과가 있다.
④ 2차 감염을 피하기 위해 독성 식물 조각이나 구토물은 바로 버린다.

📖 해설

중독 관리 센터나 병원의 지시가 없으면 독극물을 희석하기 위해 물이나 우유를 주지 않는다.

264. 다음은 독성 식물 중독 환자의 응급처치에 대한 설명이다. 옳지 <u>않은</u> 것은?

① 독성이 있는 식물은 사람에 따라서 만지기만 해도 심한 알레르기를 일으킬 수 있다.
② 증세가 가볍다면 1~2컵의 오트밀을 섞은 미지근한 물에 목욕시키거나 칼라민로션 등을 바른다.
③ 액체는 마른 중독물질(정제 또는 캡슐)을 더 빨리 녹여 위를 채운다.
④ 무조건 구토를 유발하여 독성물질을 신속히 제거한다.

📖 해설

독성물질이 확인되지 않거나 석유 제제, 경련 또는 무의식 환자의 경우에는 구토를 유발하지 않는다.

265. 해충, 뱀, 야생동물로 인한 사고 대비 중 바른 설명이 <u>아닌</u> 것은?

① 캠핑장에서 음식물이나 음식물 쓰레기 등은 야생동물을 캠핑 사이트로 유인하는 역할을 한다.
② 뱀을 방지하기 위해서는 백반 가루나 담뱃가루를 텐트 주위에 뿌려두면 효과가 있다.
③ 이너 텐트의 전선 인입구로 지네와 같은 벌레가 들어올 수 있으므로 전선 인입구를 높은 곳에 두는 것도 해충 유입을 방지하는 방법이다.
④ 뱀들이 담배 연기를 싫어하니 모기향과 함께 피어놓으면 좋다.

📖 해설

뱀은 담배 냄새를 싫어하지 담배 연기를 싫어하지 않는다. 또한 담배 연기는 발암물질로, 모기향과 함께 피어놓으면 건강에 해롭다.

266. 뱀에 물렸을 때와 관련한 설명으로 옳지 <u>않은</u> 것은?

① 물린 부위를 물로 씻어낸다.
② 깨끗한 넓은 천 같은 것으로 물린 부위에서 심장 쪽에 가까이 위치한 동맥 부위를 적당한 압력으로 묶어준다.
③ 자꾸 움직이면 독이 온몸으로 더 퍼질 수 있으므로 물린 부위 주위를 움직이지 않게 나무막대 등으로 고정한다.
④ 손상 부위를 심장보다 높게 한 다음 병원으로 간다.

📖 **해설**

손상 부위를 심장보다 낮게 한 다음 병원으로 간다.

267. 다음 중 뱀 예방법으로 옳지 <u>않은</u> 것은?

① 풀숲이나 지면이 보이지 않는 곳을 지나갈 때는 천천히 걸어 뱀이 피할 시간을 준다.
② 목이 긴 등산화나 장화를 신는다.
③ 뱀이 나타나면 다른 이들이 위험에 빠질 수 있으므로 즉시 잡아야 한다.
④ 길이 없는 곳은 막대로 풀을 휘젓거나 돌을 두드려 뱀이 피할 수 있게 한다.

📖 **해설**

뱀과 마주치면 뱀을 자극하는 행동을 하지 말아야 한다. 뱀은 사람이 자신에게 위협을 가한다고 느낄 때 공격을 한다. 따라서 뱀을 만나면 가만히 있거나 멀리 돌아가는 게 좋다.

268. 캠핑 중 독사에 물렸을 때 대처 방법으로 옳지 <u>않은</u> 것은?

① 물린 부위에 입을 대고 독을 빨아낸다.
② 독성분을 빨아내는 포이즌 리무버(Poison Remover)를 이용한다.
③ 포이즌 리무버가 없으면 물린 자리에서 심장과 가까운 쪽을 고무줄이나 지혈대로 감아 압박을 가해 독이 전신에 퍼지는 것을 막는다.
④ 독을 제거 후 반드시 병원에 가 치료를 받는다.

📖 **해설**

예전에는 물린 부위에 입을 대고 빨아내는 방법을 썼으나 이 경우 구조자가 입안에 상처가 있으면 같이 위험해지므로 지양한다.

269. 벌에 쏘였을 때와 관련한 설명으로 옳지 않은 것은?

① 침이 박혔을 때는 잘 살펴보고 카드로 살살 긁듯이 제거해 준다.
② 벌에 쏘인 자리는 체온이 떨어지지 않도록 체온 조절에 유의한다.
③ 여러 곳을 쏘여 몸이 가렵고 숨쉬기가 어려운 등의 알레르기 증상이 일어나면 신속히 병원으로 가서 치료를 받는 것이 좋다.
④ 벌레가 많은 야외에 나갈 때는 밝은 색상의 옷을 피하도록 하고, 자극성 향수를 뿌리지 않는다.

📖 **해설**

벌에 쏘인 자리에 얼음 주머니를 대주면 독으로 생긴 붓기를 가라앉히고 아픔이 가시는 데 도움이 된다.

270. 벌에 쏘이지 않기 위한 주의점으로 바르지 않은 것은?

① 빨간색이나 파란색 등 자극적인 색깔의 의복은 피한다.
② 벌은 냄새에 민감하므로 야외활동 시에는 향수나 스프레이를 절대 뿌리지 않는다.
③ 단맛이 나는 과일 향도 벌이 좋아하기 때문에 조심해야 한다.
④ 벌은 거친 소재의 의복보다 매끄러운 소재의 의복을 더 좋아한다.

📖 **해설**

벌은 매끄러운 소재보다 거친 소재의 옷을 좋아한다.

271. 야생동물에게 물렸을 때와 관련한 설명으로 옳지 않은 것은?

① 야생동물에게 물리면 공수병에 걸릴 수 있다.
② 여우, 너구리 체내에도 바이러스가 존재하고 바이러스에 감염된 야생동물과 접촉 시 사람에게도 감염된다.
③ 발열, 두통, 무기력감, 마른기침으로 시작해 흥분, 정신착란, 환각 사고의 장애, 근육 마비 등 다양한 뇌염 증세가 발생한다.
④ 상처를 깨끗이 씻은 후 소독약을 바르고, 상처가 가볍다면 병원까지 갈 필요는 없다.

📖 **해설**

흐르는 물에 비누를 이용해 상처를 깨끗이 씻은 후 소독약을 바르고, 상처가 가벼워도 병원에서 진찰을 받는다.

272. 야생동물에게 물렸을 때 증상과 대처법으로 옳지 않은 것은?

① 공수병은 흔히 광견병이라고 불리며 동물에게만 전염된다.
② 증상은 3~8주간의 잠복기를 거친다.
③ 약 50%의 환자의 경우, 물을 마실 때 후두나 인두 부분에 경련이 일어나 고통을 느끼게 된다.
④ 깨끗이 씻기만 해도 공수병 발병 확률을 90% 정도 감소시킬 수 있다.

> **해설**
>
> 공수병은 흔히 광견병이라고 불리며 동물과 사람 모두에게 전염되는 인수공통전염병이다.

273. 코피가 날 때와 관련한 설명으로 옳지 않은 것은?

① 앉은 자세는 출혈이 줄어드는 경향이 있고, 피가 목 뒤로 넘어가 구역질을 일으키는 경우가 적으므로 의자에 편히 앉도록 한다.
② 코피가 목으로 넘어가면 삼키지 말고, 입으로 가볍게 뱉어낸다.
③ 깨끗한 솜을 너무 두껍지 않게 말아서 코안에 깊숙이 넣고, 엄지와 집게손가락으로 양쪽 코볼을 5~10분 정도 압박한다.
④ 콧등이나 이마에 얼음이나 찬물 찜질을 한다.

274. 응급처치에 대한 설명으로 옳지 않은 것은?

① 응급처치의 가장 큰 목적은 응급 환자의 생명을 구하는 것으로 응급 상황 시 신속한 대처가 가장 중요하다.
② 응급처치법은 평상시 꾸준히 연습하여 실제 상황에서 당황하지 않도록 한다.
③ 응급처치할 때는 본인의 능력을 벗어난 과잉 처치는 하지 않는다.
④ 잘 모르더라도 무엇이라도 해서 응급 환자의 생명을 구하도록 노력한다.

> **해설**
>
> 잘 모를 때는 응급 의료 센터와 통화를 하며 지시에 따라 행동하는 것이 좋다.

139. ④	140. ④	141. ①	142. ④	143. ③	144. ④	145. ①	146. ④	147. ①	148. ②
149. ①	150. ③	151. ③	152. ②	153. ①	154. ④	155. ②	156. ①	157. ②	158. ②
159. ②	160. ①	161. ③	162. ②	163. ④	164. ③	165. ①	166. ①	167. ②	168. ④
169. ②	170. ③	171. ③	172. ③	173. ②	174. ②	175. ③	176. ③	177. ②	178. ②
179. ③	180. ④	181. ③	182. ④	183. ④	184. ③	185. ④	186. ④	187. ④	188. ②
189. ④	190. ②	191. ④	192. ②	193. ③	194. ②	195. ②	196. ③	197. ④	198. ②
199. ③	200. ④	201. ①	202. ③	203. ②	204. ④	205. ③	206. ④	207. ②	208. ④
209. ②	210. ④	211. ①	212. ③	213. ①	214. ④	215. ①	216. ①	217. ③	218. ②
219. ③	220. ①	221. ①	222. ③	223. ①	224. ③	225. ④	226. ①	227. ③	228. ②
229. ①	230. ③	231. ②	232. ③	233. ②	234. ③	235. ④	236. ①	237. ④	238. ②
239. ③	240. ②	241. ①	242. ①	243. ②	244. ②	245. ④	246. ②	247. ②	248. ③
249. ③	250. ②	251. ②	252. ②	253. ④	254. ④	255. ③	256. ③	257. ①	258. ②
259. ①	260. ③	261. ①	262. ①	263. ②	264. ④	265. ④	266. ④	267. ③	268. ①
269. ②	270. ④	271. ④	272. ①	273. ①	274. ④				

PART

캠핑 레저 시설 운영 관련
법규와 판례

 야영장 관련 법규

275. 다음 중 야영장 관련 법규로 옳지 <u>않은</u> 것은?

① '야영장업'은 「관광진흥법」 제3조(관광사업의 종류)에서 '2. 관광숙박업' 중 하나로 분류되고 있다.

② 「관광진흥법 시행령」 제3조 제2항에 따라 '야영장업'은 '일반 야영장업'과 '자동차 야영장업'으로 구분된다.

③ 일반 야영장업은 야영 장비 등을 설치할 수 있는 공간을 갖추고 야영에 적합한 시설을 함께 갖추어 관광객에게 이용하게 하는 업을 말한다.

④ 자동차 야영장업은 자동차를 주차하고 그 옆에 야영 장비 등을 설치할 수 있는 공간을 갖추고 취사 등에 적합한 시설을 함께 갖추어 자동차를 이용하는 관광객에게 이용하게 하는 업을 말한다.

> **해설**
>
> '야영장업'은 「관광진흥법」 제3조(관광사업의 종류)에서 '3. 관광객 이용시설업' 중 하나로 분류되고 있다.

276. 다음은 「청소년활동진흥법」 제8조 수련 시설의 시설 기준이다. 야영지, 야외 집회장, 대피 시설에 대한 주요 내용으로 옳지 <u>않은</u> 것은?

① 100인 이상이 야영할 수 있어야 한다.
② 수용 정원의 100분의 40 이상을 수용할 수 있어야 한다.
③ 폭우폭설 등 급작스러운 재해에 대비하여 대피 시설을 설치하여야 한다. 다만 다른 용도의 시설이 있어 이를 대피 시설로 사용할 수 있는 경우에는 별도의 대피 시설을 설치하지 아니할 수 있다.
④ 야영지에서 대피 시설 또는 관리사무소에 연락할 수 있는 통신수단을 확보하여야 한다.

> **📖 해설**
>
> 체육 활동장, 비상 설비에 관한 내용이다.

277. 다음은 「청소년활동진흥법」 제8조 수련 시설의 시설 기준이다. 체육 활동장, 비상 설비에 대한 주요 내용으로 옳지 <u>않은</u> 것은?

① 연 면적 1,000㎡ 이상의 실외 체육 시설을 설치하여야 한다.
② 대피 시설의 구조는 비바람을 막을 수 있는 구조로 하여야 한다.
③ 비상시 야영지에서 대피 시설까지 원활하게 이동할 수 있도록 비상 조명 설비 또는 기구를 갖추어야 한다.
④ 야영지에서 대피 시설 또는 관리사무소에 연락할 수 있는 통신수단을 확보하여야 한다.

> **📖 해설**
>
> 야영지, 야외 집회장, 대피 시설에 대한 내용이다.

278. 다음 중 「청소년활동진흥법」과 관련된 내용으로 옳지 <u>않은</u> 것은?

① 「청소년활동진흥법」 제10조 제1호 마목에서 청소년 야영장은 '야영에 적합한 시설 및 설비를 갖추고, 청소년 수련거리 또는 야영 편의를 제공하는 수련 시설'로 정의하고 있다.

② 국가 지방자치단체 또는 공공단체 등이 도시공원 자연공원 또는 관광지 등에 설치하는 청소년 야영장으로, 관련 법령에 의한 조성 계획에 따라 설치하는 경우에는 그 계획에 따른다.

③ 생활관을 설치하는 경우에는 숙박 정원을 100인 미만으로 하여야 한다.

④ 폐교 시설을 이용하여 설치하는 청소년 야영장은 대피 시설 및 비상 설비에 해당하는 시설에 대하여는 기준 규모 이하로 할 수 있다.

📖 해설

폐교 시설을 이용하여 설치하는 청소년 야영장은 야영지. 야외 집회장 및 체육 활동장에 해당하는 시설에 대하여는 기준 규모 이하로 할 수 있다.

279. 다음 중 「자연공원법」에 대한 설명으로 옳지 <u>않은</u> 것은?

① 「자연공원법」은 자연공원의 지정보전 및 관리에 관한 사항을 규정함으로써 자연 생태계와 자연 및 문화경관 등을 보전하고 지속 가능한 이용을 도모함을 목적으로 한다.

② 「자연공원법 시행령」 제2조 제3호에 따르면 야영장은 '공원시설' 중 하나로 휴양 및 편익 시설에 포함된다.

③ 공원시설이란 「자연공원법」 제2조 제10호에 의거 하여 자연공원을 보전관리 또는 이용하기 위하여 공원 계획과 공원별 보전관리 계획에 따라 자연공원에 설치하는 시설을 말한다.

④ 「자연공원법」 제19조 제1항에 따라 공원사업의 시행 및 공원시설의 관리는 공원관리청과는 무관하다.

📖 해설

「자연공원법」 제19조 제1항에 따라 공원사업의 시행 및 공원시설의 관리는 특별한 규정이 있는 경우를 제외하고는 공원관리청이 한다.

280. 다음 중 야영장 관련 법규로 옳지 <u>않은</u> 것은?

① 자연휴양림: 「산림문화휴양에 관한 법률」에 따르면 국민의 정서 함양보건 휴양 및 산림교육 등을 위하여 조성한 산림(휴양 시설과 그 토지를 포함한다)을 말한다.

② 자연휴양림: 「산림문화휴양에 관한 법률」에 따르면 산림 안에서 텐트와 자동차 등을 이용하여 야영할 수 있도록 적합한 시설을 갖추어 조성한 공간(시설과 토지를 포함한다.)을 말한다.

③ 농어촌 관광 휴양단지 및 관광농원 내 야영장: 「농어촌정비법」에 따르면 관광농원 내 야영장은 「농어촌정비법」 제2조, 제81조(농어촌 관광 휴양의 지원, 육성), 제83조(관광농원의 개발), 제84조(토지 및 시설의 분양), 제85조(농어촌 관광 휴양지 사업자의 신고 등), 제87조(농어촌 관광 휴양지 사업의 승계), 제89조(사업장 폐쇄 등)에서 규정하고 있다.

④ 유원지 야영장: 「도시군 계획시설의 결정구조 및 설치 기준에 관한 규칙」에 따르면 도시군 계획시설의 결정·구조 및 설치 기준에 관한 규칙 제56조에 의하면 '유원지'라 함은 주로 주민의 복지향상에 기여하기 위하여 설치하는 오락과 휴양을 위한 시설을 말한다.

📖 해설

'숲속 야영장'에 대한 설명이다.

281. 질서 유지에 대한 설명으로 옳지 않은 것은?

① 야영장 내에서 이용자가 이용 질서를 유지하도록 노력하여야 한다.
② 집중호우 시에도 야영장이 침수되지 않도록 배수 시설을 설치, 관리하고, 배수로 등에는 이용객이 빠지지 않도록 안전 덮개를 설치하는 등 안전조치를 하여야 한다.
③ 야영장 내에서는 「개인정보보호법」에 따라 CCTV 설치가 불가능하다.
④ 관리 요원은 야영장 내 안전사고 발생 시에 즉시 필요한 조처를 한 후 사업자에게 보고하여야 한다.

> **📖 해설**
>
> 「개인정보보호법」에 따라 안전을 위해 CCTV 설치가 가능하며, CCTV 설치 사실을 알려야 한다.

282. 화재 예방에 대한 설명으로 옳지 않은 것은?

① 소방시설은 소방 관계 법령과 「소방시설의 설치유지 및 안전 관리에 관한 법률」 제9조 제1항에 따른 화재 안전 기준에 적합하게 설치하여야 하고, 같은 법 제36조 제3항 또는 제39조 제2항에 따른 제품 검사를 받은 소방용품을 사용하여야 한다.
② 소화기의 경우 월 1회 정도는 내용물이 굳지 않도록 흔들어 줘야 하고, 압력 게이지가 항상 정상을 가리키는지 확인이 필요하다. 법정 연한은 없지만 5년 정도가 적당하다.
③ 사방이 밀폐된 이동식 야영용 천막 안에서 전기용품 및 화기 용품을 사용해도 된다.
④ 야영용 천막 2개소 또는 100㎡마다 1개 이상의 소화기를 눈에 띄기 쉬운 곳에 비치하여야 한다.

> **📖 해설**
>
> 사방이 밀폐된 이동식 야영용 천막 안에서 전기용품[야영장 내에 누전차단기가 설치된 경우로서 전기용품(「전기용품안전관리법」 제2조 제2호에 따른 안전 인증을 받은 용품으로 한정한다.)의 총사용량이 600W 이하인 경우는 제외한다.] 및 화기 용품 사용을 하지 않도록 안내해야 한다.
>
> ⋯→ 전기용품(누전차단기가 설치된 경우로서 텐트당 600W 이하 가능) 및 화기 용품 사용 금지. 밀폐되지 않은 이동식 야영 천막 밖(타프, 리빙셀 등)에서 전기용품 및 화기 용품은 사용 가능하다.

283. 전기 사용 기준에 대한 설명으로 옳지 않은 것은?

① 전기 설비는 전기 관련 법령에 적합하게 설치하고, 전기용품은 어떤 용품을 사용해도 된다.

② 야외에 설치되는 누전차단기는 침수 위험이 없도록 적정 높이에 위치한 방수형 단자함에 설치하여야 한다.

③ 옥외용 전선은 야영 장비에 손상되지 않도록 굽힐 수 있는 전선관(가요전선관)을 이용하여 적정 깊이에 매설하거나 적정 높이에 설치하여야 하며, 전선관 또는 전선의 피복이 손상되지 않도록 하여야 한다.

④ 야영장에서 감은 채로 전선(릴선)을 사용하면 전선 자체의 저항에 의한 온도 상승으로 전선 피복이 녹으면서 누전과 합선, 그리고 감전 등의 사고가 발생할 수 있다.

📖 해설

전기 설비는 전기 관련 법령에 적합하게 설치하고, 전기용품은 「전기용품안전관리법」 제2조 제2호에 따른 안전 인증을 받은 용품을 사용하여야 한다 ⇒ 안전 인증을 받지 않은 전기용품은 누전, 합선 등으로 안전사고 발생 가능성이 크다.

284. 대피 관련 기준에 대한 설명으로 옳지 않은 것은?

① 야영장 내에서 들을 수 있는 긴급 방송 시설을 갖추거나 앰프의 최대출력이 5W 이상이면서 가청거리가 100m 이내인 메가폰을 1대 이상 갖춰야 한다.

② 야영장 진입로는 구급차, 소방차 등 긴급차량의 출입이 원활하도록 적치물이나 방해물이 없도록 하여야 한다.

③ 야영장 시설 배치도, 대피소·대피로 및 소화기, 구급상자 위치도, 비상 연락망, 야영장 이용 방법, 이용객 안전 수칙 등을 표기한 게시판을 이용객이 잘 볼 수 있는 곳에 설치하여야 하며, 게시판의 내용을 야간에도 확인할 수 있도록 조명 시설을 갖추어야 한다.

④ 기상특보 등 비상 상황 시 야영객 안전 확보를 위해 강제퇴거 등 조치가 가능하다.

📖 해설

야영장 내에서 들을 수 있는 긴급 방송 시설을 갖추거나 앰프의 최대출력이 10W 이상이면서 가청거리가 250m 이상인 메가폰을 1대 이상 갖춰야 한다.

285. 가스 사용 기준에 대한 설명으로 옳지 <u>않은</u> 것은?

① 가스 시설 및 가스용품은 가스 관련 법령에 적합하게 설치하고, 가스용품은 「액화석유가스의 안전 관리 및 사업법」 제39조 제1항에 따른 검사에 합격한 용품을, 가스용기는 「고압가스 안전관리법」 제17조에 따른 검사에 합격한 용기를 사용하여야 한다.

② 가스 시설은 환기가 잘 되는 구조로 설치되어야 하고, 가스 배관은 부식방지 처리를 하며, 사용하지 않는 배관 말단은 막음 처리하여야 한다.

③ 액화석유가스 용기는 「액화석유가스의 안전관리 및 사업법 시행규칙」 별표 20 제1호 가목 2) 다)의 기준에 따라 보관 등의 조치를 하여야 한다.

④ 이용객이 액화석유가스 용기를 야영장에 반입하는 것을 금지하여야 한다. 다만 액화석유가스 용기의 총 저장능력이 13kg 이상인 경우로서 사업자가 안전 사용에 대한 안내를 한 경우에는 그러하지 아니하다

> **📖 해설**
>
> 이용객이 액화석유가스 용기를 야영장에 반입하는 것을 금지(캠핑용 자동차 또는 캠핑용 트레일러 안에 설치된 액화석유가스 사용시설이 관계 법령에 적합한 경우는 제외한다.)하여야 한다. 다만, 액화석유가스 용기의 총 저장능력이 13kg 이하인 경우로서 사업자가 안전 사용에 대한 안내를 한 경우에는 그러하지 아니하다.
>
> ⋯ 13kg 이하는 가스 무게가 아닌 LPG 용기에 표시된 총 저장능력 기준이다. 「고압가스안전관리법 시행규칙」에 의해 13kg 이하 LPG 용기는 개인 운반이 가능하다.

286. 안전사고 예방 기준에 대한 설명으로 옳은 것은?

① 야영장과 인접한 곳에 산사태, 홍수 등의 재해 위험이 있는 경우에는 위험구역 안내 표지를 설치하면 해당 구역에 대한 접근 제한 및 안전 이격 거리를 확보하지 않아도 된다.

② 야영장의 배치 등을 고려하여 차량 주행 도로와 야영장의 이격 거리를 구체적으로 정한다.

③ 야영장 내 시설물 등에 위험 요인이 발견되어도 당장 위험하지 않다면 그대로 두어도 된다.

④ 숲속 야영장의 야영용 천막 간 이격 거리는 6m다.

> **📖 해설**
>
> 숲속 야영장의 야영용 천막 간 이격 거리는 6m다.

287. 다음 중 시설과 시설의 종류로 옳지 않은 것은?

① 기본 시설: 바닥의 기초와 기둥을 갖추고 지면에 고정된 야영 시설, 야영용 트레일러, 관리실, 방문자 안내소, 매점, 바비큐장, 문화예술체험장 야외 쉼터, 야외 공연장 및 주차장, 취사장, 오물처리장, 화장실, 개수대, 배수 시설, 오수 정화 시설 및 샤워장 등

② 위생 시설: 실외에 설치되는 철봉, 평행봉, 그네, 족구장, 배드민턴장, 어린이 놀이터, 놀이형 시설, 수영장 및 운동장 등

③ 체육 시설: 철봉, 평행봉, 그네 족구장, 배드민턴장 어린이 놀이터, 놀이형 시설, 수영장 및 운동장 등

④ 안전전기가스 시설: 소방 시설, 전기 시설, 가스 시설, 잔불 처리 시설, 재해 방지 시설, 조명 시설, 폐쇄회로텔레비전 시설, 긴급 방송 시설 및 대피소 등

> **📖 해설**
>
> 기본 시설이 아닌 편익 시설의 종류이다.

288. 대피 관련 기준에 대한 설명이 아닌 것은?

① 자연 재난 등에 대비한 이용객 대피계획을 수립하고, 기상특보 상황 등으로 인해 이용객의 안전을 해칠 우려가 있다고 판단될 때는 야영장의 이용을 제한하고, 대피 계획에 따라 이용객을 안전한 지역으로 대피시켜야 한다.

② 대피 지시에 불응하는 경우 강제퇴거 조치하여야 한다.

③ 안전사고 등에 대비한 구급약품, 구호 설비를 갖추고, 환자 긴급 후송대책을 수립하여야 하며, 응급 환자 발생 시 후송 대책에 따라 신속히 조치하여야 한다.

④ 정전에 대비하여 비상용 발전기 또는 배터리를 비치하여야 하고, 이용객에게 제공할 수 있는 비상 손전등을 갖출 필요는 없다.

> **📖 해설**
>
> 정전에 대비하여 비상용 발전기 또는 배터리를 비치하여야 하고, 긴급상황 시 이용객에게 제공할 수 있는 비상 손전등을 갖추어야 한다.

289. 캠핑장 관리에 대한 설명으로 옳지 않은 것은?

① 추락이나 낙상 우려가 있는 난간에는 추락 낙상 방지 시설과 위험 안내 표지를 설치하고, 이용객이 안전 거리를 확보하여 이용할 수 있도록 조치하여야 한다.

② 조명 시설 및 폐쇄회로텔레비전(CCTV) 설치를 할 수 없을 때는 관리 요원이 야간 순찰을 시행하여야 한다.

③ 관리 요원은 이용자에게 야영장 이용을 제한할 수 없다

④ 인화성폭발성유독성 물질은 이용객의 접근이 어려운 장소에 보관하여야 하고, 위험물의 종류 및 위험 경고 표지를 부착하여야 한다.

> **해설**
>
> 관리 요원은 고지된 각종 주의 금지 행위를 행한 이용자에 대하여 야영장 이용을 제한할 수 있다.

290. 위생 기준에 대한 설명으로 옳지 않은 것은?

① 야영장에 바닥재를 설치하는 때에는 배수가 잘되고, 인체에 유해하지 않은 재료를 사용하여야 한다.

② 지하수 등 급수 시설을 설치하여 먹는 물로 사용할 때는 「먹는 물 수질 기준 및 검사 등에 관한 규칙」에 따라야 한다.

③ 취사장, 화장실 등 공동 사용 시설은 정기적으로 청소 소독하여 청결한 위생 상태를 유지하고, 이용객에게 유해한 환경적 요인이 발생하지 않도록 관리하여야 한다.

④ 야영장에 공중화장실을 설치할 때는 「공중화장실 등에 관한 법률」 제10조의 2에 적합하게 하여야 한다.

> **해설**
>
> 해당 내용은 간이화장실을 설치할 경우에 대한 설명이다. 야영장에 공중화장실을 설치하는 경우에는 「공중화장실 등에 관한 법률」 제7조에 적합하게 하여야 한다.

정답 chapter. 5 캠핑 레저 시설 운영 관련 법규와 판례

275. ① 276. ④ 277. ② 278. ④ 279. ④ 280. ② 281. ③ 282. ③ 283. ① 284. ①

285. ④ 286. ④ 287. ① 288. ④ 289. ③ 290. ④

캠핑 레저 시설 운영 실무

291. 최근 캠핑 열풍과 관련해 사실과 다른 것은?

① 소득이 높아지고 생활이 윤택해지면서 캠핑에 관한 관심이 높아지고 캠핑 인구가 증가했다.

② 코로나 19 팬데믹으로 사람들과의 대면 접촉이 어려워지면서 캠핑 문화가 확산했다.

③ 2023년 기준으로 캠핑 시장 규모는 약 7조 원 규모로 증가했으며, 마니아층 위주의 시장으로 발전하고 있다.

④ 2023년 하반기 기준 전국 캠핑장 수는 무려 3,500여 곳으로 사상 최대를 이뤘다.

> **해설**
>
> 캠핑은 가족, 친구를 비롯해 대중적 레저 문화로 자리 잡아가고 있다.

292. 다음 중 캠핑장 입지 조건에 포함되지 않는 것은?

① 사람이 많이 모이는 번화한 지역이 좋다.

② 도심과 가깝고 접근성이 좋아야 한다.

③ 부지 인근에 연계할 관광지가 있으면 더 좋다.

④ 진입 도로 및 연결 교통망이 편리해야 한다.

> **해설**
>
> 캠핑장은 자연과 가까운 곳이어야 한다.

293. 캠핑장 운영 관련 기준 및 인허가 과정과 내용이 잘못 연결된 것은?

① 입지 확인–환경 허가–소규모 환경영향평가, 사전 재해 영향성 검토
② 시설 설비–필수 시설 설비 기준–공통 기준과 개별 기준
③ 등록 절차–현장 확인–서류 접수 후 일주일 이내
④ 안전 및 위생 기준 관리 감독–세부 항목별 법적 기준–소방, 전기, 급수 등 설치 기준

> 📖 **해설**
>
> 현장 확인은 서류 접수 후 3일 이내에 실시한다.

294. 다음 중 캠핑장 운영과 관련한 마케팅으로 볼 수 없는 것은?

① 인터넷 웹사이트, 블로그 등 유인형 마케팅
② 포털 배너, 이메일 등 강요형 마케팅
③ '이용 후기'를 활용한 인플루언서 마케팅
④ 다이렉트 및 네트워크 마케팅

> 📖 **해설**
>
> 다이렉트 및 네트워크 마케팅은 다단계에서 사용되는 마케팅이다.

295. 캠핑 산업의 미래와 전망과 관련해 잘못된 내용은?

① 캠핑 레저 산업은 최근 몇 년간 빠른 성장을 이뤘으며 앞으로도 전망이 밝다.
② 캠핑의 기본 취지에 맞게 텐트를 치고 숙박하는 전통적 캠핑이 지속해서 강세를 보이고 있다.
③ 밀레니얼 세대를 중심으로 물질 소비보다 경험적 소비를 중시하는 풍토가 캠핑 수요를 이끌고 있다.
④ 정부의 제도적 뒷받침도 캠핑 레저 산업의 중흥을 이끄는 중요한 요인이다.

> 📖 **해설**
>
> 전통 캠핑 방식뿐만 아니라 오토 캠핑, 캐러밴 캠핑, 글램핑, 백패킹 등 다양한 방식으로 진화하고 있다.

296. 캠프장 업주의 관리 안전에 대하여 <u>잘못</u> 설명된 것은?

① 캠프장 내의 시설물 중 화장실 및 샤워실은 적절한 청결이 이루어져야 하며, 개수대와 같은 취사 시설은 정기적인 소독을 통하여 살균되어야 한다.

② 캠핑에서 발생하는 쓰레기는 재활용, 음식물, 일반 쓰레기로 구분하여 지정된 장소에 분리 배출하여야 한다.

③ 손님들이 조리 중에 발생하는 기름이나 오수를 캠프장 바닥에 버리는 것은 환경오염과 해충 발생의 원인이 되므로 철저하게 관리하여야 한다.

④ 캠프장 바닥에 차가 빠지지 않도록 폐골재와 같은 재생 골재로 두껍게 포장하여야 한다.

> **📖 해설**
>
> 캠프장 바닥에 폐골재를 사용하는 것은 불법이며, 폐골재에는 환경호르몬과 발암물질 등이 다량 함유되었기 때문에 사용해서는 안 된다.

297. 캠핑장 운영 중 안전과 관련해 바르지 <u>않은</u> 것은?

① 캠핑장 내 전체 배치도, 대피소, 대피로를 미리 확보하고, 이용객들이 숙지할 수 있는 공간에 표지판을 설치해야 한다.

② 캠핑장 내 확성기 등은 소음으로 이용객들에게 불편을 주므로 배치하지 않는다.

③ 캠핑장 관리자 혹은 운영자는 운영 시간에 캠핑장에 상주해야 하며, 재난 사고 등에 대비해 비상시 대응 요령을 숙지해야 한다.

④ 캠핑장의 공용 시설 사용 또는 독점과 관련해서는 운영자 및 관리자의 철저한 관리 감독이 필요하다.

> **📖 해설**
>
> 캠핑장 운영자는 응급 상황 발생에 대비해 소화기 또는 소화전과 구급함의 위치를 미리 파악, 만일의 사태에 능동적으로 대처할 수 있도록 하며 확성기를 배치하고 수시로 점검한다.

298. 다음 중 캠핑장 시설 설치와 관련해 바르게 기술한 것은?

① 캠핑장은 폭설과 같은 천재지변에 대비해 대처 방안을 마련하되 진·출입로 등은 크게 관심을 둘 필요가 없다.

② 캠핑장 내 화재 및 산불 예방을 위해 1년에 한 차례 정도 소방 점검이 이루어져야 한다.

③ 캠핑장 내 화재 시 발생할 수 있는 유독가스 발생과 같은 2차 피해를 방지하기 위해 유독가스가 발생할 수 있는 물건 또는 시설물을 캠핑장 내 설치하되 관리를 철저히 한다.

④ 화재 진압을 위한 소화전 또는 소화기를 비치하거나 스프링클러와 같은 화재 예방 장비를 수시로 작동해 화재 예방에 적극적으로 대처해야 한다.

📖 해설

캠핑장 설치에서 중요한 것은 진·출입로 마련, 상시적인 소방 점검, 유독가스 발생 시설물 설치를 피하는 일이다.

299. 캠핑장 운영자의 역할로 옳지 않은 것은?

① 특정 이용자가 캠핑장을 독점하지 않도록 관리 감독해야 한다.

② 캠핑장 내 도난 사고와 관련한 예방 활동을 해야 한다.

③ 캠핑장 예절에서 벗어난 행동으로 발생하는 다툼은 이용자의 일이니 중재할 필요가 없다.

④ 운영 시간 내에는 캠핑장에 상주하여야 한다.

📖 해설

늦은 시간 지나친 음주로 인한 고성방가와 기본적인 캠핑장 예절에서 벗어난 행동으로 발생할 수 있는 다툼은 운영자 및 관리자의 철저한 중재가 필요하다.

300. 캠핑장 예절에 대한 설명으로 옳지 <u>않은</u> 것은?

① 퇴실 시에는 미리 짐을 정리해 퇴실 시간을 넘기지 않도록 한다.

② 심야 시간에는 음악을 크게 틀거나 큰 소리로 대화하지 않도록 주의한다.

③ 캠핑장은 공공장소이므로 음주는 적당히 즐기여 한다.

④ 텐트 설치에는 시간이 많이 걸리기 때문에 입실 시간 전에 가서 텐트를 설치해도 된다.

> 📖 **해설**
>
> 입실 시간 전에 미리 텐트 설치 장소에 도착해 기다리면 앞의 이용자에게 부담을 줄 수 있으니 자제해야 한다.

캠핑장 안전관리사

캠핑 레저 시설 운영과 안전 관리를 위한 지침서

펴 낸 날 2024년 8월 26일

지 은 이 (사)한국캠핑협회
펴 낸 이 이기성
편집팀장 윤가영
기획편집 이지희, 서해주, 윤가영
표지디자인 이지희
책임마케팅 강보현 김성욱
펴 낸 곳 도서출판 생각나눔
출판등록 제 2018-000288호
주   소 경기도 고양시 덕양구 청초로 66, 덕은리버워크 B동 1708, 1709호
전   화 02-325-5100
팩   스 02-325-5101
홈페이지 www.생각나눔.kr
이 메 일 bookmain@think-book.com

• 책값은 표지 뒷면에 표기되어 있습니다.
   ISBN   979-11-7048-740-1(13980)